U0306260

中国农业科学院
兰州畜牧与兽药研究所
中央级公益性科研院所基本科研业务费
专项资金项目（2006—2015）绩效评价

杨志强　张继瑜　王学智　曾玉峰　主编

中国农业科学技术出版社

图书在版编目（CIP）数据

中国农业科学院兰州畜牧与兽药研究所中央级公益性科研院所基本科研业务费专项资金项目（2006—2015）绩效评价／杨志强等主编．—北京：中国农业科学技术出版社，2017.11

ISBN 978-7-5116-3394-1

Ⅰ．①中… Ⅱ．①杨… Ⅲ．①中国农业科学院–畜牧–研究所–专项资金–资金管理–2006—2015②中国农业科学院–兽医学–药物–研究所–专项资金–资金管理–2006—2015 Ⅳ．①S8-242

中国版本图书馆 CIP 数据核字（2017）第 292370 号

责任编辑	闫庆健
文字加工	段道怀
责任校对	贾海霞

出 版 者	中国农业科学技术出版社
	北京市中关村南大街 12 号　邮编：100081
电 话	（010）82106632（编辑室）　　（010）82109702（发行部）
	（010）82109709（读者服务部）
传 真	（010）82106625
网 址	http://www.castp.cn
经 销 者	各地新华书店
印 刷 者	北京建宏印刷有限公司
开 本	787 mm×1 092 mm　1/16
印 张	14　彩插　8 面
字 数	350 千字
版 次	2017 年 11 月第 1 版　2017 年 11 月第 1 次印刷
定 价	50.00 元

《中国农业科学院兰州畜牧与兽药研究所中央级公益性科研院所基本科研业务费专项资金项目（2006—2015）绩效评价》

编　委　会

主　　编：杨志强　张继瑜　王学智　曾玉峰

副　主　编：刘永明　阎　萍　周　磊

主要撰稿人：杨志强　刘永明　张继瑜　阎　萍

　　　　　　王学智　曾玉峰　董鹏程　周　磊

　　　　　　师　音　杨　晓　刘丽娟

本书由中国农业科学院基本科研业务费专项
院级统筹项目
"农业科研创新卓越团队评价、遴选及高效
协作机制研究"
（项目编号：Y2016ZK15）
资助出版

前　　言

　　根据《国务院办公厅转发财政部科技部关于改进和加强中央财政科技经费管理若干意见的通知》（国办发〔 2006 〕 56 号）文件精神，中央财政从 2006 年起设立了"中央级公益性科研院所基本科研业务费专项资金"（以下简称业务费专项资金），建立了对中央级公益性科研院所科研工作的长效稳定的支持机制，对推动科研院所学科建设、科技成果创新、基础支撑平台发展、青年科技人才成长和科研团队建设等方面发挥了不可替代的重要作用。

　　中国农业科学院兰州畜牧与兽药研究所作为国家级农业科研单位，围绕研究所"草、畜、病、药"四大学科建设体系，本着"高效、务实、科学、灵活"的专项资金利用原则，建立了完善的管理与绩效考核制度。结合研究所科研创新与需求，重点培养 40 岁以下青年科技人才的科研创新能力建设，按照完善与发展布局、成果培育与转化、科研支撑平台建设等方面重点资助畜牧、兽医、草业、兽药等学科基础研究、基础应用研究和成果孵化转化，推动了研究所科技事业的全面快速发展。研究所紧紧围绕我国畜牧业生产中全局性、前瞻性、关键性的重大科技问题，以承担国家畜牧兽医科技项目和服务"三农"、推动我国现代畜牧业稳定健康发展为己任，广泛开展基础研究、应用基础研究和应用研究，涉及草食家畜遗传繁育、牧区生态建设、功能基因研究、优质牧草培育、新兽药创制、中兽药现代化、动物疾病防治、畜禽健康养殖等研究领域，获得了一批具有自主知识产权的重大科技成果。"十一五"期间，研究所承担科研项目 206 项，总经费 1.01 亿元，科技人员人均年科研经费达 19 万元。"十二五"以来，研究所承担科研项目 226 项，科研经费达 1.22 亿元，科研人员人均年科研经费达 24.13 万元。与"十一五"相比，研究所已取得的科研项目无论从立项数量、资助经费，还是从项目级别等方面都取得了重要突破。主持国家公益性（农业）行业专项 1 项，参与 10 余项，同时承担多项国家自然科学基金项目、科技基础性工作专项、国家科技支撑计划项目课题、农业部现代农业产业技术体系项目、"973"计划、"948"计划、农业科技成果转化项目、科研院所技术开发研究专项等各类国家科技计划项目，凸显了研究所在我国畜牧兽医领域中的地位和优势。

　　2006—2015 年，中国农业科学院兰州畜牧与兽药研究取得了一批重要的科研成果，培养了一批年富力强、富于创造性的青年科技人才科队伍，建设了 8 个中国农业科学院科技创新团队，专业性重点实验室等基础平台建设迈上新台阶，省部级重点实验室、野外科学观测站等各类科技平台达 18 个。基本科研业务费专项资金的稳定长效支持，助推了研究所跨越式发展，综合能力得到显著提升。2006 年，研究所在全国农业科研机构综合评估中排名 65 位。到 2011 年，研究所评估排名位居全国 1 200 余家的第 44 名，居甘肃省第一名，中国农业科学院第 11 名。现拥有 2 栋总面积达 17 000m² 的科研大楼和 6 000m² 的科技培训中心，万元以上仪器设备 260 台（件）。先后承担科研项目 1200 多项，获奖 232 项，其中国家奖 12 项，省部级奖 130 项；授权专利 258 项；发表论文 5 600 余篇，编写著作 185 部；培育成"大通牦牛"新品种 1 个，"高山美利奴羊"新品种 1 个，牧草新品种 8 个；创制国家一类新兽药 5 个；获新兽药、饲料添加剂证书 68 个；制定国家及行业标准 32 项。研究所先后有 2 人入选国家"百千万人才工程"，2 人获"国家有突出贡献中青年专家"称号，2 人获国务院政府特殊津贴，1 人入选科技部"创新人才推进计划"重点领域团队首席，1 个团队入选第二批农业科研杰出人才及其创新团队，1 人荣获"全国优秀科技工作者"称号，1 人被评为"全国优秀青年牛病科研工作者"。研究所与德国、美国、英国、荷兰、澳大利亚、加拿大、西班牙、意大利、泰国、马来西亚、印度、巴基斯坦、肯尼亚、埃塞俄比亚、苏丹、新西兰、越南、巴西、南非等 20 多个国家的一些高校、科研院所和企业建立了科技合作交流关系，互派人员学习。研究所先后被授予"中国农业科学院文明单位""甘肃省文明单位""全国精神文明建设工作先进单位""全国文明单位"等荣誉称号。

2006 年以来，中国农业科学院兰州畜牧与兽药研究所的中央级科研院所基本科研业务费专项资金实施已有十载，通过基本业务费专项资金支持，研究所的学科不断优化和完善，科技创新能力不断加强，动植物新品种、新兽药等重大成果不断涌现，论文和专利数量显著增加，成果转化与服务"三农"成效明显。研究所对基本科研业务费项目的管理与经费运行日臻完善，形成了一套科学、严谨的立项、考核、评价与绩效评估办法，保障了基本科研业务费专项资金的安全、高效运行。

本书是中国农业科学院兰州畜牧与兽药研究所十年来有关基本业务费专项资金项目的立项、实施、管理和绩效评价等的总结分析，并对专项资金执行过程中存在的问题予以梳理分析，旨在进一步加强研究所基本科研业务费管理，充分发挥基本科研业务费专项资金的使用效率，促进青年科技创新人才的成长，提升研究所科技创新与社会公益性服务两个能力建设，实现研究所跨越式发展，更好服务"三农"事业，为我国现代畜牧业的发展做出更大贡献。

编　者

2017 年 10 月

目　录

第一章 概 述

第一节 总体情况

2006 年，中央财政设立了"公益性科研院所基本科研业务费专项资金"（以下简称"基本科研业务费"），加大了对中央级公益性科研事业单位科研工作的支持力度，建立了稳定的科技支持机制，促进科研院所持续创新能力的提升，已成为中央财政科技投入的重要方式之一。基本科研业务费专项的设立是进一步深入贯彻落实《国家中长期科学和技术发展规划纲要（2006—2020 年）》，也是落实科研机构分类改革后，中央财政调整和优化科技投入的一项重要举措，对推动新时期我国科研院所的科技创新发展、培养创新人才团队、紧盯世界科技发展前沿夯实了坚实的基础。

公益性科研院所基本科研业务费专项资金具有以下三个鲜明的特点：首先，公益性科研院所基本科研业务费专项资金体现了国家财政对科技投入的稳定与长效性特点，为我国现代科学技术的可持续创新发展创造了条件，为创新性青年人才的快速成长提供了资金保障。稳定支持从根本上缓解了当前科研项目过度竞争的局面，解决了科研项目扎堆任务集中在少数专家手里，而大部分科研人员缺乏工作经费等弊端，避免在科研项目申报上耗费大量时间，让更多的科研人才回归到了实验室和科研生产一线工作。稳定与长效性支持，有利于推动学科建设，培养和推动不同需求的专业人才的涌现，为我国科技创新发展奠定了坚实基础，增加了动力。其次，公益性科研院所基本科研业务费专项资金为中央科研所自主、灵活和针对性的开展科学研究创造了条件。结合学科发展方向和科技发展前沿进行自主选题，大大激发了科研院所科技工作者的创新研究热情，真正实现了科技探索与人才兴趣的有机结合。自主立题有利于按照科研自身发展的规律更有针对性的开展前沿性、创新性探索。科研院所将发挥自身学科、人才、平台和技术优势，面向科研工作实际与需求，跟踪世界科技前沿，探索性的开展基础性、应用性与应急性的科学立题研究；第三，公益性科研院所基本科研业务费专项资金可体现和突出中央级科研院所的公益性定位。专项资金在立项时，能够立足于科研院所自身的"公益性"的职能定位，以向全社会提供公共技术和公益服务为根本任务，提高科研院所自主创新能力和公益服务能力，着眼于服务国家目标、解决社会发展重大科技问题，为提升科研单位持续创新能力和公益服务能力起到重大作用。

根据国家财政部《中央级公益性科研院所基本科研业务费专项资金管理办法（试行）》（财教〔2006〕288 号）文件精神，按照"突出重点、优化机制、建设基地、凝聚人才、推动改革"的指导思想，制定了《中国农业科学院兰州畜牧与兽药研究所中央级公益性科研院所基本科研业务费专项资金管理办法》和《中国农业科学院兰州畜牧与兽药研究所基本业务费发展规划》。发挥研究所畜牧、兽药、兽医（中兽医）、草业饲料学科特色与优势，以加快发展优质、高效、现代畜牧业为目标，围绕研究所兽药创新、草食动物育种与资源保护利用、中兽医药现代化、旱生牧草品种选育与利用研究等应用基础研究和应用等研究。突出重点，以创新兽药、动物疾病诊疗技术、动物新品种繁育、优质牧草培育、中兽医诊疗和生物技术为核心的畜牧业高技术研究，加强了基础研究和原始创新，在动物繁殖育种、草地畜牧业、新兽药创制、畜禽健康养殖、奶牛疾病防治等方面谋划布局的自主选题研究，取得了重要进展。自 2006 年至 2015 年，预算下达总金额 6 340 万元，共立项资助 207 个项目，平均每个项目资助规模为 30.6 万元（见附件 1）。其中，2006 年度专项经费预算于 2006 年年底下达、2007 年实际执行。按照研究类别划分，研究所基本科研业务费立项资助项目的储备性研究、创新性研究和孵化性研究基本呈 2：2：1 的比例。

第二节　科研项目管理

按照科技部《关于改进和加强中央财政科技经费管理若干意见的通知》（国办发〔2006〕56 号）和财政部《中央级公益性科研院所基本科研业务费专项资金管理办法（试行）》（财教〔2006〕288 号）及有关文件精神，为加强对中央级公益性科研院所基本科研业务费（以下简称基本科研业务费专项）的科学化、规范化管理，促进基本科研业务费专项资金的使用效率，促进研究所科技持续创新能力的提升。根据基本科研业务费专项资金项目的特点，研究所在制度建设、条件保障和管理模式等方面做了相应规定，专项资金专款专用、建立了项目跟踪和绩效评价制度，提供各种科研条件保障、制定了相关的管理制度。

一、制度建设与管理

按照有关文件精神，根据《中国农业科学院兰州畜牧与兽药研究所中长期科技发展规划（2006—2020 年）》，制定了《中国农业科学院兰州畜牧与兽药研究所中央级公益性科研院所基本科研业务费专项资金管理办法（试行）实施细则》（见附件 2）、《中国农业科学院兰州畜牧与兽药研究所中央级公益性科研院所基本科研业务费专项资金项目科技发展规划》（见附件 3），对基本科研业务费专项资金项目实行科学化、规范化和制度化管理。结合基特点建立了一系列行之有效的管理体系。业务费专项资金项目采用所长负责制，成立基本业务费专项资金学术委员会，项目立项按照青年专家自由申请、领域专家论证，业务费学术委员会评审制度，确保项目的前沿性、科学性和创新性。项目评审采用公开的技术答辩、立项项目的公示制度。科技管理处和条件建设与财务处负责项目的实施过程跟踪管理，绩效激励和考核评估管理，年度项目执行进展的总结汇报制度和在研项目滚动支持和调节制度。

二、项目的评审和立项

1. 项目立项评审、考核和绩效评价由专门的学术委员会完成

研究所成立了以研究所所长为主任，业务副所长和外聘专家为副主任，15 位领域专家组成的学术委员会，委员会包括 6 名外单位专家。负责项目立项的评审和项目执行及其绩效评估等工作。

2. 项目资助围绕研究所学科建设、突出创新

基本科研业务费专项主要用于支持研究所开展符合公益职能定位，围绕研究所畜牧、兽药、兽医（中兽医）、草业等四大学科，代表学科发展方向，体现前瞻布局的自主选题研究工作。项目研究内容要求学术思想新颖，立项依据充分，设计方案科学合理，技术路线明确，符合研究所学科发展方向，为进一步申报国家级、省部级和院级重大科技项目或为研究所新产品、新技术开发奠定基础。研究所围绕畜牧、兽医、兽药、草业四大优势学科领域，重点资助在草食家畜和野生动物种质资源收集、保护与利用、草食动物遗传育种与繁殖、牧草种质资源保护与利用、兽医药（毒）理学、兽医药学、中兽药学与药剂学、中兽医学、畜禽疾（疫）病诊断与防治、牧草（草坪草）育种与草地环境生态学等学科领域开展基础研究、应用基础研究和应用开发研究，瞄准国际科技前沿，拓展学科专业领域，形成新兴交叉学科，加强原始创新研究，促进优势学科发展。各学科专业领域确立了基本的研究方向。

3. 项目资助应符合条件要求

（1）项目研究须围绕国民经济和社会发展需求，有重要应用前景或重大公益意义，有望取得重要突破或重大发现的孵化性研究，资助开发前景好，可取得重大经济效益的关键技术，包括新技术、新方法、新工艺以及技术完善、技术改造等研究。通过产品关键技术的研究能显著改善和提高产品的质量，增强市场竞争力，优先资助具有自主知识产权的新兽药、新疫苗、新品种选育等项目研究。

（2）项目研究须结合申请者前期研究基础，围绕研究所学科建设与学科发展规划，瞄准世界科技发展前沿，开展具有重要科学意义、学术思想新颖、交叉领域学科新生长点的创新性研究。鼓励具有创新和学科交叉领域项目的申请，重点资助前瞻性与应用潜力较大的基础性研究。优先支持具有一定前期工作基础的研究项目。

（3）基本科研业务费支持研究所人才培养、创新团队建设、科技平台建设和优秀人才引进。

（4）基本科研业务费专项资助出版具有专业性强、学术水平高的科技著作。

4. 项目申报采用公开发布征集的形式

每年发布项目申报指南，公开申报，召开项目评审会议分别对当年 40 岁以下的青年

科技人员申报的申请项目进行项目筛选、评议。对项目评选结果进行公示，之后项目负责人与研究所签定项目任务书，研究经费到位，科研项目正式启动。

5. 立项项目须签署任务合同书，便于考核

项目负责人在收到项目立项通知书后，严格按照项目申请书的内容编写《项目任务书》并提交研究所科技管理处。《项目任务书》应当包括研究目标、研究内容、时间节点、研究团队、考核指标、经费预算（含总预算与年度预算）等要素，其内容一般不得变动，如确需变动，需经学术委员审议通过，经科技管理处和计划财务处共同审核后上报研究所法定代表人，由法定代表人批准执行。项目任务书一经签定，经费使用须严格按年度预算开支。

三、项目的实施管理

1. 项目实施

项目批准之后，项目负责人应履行"申请者承诺"，全面负责项目的实施，定期向科研处报告项目的执行和进展情况，如实编报项目研究工作总结等。研究所对资助项目实行动态督促，不定期对项目执行情况和试验点进行检查，对项目执行中存在的问题及时协调处理。

2. 项目考评

每年12月底前，由科技管理处牵头，组织学术委员会和研究所专家，组成管理和专家考评小组，对立项课题统一组织相关专家进行评估和结题验收，项目执行情况严格按照年度任务书的内容进行考评，考评结果公示并与项目组个人年度考核挂钩。

3. 项目奖惩

课题完成后经验收评估为优秀，在今后课题申请时可优先支持。验收评估未完成任务或不合格，两年内不得申报新课题。对课题执行过程中出现的实验研究方向调整的课题，课题主持人须提前提出申请并向学术委员会汇报研究进展，却又必要进行调整的重新填写任务书进行调整。

4. 项目监督

凡涉及项目研究计划、研究队伍、经费使用及修改课题任务、推迟或中止课题研究等重要变动，须经学术委员会审议，报法定代表人批准。对无任何原因不按时上报课题进展材料、经查实课题负责人有学术不端行为、不能按年度完成课题任务、达不到预期目标者，提交学术委员会研究讨论，可终止研究课题，并追回研究经费。

5. 规范管理

项目结题、验收、鉴定和报奖按研究所相关管理办法执行。项目研究形成科技论文、专著、数据库、专利以及其他形式的成果，须注明"中央级公益性科研院所基本科研业务费专项资金（中国农业科学院兰州畜牧与兽药研究所）资助项目"。

四、项目经费的使用与管理

基本科研业务费专项纳入研究所财务统一管理，设立专门账，专款专用。建立了严格的财政专项资金规定，严格按课题任务书确定的开支范围和标准由计划财务处管理。基本科研业务费专项课题中各项费用的开支标准应严格按照国家有关科技经费管理的规定的标准执行。

第三节 条件保障

为了保证基本科研业务费项目的顺利实施，研究所制定了管理办法。将基本科研业务费项目的管理实施和支持等同于其他各级各类项目的管理对待，研究所在人力、财力、物力和科研基础实验平台等方面给予大力支持，鼓励青年科技专家创造性地开展工作。研究所现有的人才、实验室、工程中心、野外台站、试验基地等科研基础条件是保证基本科研业务费项目顺利执行的要件，同时研究所在以年轻科技专家为主体主持的基本业务费项目中组建必要的人才团队，鼓励高级专家参与到项目中去，以确保科技项目的立题设计、实施和成果验收等方面的科学性、新颖性和实用性。

在依托现有支撑平台服务科研的同时，利用基本科研业务费专项资金等的持续支持，研究所也不断新建科技平台，扩大服务范围，提高服务能力。先后有农业部兽用药物创制重点实验室、农业部兰州畜产品质量安全风险评估实验室、国家奶牛产业技术体系疾病控制研究室、国家农业科技创新与集成示范基地、科技部"中兽医药学技术"国际培训基地、甘肃省新兽药工程重点实验室、甘肃省牦牛繁育工程重点实验室、甘肃省中兽药工程技术研究中心、甘肃省新兽药工程研究中心、中国农业科学院兰州畜产品质量安全风险评估研究中心、中国农业科学院张掖牧草及生态农业野外科学观测试验站、中国农业科学院兰州黄土高原生态环境野外科学观测试验站、中国农业科学院兰州农业环境野外科学观测试验站、中国农业科学院羊育种工程技术研究中心、标准化实验动物房等科技平台和试验基地相继建立。先后购置了飞行时间串联质谱仪、液质联用仪、气质联用仪、药物筛选及检测系统、扫描电子显微镜、流式细胞仪、显微操作系统、连续流动分析仪、超临界萃取系统、氨基酸分析仪、全自动样品处理系统、红外线分析仪、原子吸收光谱仪、荧光实时定量 PCR 仪、全自动生化分析仪、凝胶图像分析系统等大型仪器设备，可满足研究所"畜、药、病、草"四大学科开展基础研究、应用基础研究及推广示范研究。

第二章 资助项目

第一节 畜牧学科

一、大通牦牛生长发育性状相关功能基因的分子标记及鉴定

项目编号：BRF060101　　　　　　　　　　起止年月：2007.01—2009.12
资助经费：70万元
主 持 人：曾玉峰 助理研究员
参 加 人：阎 萍 梁春年 郭 宪 裴 杰

项目摘要：

本项目集成重要功能基因发掘、新型分子标记运用、目标基因定向操作、QTL分析与定位等先进技术，以 GH、GHR、GHRHR、IGF-I、MSTN 等基因为候选基因，利用 PCR-SSCP 和 PCR-RFLP 技术通过大通牦牛新品种生长发育性状相关基因多态性检测、寻找候选基因、候选基因的克隆测序、目标候选基因与生长发育性状连锁关系的检验与证实等技术步骤，对大通牦牛生长发育性状重要功能基因进行标记和鉴定，分析、检测其生长发育性状相关候选基因，寻找控制目标性状的主效基因，研究主效基因与生长发育性状的关系及这些基因在不同目标环境群体下的表达及其调控，克隆具有自主知识产权的功能基因，建立牦牛生长发育性状功能基因快速检测体系，进行新品种牦牛个体遗传性状的选择，为从分子水平上进行品种改良和提高个体遗传评定的准确性提供依据。

项目执行情况：

分别在 2007 年 5 月、7 月、8 月、10 月等时间采集了需要进行试验研究的大通牦牛目标牦牛群体的血样，同时对各个样本的年龄、性别、生产性能数据（体重、体高、体长、胸围、管围、肉用指数）等进行了详细地记录和测定。另外作为对照，又采集了天祝白牦牛和甘南牦牛的血样和生产性能数据。截至 10 月底，牦牛课题组共采集了 446 个牦牛个体血样，测定了数千个生产性能数据。开展大通牦牛生长发育性状相关功能基因的分子标记研究，提取牦牛基因组 DNA，进行 DNA 浓度和纯度检测，设计筛选 GH、GHR、IGF-2、IGF-2R 等几种基因扩增引物，优化 PCR 反应条件，结合试验数据分析了等位基因

频率、基因型频率、多态信息含量、杂合度和有效等位基因数等指标，并运用最小二乘法分析了所发现的基因多态位点与大通牦牛体尺、体重等生长发育性状指标的关系，初步探讨了 GH、GHR、IFG-2、IGF-2R 等基因座位影响大通牦牛生长发育性状相关功能基因的可能性，对与生产性能显著相关的一些多态位点的序列进行了克隆测序。完成 QTL 效应评估，检测并定位出 1~2 个影响大通牦牛生长发育性状的主效基因，运用分子标记辅助选择技术进行个体遗传性状的选择。

创新点及成果：

项目以 GH、GHR、IGF-1、IGF-2、MSTN 等基因为候选基因，通过序列对比和同源分析，在已有的动物的生物数据库中寻找相关基因的同源序列区和同源基因，并参考设计引物序列，然后利用 PCR-SSCP 和 PCR-RFLP 技术进行大通牦牛生长发育性状相关基因的分子标记和多态性检测、并对具有多态性的片段克隆测序，再结合测定的目标群体牦牛生长发育性状数据，运用最小二乘方差分析进行候选基因与生长发育性状关系的研究，分析、检测其生长发育性状相关候选基因，寻找控制目标性状的主效基因，建立牦牛生长发育性状功能基因快速检测体系，进行新品种牦牛个体遗传性状的选择，为从分子水平上进行品种改良和提高个体遗传评定的准确性提供依据。发表科技论文 11 篇，协助培养研究生 2 名。

二、绵羊瘤胃保护性赖氨酸饲料添加剂的研制

项目编号：BRF070104　　　　　　　　　　**起止年月：**2007. 01—2009. 12
资助经费：51 万元
主 持 人：程胜利 助理研究员
参 加 人：杨博辉　郭天芬　苗小林　冯瑞林
项目摘要：

使用少量瘤胃保护氨基酸不但可以代替数量可观的瘤胃非降解蛋白，还能提高反刍动物生产性能，降低因粪尿氨氮排放造成的环境污染以及节约饲料成本。因此，开发和利用有广阔应用前景的保护性氨基酸对缓解蛋白质饲料资源紧缺状况和环境保护具有十分重要的意义。

蛋氨酸（Met）和赖氨酸（Lys）被认为是反刍动物增重、产奶和产毛最主要的限制性氨基酸。对 Met 保护技术的研究在国内外已基本成熟，而对 Lys 保护的研究报道则相对较少。在国内，对 Lys 的保护到底应该采取物理方法处理还是利用化学方法修饰能使其更多地通过瘤胃目前尚无定论，因而有必要对其进行深入研究。本项目将通过物理保护和化学修饰对 Lys 保护技术进行深入研究，完成和优化赖氨酸微胶囊化包衣及赖氨酸金属螯合技术和工艺；运用体外法及半体内法对所研制的 RPLys 进行三级稳定性试验评价；监测瘤胃微生物对 RPLys 的降解及瘤胃代谢参数的动态变化，评价 RPLys 对绵羊瘤胃内环境的影响；通过标记技术，研究 RPLys 对绵羊十二指肠食糜氮流量及瘤胃微生物蛋白合成的影响；通过消化代谢试验，研究 RPLys 对绵羊体内氮存留的贡献以及对营养物质消化代谢的影响。从而全面、系统评价 RPLys 产品的动物代谢和使用效果，最终研发出绵羊

RPLys产品。

项目执行情况：

经过反复论证，确定L-赖氨酸盐酸盐作为RPLys芯材，薄衣高分子材料丙烯酸树酯Ⅳ作为包衣壁材。采用LBF-5型旋流流化制粒包衣设备，现代Wurster工艺进行包衣。对芯材进行制粒以保证均匀度，壁材丙烯酸树酯Ⅳ中加入有机溶剂乙醇溶解进行侧喷微囊包衣，工艺参数设定为：进风温度55℃，出风温度30℃，蠕动泵流速3g/min，雾化压力1.5~3Bar。试制第一批RPLys，并进行了体外稳定性试验。通过反复试验，最终筛选出包衣液配方和侧喷微囊包衣工艺参数。研制出RPLys产品，并进行了体外稳定性试验。采用人工唾液，pH值6.6、pH值5.4、pH值2.4缓冲液分别模拟绵羊口腔、瘤胃、真胃和十二指肠消化道环境对RPLys进行消化试验。用全收粪法和全收尿法共采集饲料样8份、粪样15份、尿样15份、瘤胃液样60份、血样90份，以备测定粪氮、尿氮、干物质、有机物、中性洗涤纤维、瘤胃液NH3-N、尿素氮、总氮等。共采集肝脏、肾脏、肌肉和脂肪组织样400余份，以备检测IGF-1、GHR和FAS基因的表达丰度。RPLys对绵羊营养物质消化代谢的影响研究试验结果表明：RPlys的添加显著地降低了尿氮排出量（$P<0.05$），沉积氮较对照组有显著提高（$P<0.05$）；沉积氮/进食氮（氮存留率）显著高于对照组（$p<0.05$）；RPlys的添加显著降低了瘤胃液NH3-N浓度（$P<0.05$）。不同赖氨酸水平下绵羊营养物质代谢的研究结果表明：除了CF的消化率A组（对照组）和C组（7g赖氨酸组）显著高于B组（4g赖氨酸组）和D组（10g赖氨酸组）外（$P<0.05$），其余干物质进食量、干物质消化率、CF消化率、进食氮、粪氮、尿氮、沉积氮、沉积氮/进食氮、尿氮/进食氮、粪氮/进食氮各组间差异均不显著（$P>0.05$）。赖氨酸水平对绵羊IGF-1、GHR和FAS基因表达调控的影响研究结果表明：GHR基因在绵羊肝脏组织和背最长肌中的相对表达量随日粮中赖氨酸水平的增加而升高，相对表达量A组（对照组）最低，C组（10g赖氨酸组）最高，组间差异极显著（$P<0.01$），但背最长肌中GHR的相对表达量B组（4g赖氨酸组）、C组之间差异不显著（$P>0.05$）IGF-1基因在绵羊肝脏组织中和背最长肌组织中的相对表达量随日粮中赖氨酸水平的增加而升高，相对表达量在A组中最低，C组中最高，三组之间的差异极显著（$P<0.01$）。

创新点及成果：

瘤胃保护性赖氨酸饲料添加剂可以防止赖氨酸在瘤胃内被降解，有相当部分能够通过瘤胃进入后消化道被吸收利用，从而可以促进赖氨酸在小肠的吸收，促使绵羊生产性能有较大提高。瘤胃保护性赖氨酸的应用，是反刍动物饲养技术的重大突破，在我国有着广泛的应用前景，但由于研究成本较高，目前大量推广应用可能还存在一定困难。但本研究成果可为RPLys的进一步完善优化提供参考依据。发表科技论文2篇。

三、西北肉用绵羊新品种高繁及生长发育性状的分子标记选育

项目编号：BRF070101　　　　　　　　　　起止年月：2007.01—2009.12

资助经费：64万元

主　持　人：刘建斌　助理研究员

参 加 人：杨博辉　孙晓萍　郭　键　郎　侠

项目摘要：

分子标记育种是对重要经济性状进行基因定位，通过遗传连锁法和候选基因法测定数量性状座位的主基因以及 DNA 分子遗传标记法的辅助选择，可以大大提高生产性能的选择进展，加快品种的改良和新品种的培育速度。利用分子标记手段研究决定目标性状的遗传机理及制定相应的分子遗传标记辅助选择的方法和技术是目前动物分子育种研究的热点之一。研究高繁及生长发育性状分子标记技术是抢占国际肉羊分子标记技术制高点的原始创新和集成创新，实现育种理论和关键技术的新突破，这对迅速推动我国肉用绵羊产业化的跨越式发展具有十分重要的战略意义。本项目采用微卫星及 PCR-SSCP 分子标记技术对西北肉用新品群遗传结构、遗传变异及杂种优势进行分析；采用 PCR-RELP 分子标记技术对生长发育性状进行研究，探讨与初生重、断奶重、周岁重及成年重连锁的分子标记；采用 PCR-SSCP 分子标记对生长发育及产羔性状进行研究，探讨与体高、体长、胸围、管围及产羔数连锁的分子标记；采用 PCR-SSCP 分子标记技术对主基因的 FecX1 和 FecXH 位点进行多态性检测，探讨多态位点与西北肉用新品群的产羔性状进行关联分析。最终集成西北肉用绵羊新品种高繁及生长发育性状的分子标记早期辅助选育技术。

项目执行情况：

在甘肃永昌种羊场和红光园艺场采集血样 1 300 余份、组织样 120 份，同时对 2 251 只核心群个体的初生、断奶、6 月龄、周岁、成年的体重、体长、体高、胸宽、胸深、尻宽、管围及毛用性能指标、体型外貌等进行了鉴定分类登记，取得育种数据 63 028 个。利用 12 个微卫星位点对 4 个绵羊品种（群体）的遗传变异进行了检测，发现 12 个位点均具有较高的多态性，共检测到 198 个等位基因；计算出了各个位点的等位基因频率，各群体平均多态信息含量在 0.782 5～0.851 6，各群体平均基因多样度在 0.781 1～0.864 2，说明了各品种（群体）内遗传变异比较丰富；利用 Nei 氏标准遗传距离方法计算各品种群体间的遗传距离，无角陶赛特羊与小尾寒羊、无角陶赛特羊与蒙古羊的遗传距离分别为0.232 7 和 0.185 9，说明无角陶赛特羊与小尾寒羊的杂种优势大于无角陶赛特羊与蒙古羊。开展了肉用绵羊体重体高的微卫星连锁分析及高繁性状的 PCR-SSCP 和 PCR-RFLP 研究，通过应用分子标记技术，全面研究了肉用绵羊各杂交（系）群的群体遗传结构和分子遗传学基础，优化和确定了杂交组合和杂交进展；并且初步创建了肉用绵羊重要经济性状的分子标记辅助选择技术，筛选出 3 个可能与生长发育性状关联的分子标记，2 个可能与繁殖性状关联的分子标记。

创新点及成果：

利用传统育种手段结合分子标记辅助育种技术，完善和丰富了西北肉用绵羊新品种种群结构；通过优质种羊杂交组合生产配套技术的研发和推广应用，提高了甘肃肉羊产业的科技含量和商品效率，增加了农牧民的收入，延伸了产业链条和完善了产业结构。发表论文 9 篇，第一作者 4 篇。

四、羊卵泡抑制素基因疫苗的构建

项目编号：BRF060104　　　　　　　　　　　**起止年月**：2007.01—2009.12
资助经费：44万元
主 持 人：郭　宪　助理研究员
参 加 人：焦　硕　冯瑞林　岳耀敬　孙晓萍
项目摘要：

抑制素基因免疫建立在基因免疫与抑制素常规免疫基础之上，免疫调控动物生殖内分泌，可促进动物卵泡发育和成熟，提高繁殖力。本项目综合应用基因克隆技术、细胞培养技术、蛋白质分析技术、酶免疫测定技术等，构建卵泡抑制素基因真核表达质粒，分析卵泡抑制素基因免疫的免疫反应性及其影响因素，筛选适宜的卵泡抑制素基因免疫佐剂，阐明卵泡抑制素基因免疫羊生殖及生殖内分泌的作用机制，获得经济有效的卵泡抑制素基因免疫方法，建立羊卵泡抑制素基因免疫技术体系，从而达到提高畜牧生产效率的目的。

项目执行情况：

应用基因克隆技术、细胞培养技术、蛋白质分析技术、酶免疫测定技术等，构建卵泡抑制素基因疫苗。试验克隆了含有抑制素抗原决定簇的基因片段 α（1～32）的单拷贝 INH 和双拷贝 DINH，并成功地将抑制素基因片段与酶切后的 pcDNA3.1 连接得到抑制素的真核表达载体 pcDNA-INH、pcDNA-DINH。从绵羊肝脏克隆到补体 C3d 的基因（GenBank：EF681138），并对其核苷酸序列、蛋白质序列进行分析和高级结构预测，同时，将双拷贝抑制素 α（1～32）基因融合到三拷贝的 sC3d N 端构建了 DINH-sC3d3 真核表达载体，DINH-sC3d3 融合基因在 BHK-21 系统中获得分泌型表达。在甘肃省皇城绵羊育种试验场选取健康、正常繁殖的细毛羊 108 只，根据不同的免疫原、免疫佐剂、免疫次数、免疫剂量、免疫间隔、免疫方法等，分组进行免疫试验。应用抑制素基因免疫绵羊，随着免疫剂量和次数的增加，未导致绵羊产生明显的抑制素免疫耐受，且抗体水平与免疫剂量具有一定的依赖关系。重组质粒 pcDNA-DPPISS-DINH 和 pcDNA-DPPISS-DINH-sC3d3 免疫绵羊后，双羔率分别为 12.5% 和 25.0%，与对照组差异均显著（$P<0.05$）。采用 RT-PCR 技术从绵羊肝脏组织克隆到了补体 C3d 的基因，并对其核苷酸序列和推导的氨基酸序列以及蛋白结构进行了分析。

创新点及成果：

运用氨基酸 Kyte-Doolittle 方案分析亲水性、Emini 方案分析表面可及性、Jameson-Wolf 方案分析抗原指数、Psipred、PredictProtein 分析二级结构以及应用 I-TASSER3D 结构模拟分析法对猪抑制素 α 亚基进行分析。首次从绵羊肝脏克隆到补体 C3d 基因（GenBank：EF681138），并进行了结构分析和高级结构预测。成功构建了 2 种含异源蛋白分泌信号肽的卵泡抑制素新型基因疫苗——串联抑制素基因疫苗，pcDNA-DPPISS-DINH 和 pcDNA-DPPISS-DINH-sC3d3。首次将串联抑制素基因免疫应用于绵羊生产中，pcDNA-DPPISS-DINH 和 pcDNA-DPPISS-DINH-sC3d3 两种重组质粒免疫后，双羔率分别为 12.5% 和 25.0%，建立了卵泡抑制素基因疫苗免疫技术体系。发表论文 13 篇，第一作者 6 篇。

五、中国美利奴高山型细毛羊品系选育

项目编号：BRF060103　　　　　　　　　　起止年月：2007.01—2009.12
资助经费：45万元
主　持　人：郎　侠　助理研究员
参　加　人：郭　健　杨博辉　孙晓萍　程胜利　刘建斌
项目摘要：

以羊毛纤维细度为主选指标，群体抗逆性为辅助选择性状，通过近交系培育，增强品系的纯合性，加快目标性状的提纯速度。开展主要经济性状（羊毛细度）的分子遗传标记研究；重要经济性状的分子标记辅助育种技术研究；低代横交在品系繁育中的应用研究等专题研究。结合现代分子育种技术，育成毛纤维直径18μm以下的中国美利奴高山型超细品系，完善中国美利奴高山型细毛羊品种结构。解决近交建系中有控制的近亲繁殖，即近交系数控制；优秀系组选择及提高其利用率；近交危害的解决等关键技术问题。

项目执行情况：

制定了中国美利奴高山型细毛羊品系选育组织规程；制订了中国美利奴（甘肃高山型）细毛羊品种审定方案；建立和优化了种羊选择方法；采用系祖和适度近交手段，以羊毛细度、强度和净毛量为主要指标，组建了1 800只（3群）细型品系基础群。以羊毛长度、净毛量、细度、体侧毛密度为主选指标，组建了2 000只优质品系基础群。以体重、生长发育速度、体长、体高为主选指标，组建了2 100只肉毛兼用品系基础群。测定了细毛羊早期生长发育性状；测定了品系羊的毛纤维细度；构建了建系及选配方法。对中国美利奴高山型细毛羊羊毛品质性状遗传参数的遗传力进行估算，分析了羊毛品质性状与其他性状的遗传相关；提取了优质毛品系、肉毛兼用品系和超细品系细毛羊800余份血样基因组DNA；针对不同品系主选性状的不同要求，分别选择了15个微卫星位点作为标记位点对3个品系羊的群体遗传结构、多态信息含量等及与经济性状的相关进行了分析。利用SPSS13.0软件进行各经济性状不同年度间（2001—2005年度）的方差分析及微卫星位点与表型性状间的方差分析和多重比较。测定了4月龄断奶肉毛兼用羔羊的产肉性能和肉品质。有机结合系祖建系和近交建系法组建了细毛羊品系选育基础群；进行了品系羊最佳选配方法与选育效果的研究。应用MTDFREML法估算了羊毛品质的遗传参数，研究了羊毛品质性状的遗传规律，开展了较系统的分子遗传标记研究。

创新点及成果：

研究表明超细品系羊具有较高的群体杂合度，群体内的遗传变异较大，群体近交程度弱，具有丰富的遗传多样性。测定了羊毛品质、监测了细毛羊的早期生长发育情况、并对断奶羔羊和成年羊的产肉性能进行了测定。开展了全年均衡营养供给研究和羔羊早期断奶试验。主编《甘肃省绵羊遗传资源研究》，发表论文3篇，指导硕士生毕业论文2篇。

六、动物毛皮种类快速鉴别及质量评价技术研究

项目编号： BRF060102　　　　　　　　　　**起止年月：** 2007.01—2009.12
资助经费： 73 万元
主　持　人： 李维红　助理研究员
参　加　人： 高雅琴　杜天庆　常玉兰　梁丽娜
项目摘要：

本项目在广泛采集国内毛皮样品的基础上，研究动物纤维横切片快速制片技术，通过对各种动物毛皮针毛、绒毛的纵向压片、横向切片的生物显微观察及超细微结构扫描电镜观察与照像，构建我国各种毛皮动物毛、绒纤维显微和超微结构图谱；分析各种动物毛皮针毛、绒毛结构特点与差异，探究动物毛皮形态特征及种类判断的依据，建立我国动物毛皮种类快速检测鉴别的新技术和新方法及我国动物毛皮毛绒结构数据库；系统研究毛绒密度、长度、细度、弹性及皮板质量，制定我国动物毛皮质量评价新方法和新标准。

项目执行情况：

先后去河北尚村毛皮市场、蠡县留史毛皮市场、辛集皮革市场，天津纺织机械研究所，北京大红门、雅宝路毛皮市场，内蒙古自治区，甘肃天祝白牦牛繁育基地，青海三角城种羊场，我国最大的羊绒集散地和加工地河北省清河县，亚洲最大的羊剪绒生产加工基地河南桑坡村，甘肃濒危动物保护中心、甘肃皇城羊场、张掖纤维检验局、肃南县，新疆维吾尔自治区阿尔泰，江苏海门、张家港等地采集毛皮样品。对采集到的 60 多种动物的毛绒样品的针毛和绒毛结构进行显微结构观察与照相，做了 3 万余张纤维切片，从中挑选切片照片 2 余万张；制成獭兔皮肤纵、横切片 2 810 张，照片 5 134 张。建立了动物毛皮成品质量评价体系，包括评价指标体系、评价依据和检测方法。构建了毛皮动物纤维形态结构数据库框架。数据库包括首页、项目简介、动物及其纤维信息、快速鉴别技术、毛皮质量评价、显微结构、联系我们、加入收藏等内容，其中动物及其纤维信息中包括 98 种纤维动物资源及其 196 张照片和 41 种毛皮动物资源及其 82 张照片；快速鉴别技术录入了快速鉴别技术及其方法和过程；毛皮质量评价中包括 45 种产品标准、14 种动物纤维检验方法、皮革和裘皮动物毛皮检测方法。显微结构项，录入了 65 种动物的显微结构图。

创新点及成果：

针对我国动物纤维、毛皮真伪鉴别技术不统一，耗时长，操作复杂等现状，先后对 60 余种动物毛纤维的组织结构进行了研究，研制出了毛绒鉴别中的快速制片技术和操作相对简单、成本低的毛、绒鉴别技术—光学显微法。构建了动物纤维形态结构数据库，创建了动物毛皮种类快速鉴别技术，制定了《几种动物毛皮种类鉴别方法—显微镜法》《毛绒密度检测方法—显微镜法》标准草案。同时，拍摄的结构图片中选取了 338 张有代表性的结构图，编辑出版了《动物纤维组织结构彩色图谱》一册。发表论文 25 篇。

七、甘肃优质细羊毛质量控制关键技术的研究

项目编号：BRF070103　　　　　　　　　　　　**起止年月：**2007.01—2009.12
资助经费：40 万元
主　持　人：牛春娥　实验师
参　加　人：王宏博　高雅琴　席　斌　郭天芬
项目摘要：

羊毛是我国贸易逆差最大的畜产品，质量问题已经成为降低国产羊毛国际竞争力的首要因素。羊毛质量标准体系不健全，质量控制技术落后是导致羊毛质量差的重要原因。本项目在研究国内外先进羊毛质量控制技术的基础上，对甘肃高山细羊毛生产过程影响羊毛质量的关键环节进行研究，确定羊毛质量关键控制点，并针对各关键控制点研究其质量控制技术，制定甘肃细毛羊羊舍、鉴定场设计建设技术规范、剪毛场及分级台设计建设技术规范、甘肃细毛羊饲养管理及四季营养调控技术规范、绵羊剪毛技术规范、细羊毛分级、打包技术规范、含脂羊毛化学残留物检测方法、羊毛纤维直径检测方法—激光细度仪法、羊毛白度检测方法、羊毛匀度检测方法等，结合现行的相关国家标准和行业标准，建立甘肃优质细羊毛质量标准体系。

项目执行情况：

对青海三角城羊场、甘肃皇城羊场及甘肃肃南县的绵羊剪毛、羊毛分级、打包过程进行了现场跟踪观摩，确定了细羊毛生产过程中的影响羊毛质量关键环节和关键控制点。在皇城羊场选择澳美和超细品系生产母羊各 100 只，进行全年羊毛质和量的变化趋势实验。在甘肃肃南县选择 100 只生产母羊进行枯草期补饲实验和羊毛生长变化趋势实验。定购加工新一代抗紫外羊衣 600 件，分别在皇城羊场和肃南县牧民家进行了绵羊穿衣试验。对试验羊只进行跟踪观察和羊毛生长标记（共标记了 4 次）。参加鉴定细毛羊共 2 198 只，现场测试细毛羊生产性能指标数据 21 980 个，采集毛样 296 份，皮肤样品 15 份，并在实验室进行了毛丛自然长度、污染高度、油汗高度的测试，取得试验数据 8 982 个，结果显示，穿衣羊只毛丛污染高度明显小于未穿衣羊只，说明穿衣对防止羊毛污染，提高洗净率有非常显著的作用。完成羊毛样品洗净率、细度、强力、伸长率、匀度、粗腔毛含量、白度测试。完成《绵羊毛质量控制技术》的编辑出版；根据试验验证结果，对《剪毛场设计技术规范》《绵羊剪毛技术规范》《绵羊毛分级技术规范》等 14 份标准草案进行修改完善，建立甘肃优质细羊毛标准体系。完成《含脂羊毛农药残留检测方法》系列标准草案 2 份；完成《细毛羊饲养管理技术规范》《羊毛白度检测方法》《羊毛匀度检测方法》标准草案。

创新点及成果：

研制了"毛丛分段切样器"，并获得实用新型国家专利一项。完成标准草案 18 项，其中获国家标准委立项制定国家标准 5 项、农业行业标准 1 项。建立了《甘肃细羊毛质量控制标准体系》，编辑出版《绵羊毛质量控制技术》。

八、基因工程技术生产牦牛乳铁蛋白及其活性鉴定

项目编号：BRF070105   起止年月：2007.01—2009.12
资助经费：45 万元
主 持 人：裴 杰 助理研究员
参 加 人：包鹏甲 梁春年 郭 宪 曾玉峰

项目摘要：

乳铁蛋白（Lactoferrin，LF）是一种具有多种生物学功能的蛋白质，它不仅参与铁的转运，而且具有抗微生物、抗氧化、抗癌、调节免疫系统等功能，被认为是一种新型的抗菌抗癌药物和极具开发潜力的食品和饲料添加剂；同时，牦牛的 LF 极有可能具有比普通牛 LF 更高的生物活性。利用基因工程生产乳铁蛋白将会大幅度降低牛乳铁蛋白素的生产成本，使其作为添加剂应和创制新药成为可能。本项目以大量生产牦牛乳铁蛋白为研究目的，利用基因工程原理在酵母中表达牦牛 LF；采用亲和层析技术将目的蛋白从酵母细胞中纯化；用凝血酶和胃蛋白酶酶解重组牦牛乳铁蛋白使其形成多肽，并测定酶解产物的抗菌活性；将获得的牦牛乳铁蛋白饲喂小鼠，观察其成活率和抗病能力的变化。

项目执行情况：

采集天祝白牦牛血液样品、天祝白牦牛乳腺组织样品、甘南牦牛血液样品和大通牦牛乳腺组织样品，提取牦牛 DNA 和 RNA。扩增牦牛 Lfcin 基因序列和 LF 基因编码区序列，进行 Lfcin 和 LF 基因和相应蛋白质的序列分析。分别将高原牦牛和大通牦牛 Lfcin 基因编码区转入 pPICZαC 酵母表达载体，构建表达载体 pPICZαC/Lfcin；将天祝白牦牛和大通牦牛 LF 基因编码区转入 pPICZαC 酵母表达载体，构建表达载体 pPICZαC/LF。应用 PCR 方法，在牦牛 Lfcin 基因编码区的两侧分别加上限制性内切酶 EcoR I 和 Xho I；用这两种内切酶同时酶切 Lfcin 基因和 pGEX-4T 载体，同 T4 DNA 连接酶将 Lfcin 基因连接至 pGEX-4T 载体，构建原核表达载体 pGEX-4T/Lfcin；将 pGEX-4T/Lfcin 表达载体转化至大肠杆菌 BL21（DE3）中，诱导表达后获得 Lfcin 蛋白。将高原牦牛和大通牦牛 Lfcin 基因编码区两端加入酶切位点，连接至 pPICZαC 酵母表达载体，构建真核表达载体 pPICZαC/Lfcin。将天祝白牦牛和大通牦牛 LF 基因编码区两端加入酶切位点，连接至 pPICZαC 酵母表达载体，构建真核表达载体 pPICZαC/LF。将构建好的表达载体转化至酵母细胞。构建原核表达 pGEXT-4T/LF 和 pET-28a/LF；利用原核表达载体 pET28a（+）和 pGEX-4T-1 对大通牦牛和天祝白牦牛的 LF 蛋白进行了诱导表达。

创新点及成果：

在国内外首次克隆获得 5 个品种牦牛的 Lfcin 基因序列，首次克隆获得 2 个牦牛 LF 基因编码区序列；成功构建了真核表达 pPICZα/LF 和 pPICZα/Lfcin；在大肠杆菌中成功表达了牦牛 Lfcin 蛋白和 LF 蛋白。发表文章 13 篇。

九、动物纤维及毛皮种类的无损鉴别技术研究

项目编号：BRF080101　　　　　　　　　　起止年月：2008.01—2010.12
资助经费：37 万元
主　持　人：郭天芬　助理研究员
参　加　人：高雅琴　牛春娥　杜天庆　王宏博
项目摘要：

我国是毛纤维及毛皮原料的生产大国和进口大国，且是其产品的消费大国和出口大国，但我国的检测技术相对落后，产品质量较差。毛纤维及毛皮检测技术的提高可促进其产品质量的改善，同时能够有效保护国内的检测市场。近红外光谱法（NIR）具有快速（20S 至 60S）、无损（无须前处理）及绿色环保（不需要化学试剂）等优点，已在石油化工、食品及一些农业产品的质量检测方面成熟应用。因此将 NIR 应用于毛纤维及毛皮产品的无损检验，是提高检测水平和产品质量的必然选择。本研究将采集不同品种动物纤维，进行反复对比试验，探索出用 NIR 对动物纤维及毛皮产品的最佳无损检测技术；检测不同动物纤维的近红外光谱指纹图，并进行汇总，建立动物纤维近红外图谱数据库。从而为各种动物纤维、毛皮产品的近红外光谱鉴别奠定基础，也为世界最大的近红外图谱库 Sadtler 填补动物纤维图谱的空白。研究成果有望为羊毛、羊绒产品（毛绒混合物、毛线、毛绒面料、毛衫等）及貂皮、兔皮产品（各种裘皮装饰、服装等）的成分及真伪辨别提供一种快速、无损、绿色环保的检测手段，同时也为提高毛纤维、毛皮产品及其制品的质量提供技术支持。

项目执行情况：

采集不同品种、不同部位、不同产地、不同年龄、不同颜色的羊毛、羊绒、貂皮及兔皮样品。进行取样数量及仪器设备条件（扫描次数、分辨率、样品测量次数、扫描范围及扫描速度等）的摸索试验。开展羊毛、羊绒纤维、貂皮、兔皮产品等近红外检测试验，逐步计算出最佳回归波长，并建立对应的数学模型，完成羊毛、羊绒、貂皮、兔皮的指纹图谱。确定毛纤维（羊毛、羊绒）及毛皮（貂皮、兔皮）的无损鉴别技术。制定出《羊毛、羊绒产品无损鉴别技术》和《貂皮、兔皮产品的无损鉴别技术》两个标准草案。

创新点及成果：

建立了羊毛平均直径检测模型；建立了羊毛白度分析检测模型；建立了牛皮、山羊皮、绵羊毛、猪皮及人造革鉴别分析模型；探索性研究了活体动物毛密度无损检测技术；探索性毛绒混合物的定量分析方法。发表了文章 9 篇。

十、牦牛主要组织相容复合体基因家族结构基因遗传多样性研究

项目编号：BRF090103　　　　　　　　　　起止年月：2009.01—2011.12
资助经费：40 万元

主 持 人：包鹏甲 研究实习员

参 加 人：阎 萍 梁春年 郭 宪 曾玉峰 裴 杰 褚 敏 朱新书

项目摘要：

本研究以我国天祝白牦牛、青海高原牦牛和大通牦牛为研究对象，通过对牦牛 MHC 基因家族的结构基因进行研究，对这三个牦牛品种的遗传多样性进行分析，以确定其种群动态、种群间基因流、瓶颈效应对种群的影响及个体间的亲缘关系等，并对其遗传多样性进行评估，为进一步保护开发和利用我国独特的遗传资源提供更翔实的现实依据，对品种保护提供更有效和更合理的办法。同时由于 MHC 基因在动物免疫、抗病力、生产性能等方面以及种群遗传学和保护遗传学方面有着重要的作用，本研究还将以现代分子生物学技术对其结构基因编码的蛋白（多肽）进行研究，预测其分子结构结构，分析其三维构象，对其作用机理进行初步的探索。

项目执行情况：

先后完成天祝白牦牛、青海高原牦牛、大通牦牛的血液样品采集和生产性能测定等工作，已获得体尺、体重等生产数据 2000 多项，采集血液、组织及肌肉样品共计 1000 多份。完成了大通牦牛、青海高原牦牛之血液样品全基因组 DNA 的提取工作。通过和黄牛、绵羊等动物的 MHC 基因比较，在同源区较高的区域设计出牦牛 MHC 基因聚合酶链式反应的扩增引物，检测筛选出高效引物两对，分别用这两对引物扩增了大通牦牛、天祝白牦牛、甘南牦牛 DRB3、DQA2 基因部分序列，并对产物进行了检测。试验结果显示，在天祝白牦牛、甘南牦牛、大通牦牛三个类群 757 头个体的 MHC-DRB3.2 基因的 PCR-RFLP 分析中共检测出 8 个 Hae Ⅲ 酶切位点 11 种基因型。三个牦牛类群多态信息含量分别为 0.739、0.754 和 0.743，均达到了高度多态（PIC>0.50），表明牦牛 MHC-DRB3.2 基因具有高度多态性，且多态性由高到低的排列顺序为甘南牦牛、天祝白牦牛、大通牦牛，对该基因的 Tajima′s D 中性检验和 Fu and Li′s D＊检验结果统计显著性均不显著（$0.10>P>0.05$），表明大通牦牛 DRB3.2 等位基因受到强烈的正向选择作用或正向选择的信号。其氨基酸变异主要集中在抗原结合位点及其毗邻和相间的位置，推测这可能与与牦牛的抗病性及高寒适应性有较强的相关性。

创新点及成果：

先后开展了 PCR-SSCP、PCR-RFLP 及 hemi-nested-PCR sequencing 工作，对牦牛 MHC 基因家族的结构基因的遗传多样性进行研究，期间扩增和克隆测序了牦牛 MHC-DRB3.2、DQA2、DRB3mRNA 全序列，DRB3DNA 全序列以及 DRB3 上游调控区序列，并向 Genbank 提交牦牛 MHC-DRB3.2 序列 22 条。已发表论文 5 篇。

十一、生鲜牛奶质量控制及抗生素残留检测技术的研究

项目编号：BRF090104　　　　　　　　　　起止年月：2009.01—2010.12

资助经费：28 万元

主 持 人：王宏博 助理研究员

参 加 人：高雅琴 梁丽娜 杜天庆 牛春娥 郭天芬

项目摘要：

本项目在研究国内外先进乳及乳制品质量控制技术的基础上，建立原料奶掺假检测的数学模块；制定原料奶掺假快速检测的方法；通过检测牛奶体细胞的数量，建立牛奶主要成分与体细胞之间的相关性模型；制定乳及乳制品中皮革水解蛋白的检测方法等；并通过牛奶中体细胞数与抗生素残留量的相关性分析，建立牛奶抗生素残留的检测技术方法。

项目执行情况：

分别对青海、陕西和甘肃的奶牛场进行了实地调研，采集牛奶样品 40 余份，并对其进行了检测，获得有效数据 360 余个。先后在兰州市采集牛奶样品 148 余份，并对其进行了检测，获得 1 184 余个有效数据。通过调研发现，我国西部奶农奶牛的饲养管理普遍低下，营养供应不足，特别是豆科草料供应不足。挤奶操作不规范、牛奶检测环节技术手段落后、对挤奶、储奶、运奶设备的冲洗不彻底及冷藏设施落后，无优质优价机制，无从保证奶源的高品质。送奶过程中，无冷藏措施，无专用车辆。在国家饲料质量监督检验中心参加了有关维生素、苏丹红、三聚氰胺、六六六、DDT、菌落总数和大肠菌群的检测培训。完成了鲜牛乳中维生素和抗生素的检测工作。

创新点及成果：

本项目将乳品质量作为研究的着手点，通过对兰州市地区乳品质量评价，掌握兰州市乳品质量情况具有现实意义。应用现代检测技术，应用于牛奶检测，提高了牛奶检测的速度。编写了 2 个标准草案，发表论文 3 篇。

十二、大通牦牛无角品系的选育

项目编号： BRF100101　　　　　　　　　　**起止年月：** 2010.01—2010.12

资助经费： 9 万元

主 持 人： 梁春年　副研究员

参 加 人： 阎萍　郭宪　丁学智　包鹏甲　裴杰　褚敏　朱新书

项目摘要：

大通牦牛由于导入野牦牛血液，野性增加，在生产性能提高的同时，也给饲养管理带来了很大的困难。项目计划在现有大通牦牛的基础上，开展大通牦牛群体普查，组建无角品系选育核心群，以冻精授配为主，进行强度淘汰，加快核心群的遗传进展，同时适时采用分子标记辅助选择技术，初步育成体型外貌相对一致的大通牦牛无角新品系，对于完善大通牦牛品种结构，满足市场需求具有极为重要的现实意义。

项目执行情况：

采集大通牦牛血样 210 份，在采血的同时，对采血牦牛现场测定体斜长、体高、胸围、管围等指标。以肌肉生长抑制素、胰岛素样生长因子受体基因为牦牛生长发育候选基因、完成了两个候选基因引物筛选；基因组 DNA 提取、DNA 浓度和纯度检测、候选基因多态性分析、基因型的判定、候选基因克隆测序等分析工作。在 2010 年 7—11 月，课题组对选育区的大通牛场牦牛群体进行普查，普查的内容主要是牦牛角的有无、体形结构、外貌特征等。在对母牛外貌普查后，选择外貌基本一致，无角，性状相似母牛 500 多头，打号、登记，逐步建立档案。基础母牛群组建后，加强饲养管理，提高营养水平，并且尽量在饲养管理水平基本一致的条件下饲养。在无角品系牦牛选育过程中，课题组与大通牛场反复协商设计制作了大通牦牛无角品系种种牛档案表和大通牦牛无角品系核心群母牛档案表。目前已建立无角品系核心群种公牛档案 15 份，核心群母牛档案 312 份，牛群档案均以纸质版和电子版保存。

创新点及成果：

在大通牛场组建了大通牦牛无角品系核心群，群体数量达 300 多头。将现代分子育种技术与传统的育种技术有机结合来选育大通牦牛无角品系，已获得影响牦牛生产性状的功能基因分子标记 2 个。首次对控制牦牛角的基因开展系统研究，了解牦牛角的遗传机制。大通牦牛无角品系的成功培育将有效降低牦牛饲养管理的难度，最大限度减少有角牦牛带来的经济损失。发表相关论文 6 篇。

十三、动物毛皮产品中偶氮染料的安全评价技术研究

项目编号： BRF100103   **起止年月：** 2010. 1—2010. 12

资助经费： 6 万元

主 持 人： 席 斌 研究实习员

参 加 人： 高雅琴 王宏博 杜天庆 常玉兰

项目摘要：

本项目通过对不同种类动物毛皮产品（狐狸皮、水貂皮、獭兔等）中禁用偶氮染料含量检测的分析比较，了解我国毛皮产品中禁用偶氮染料残留状况，对照国外限量指标进行系统的安全评价研究，提出合理的解决办法，为政府决策部门提供技术依据。并建立相应的安全评价技术规范，从而提高我国毛皮产品质量，最终打破绿色贸易壁垒，提高我国毛皮产品出口量，以推动毛皮产业的持续健康发展。

项目执行情况：

查阅文献，了解掌握毛皮及纺织行业中禁用偶氮染料的状况以及相关限定要求；调查到德国巴斯夫、拜耳等皮革化料公司、耐克、百丽等皮革加工企业对其产品中偶氮染料的具体限定要求及相关措施；采集毛皮、皮革样品 20 余份，对其就禁用偶氮染料含量进行了液相分析；对毛皮中禁用偶氮染料含量测定方法的前处理进行了比较优化，如用乙醚替换叔丁基甲醚，以更好的溶解；过滤时不应将硅藻土弄的太紧，太松也不行，以更好地过滤等，以得到更准确的实验结果。掌握了毛皮中禁用偶氮染料含量测定方法，为今后工作稳定快速的开展打下了坚实的基础。

创新点及成果：

研究对溶剂乙醚替换叔丁基甲醚以及提取柱过滤时对洗脱液、吸附剂硅藻土的要求等都进行了分析并优化，以便于本实验更准确、更方便。发表论文 3 篇。

十四、绵羊 BMPR-IB 和 BMP15 基因 SNP 快速检测技术研究

项目编号：BRF100102　　　　　　　　　　起止年月：2010.01—2012.12
资助经费：31 万元
主　持　人：岳耀敬　研究实习员
参　加　人：郭婷婷　郎　侠　刘建斌　冯瑞林

项目摘要：

在我国小尾寒羊、湖羊中已发现影响多胎性状的主效基因 BMPR-IB 和 BMP15 基因，且 BMPR-IB 和 BMP15 基因对绵羊繁殖性能具有协同效应。但因缺乏简易的绵羊的基因 SNP 快速检测技术，限制了其在我国绵羊育种和生产中应用，因此迫切需要开发一种简便、快捷、经济、实用的多胎性状的基因 SNP 检测技术。本研究致力研究于基于 LAMP 恒温扩增技术的 BMPR-IB 和 BMP15 基因 SNP 快速检测技术，有助于加快我国绵羊新品种的培育进程，将会大大提高我国在绵羊分子标记多基因聚合育种技术领域的原始创新和集成创新能力，实现育种理论和关键技术的新突破，有助于解决分子育种技术入户的"最后一公里"的难题。

项目执行情况：

初步研制出一种基于 HRM 技术同时进行 FecB 和 FecXG 基因 SNP 检测的试剂盒和基于 HDA 恒温扩增金标技术快速检测 FecB 基因 SNP 的试制条。首次将 FecB 和 FecXG 同时进行检测，显著降低了检测成本，同时基于高通量的 HRM SNP 检测技术（384/次/10 分钟），缩短了检测时间，提高了检测速度，基于 HDA 恒温扩增金标试制条，解除了 SNP 检测技术对大型仪器设备的依赖，方便易用，易于在生产中推广。建立基于 HRM、HAD-ELISA 技术的同时进行 *BMPR － IB*、*BMP*15、*GDF*9、PrP 基因 SNP 检测方法高通量基因检测平台、试剂盒，制定了检测标准规程，并对甘肃高山细毛羊 224 只、凉山半细毛羊 120 只、杭州湖羊 238 只、青海细毛羊 680 只、布鲁拉美利奴 48 只、南非美利奴 88 只、滩羊 153 只、无角道赛特 X 小尾寒羊 F_2 代 121 只、波德代 X 小尾寒羊 F_2 代 234 只、波德代 X 蒙古羊 F_2 代 132 只、小尾寒羊 298 只，共 2 336 只羊进行了 BMPR-IB、BMP15、GDF9 基因 10 个 SNP 位点检测，为开展 BMPR-IB、BMP15、GDF9、PrP 基因分子标记辅助选择育种奠定了基础。建立的基于限制性内切酶-连接酶-内切刻酶-恒温扩增技术的 FecXG 基因分型技术，通过实施首先应用限制性内切酶切割绵羊基因组 DNA，突破了已有恒温扩增技术（SDA、NASBA、TMA、RCA、LAMP、HDA）等主要用来扩增细菌、病毒、质粒基因组 DNA 片段，难以扩增真核生物基因组 DNA 的难题。筛选金标试制条用 FITC、biotin、DIG 抗体，完善金标试制条检测单核苷酸多态性快速检测方法。

创新点及成果：

建立基于 HRM 技术的同时进行 PrP 基因（ARQ、VHR、TLK 和 TLH 基因型）SNP 检测方法高通量基因检测平台、试剂盒，制定了检测标准规程，并在细毛羊进行基因检测，开展分子标记辅助选择育种。初步完成基于恒温扩增技术的 SNP 快速检测方法—连接酶-内切刻酶-恒温扩增技术（Ligase-Nicking － Isothermal Amplification，LNIA）设计、

验证工作。初步建立了基于 HDA 恒温扩增技术的 FecB 基因 SNP 金标试纸条快速检测技术平台，试制出金标试制条。申请专利 4 项，授权 1 项；发表论文 3 篇，其中 SCI 论文 1 篇。

十五、牦牛早期胚胎发育基因表达的研究

项目编号：1610322011002　　　　　　起止年月：2011.01—2013.12
资助经费：32 万元
主 持 人：郭　宪　助理研究员
参 加 人：裴　杰　丁学智　褚　敏　包鹏甲

项目摘要：

牦牛是青藏高原高寒牧区的特有遗传资源，提高其繁殖力是提高牦牛生产性能、保护生态环境的主要措施之一。而胚胎发育是生命科学研究的主题之一，也是繁殖力高低的关键。本项目拟通过牦牛卵母细胞的体外成熟、体外受精、体外培养等处理，获取牦牛体外培养的成熟卵母细胞及早期胚胎，运用 mRNA 差异显示技术和蛋白质相关技术，分析牦牛卵母细胞及早期胚胎发育不同阶段基因表达和蛋白质的变化，从分子水平了解牦牛卵母细胞及早期胚胎发育过程中基因和蛋白质整体变化规律，探讨不同发育阶段基因表达的模式和胚胎发育机理，为牦牛早期胚胎发育基因表达的分子调控机制研究提供参考。

项目执行情况：

通过牦牛卵母细胞体外成熟、体外受精及早期胚胎体外培养研究，建立并优化了牦牛胚胎体外生产技术体系。牦牛胚胎体外生产由 4 个时间点控制，其中卵巢保存时间 0~3h，卵母细胞体外成熟时间 27~28h，卵母细胞体外受精时间 16~18h，受精卵体外培养时间 144~168h。同时，筛选出了牦牛卵母细胞体外成熟培养体系、改良了处理牦牛冷冻精液的 BO 液上浮法及建立了早期胚胎发育共培养体系。其中成熟培养液由 M199+10% FCS+5.0mg/L LH+0.5mg/L FSH+1mg/L E2 组成（成熟率达 80% 以上）；BO 液上浮法处理的牦牛精子，体外受精最适精子浓度为 $1~2×10^6$ 个/mL，获能液、受精液改良后分别添加一定浓度的 BSA、咖啡因、肝素；与颗粒细胞共培养，囊胚发育率为 10.6%。收集不同时期卵母细胞（未成熟、成熟）及早期胚胎（2 细胞、4 细胞、8 细胞、16 细胞、桑椹胚、囊胚），用酸性台式液处理后，提取总 RNA，反转录扩增检测后共筛选出牦牛早期胚胎差异表达基因 3 个，并通过 RT-PCR 技术检测了各基因在 2 细胞、4 细胞、8 细胞和桑囊胚期的表达情况。根据差异显示结果，选取 4 个（2 细胞期胚胎、8 细胞期胚胎、桑椹胚、囊胚）差异克隆条带，经转化后测序。测序结果用 Blast 软件与 GenBank 上 EST 和 NR 库中已有的序列进行比对分析，结果发现基因 ZMYND11、RPL27A 和 NAP1L1 在牦牛卵母细胞和早期胚胎发育过程中 mRNA 表达量存在时间性差异，为早期胚胎发育基因表达的调控机制提供分子依据。

创新点及成果：

建立了克服牦牛早期胚胎发育阻滞的共培养体系，优化了牦牛胚胎体外生产系统。基因 ZMYND11、RPL27A 和 NAP1L1 在牦牛卵母细胞和早期胚胎发育过程中 mRNA 表达量

存在时间性差异，为早期胚胎发育基因表达的调控机制提供分子依据。申报发明专利 2 项，发表论文 3 篇，其中 SCI 收录 2 篇、一级学报 1 篇。

十六、欧拉型藏羊高效选育技术的研究

项目编号：1610322011003　　　　　　　　起止年月：2011. 01—2012. 12
资助经费：22 万元
主 持 人：郎　侠　助理研究员
参 加 人：王宏博　包鹏甲　褚　敏

项目摘要：

育种技术的开发和应用是绵羊优秀基因的集成创新和新品种培育的关键途径。组建欧拉型藏羊育种群，在欧拉型藏羊种质特性、主要经济性状（生长发育、育肥性能、产肉量等）数量信息研究收集的基础上，优化育种方案、完善生产性能记录体系，结合常规育种手段，综合应用单链构象多态（SSCP）、微卫星（SSR）、单核苷酸多态（SNPs）技术等研究欧拉型藏羊种质特性、主要经济性状的遗传机制，建立 MAS 和 QTL 定位联合选择的欧拉型藏羊分子育种标记辅助选择技术体系和 G-Blup 育种值估计模型，集成创新欧拉型藏羊育种技术体系，为欧拉型藏羊遗传资源评估提供分子遗传学数据支撑，加快其生产性能和产品品质改良进程，提高选育效率，进行欧拉型藏羊遗传资源审定。

项目执行情况：

建立了欧拉型藏羊选育核心群羊选择标准；制定了欧拉型藏羊选育措施和选育程序；组建欧拉羊选育基础群和建立联户育种机制；制定了欧拉型藏羊的鉴定项目和建立了种羊选择方法；构建了欧拉型藏羊羔羊生长发育测定及生长模型；进行了欧拉型藏羊 GH 基因部分序列的 PCR-SSCP 分析；羔羊肌肉 H-FABP 基因表达的发育性变化及其与肌内脂肪含量关系的风险；欧拉型藏羊 EPO（促红细胞生成素）基因部分片段多态性分析；甘南藏羊不同群体遗传多样性的微卫星分析；制定了欧拉型藏羊选育核心群小群配种制度；测定了欧拉型藏羊育肥羔羊屠宰性能。

创新点及成果：

构建了欧拉型藏羊开放式核心群联合育种体系；开展了欧拉型藏羊分子遗传学相关研究，分析了欧拉型藏羊 EPO（促红细胞生成素）基因部分片段的 DNA 序列和多态性；现了欧拉型藏羊育种核心群个体跟踪动态测定；编撰出版了《欧拉羊选育与生产》和《藏羊生产技术百问百答》。发表论文 5 篇。

十七、动物毛绒横截面超微结构及其鉴别标准的研究

项目编号：1610322011008　　　　　　　　起止年月：2011. 01—2011. 12
资助经费：12 万元
主 持 人：李维红　助理研究员
参 加 人：高雅琴　席　斌　梁丽娜　王宏博　熊　琳

项目摘要：

本项目通过扫描电镜对各种动物毛皮针毛、绒毛的横截面超微结构进行观察与照像，分析各种动物毛皮针毛、绒毛结构特点及其差异，探究动物毛皮形态特征及种类判断的依据；构建毛皮动物毛、绒超微结构图谱；起草《动物毛皮种类鉴别方法》标准草案。

项目执行情况：

制定《动物毛皮种类鉴别方法——显微镜法》标准，用显微镜法验证了4种貉、狐、貂及獭兔针、绒毛的毛尖部、毛根部及毛中间部位的异同，得到248张显微镜照片，为制定本标准打下了坚实的基础。出版《毛皮动物毛纤维超微结构图谱》，本书共选用了54种动物毛绒的732幅超微结构图，以图文并茂的形式，加上对图片的中英文注解，使得本书深入浅出，浅显易懂。本书的研究结果对特种动物种类鉴别、对毛皮市场流通领域的毛皮种类鉴别、对故宫馆藏衣物的修复、对公安部门破案提供帮助、对野生动物的保护、对消费者裘皮类制品的掺杂使假的鉴别都有着非常重要的意义。

创新点及成果：

项目组针对我国动物纤维、毛皮真伪鉴别技术不统一，耗时长，操作复杂等现状，先后对60余种动物毛纤维的组织结构进行了研究，利用扫描电镜对其毛绒横截面做了研究，编辑出版了《毛皮动物毛纤维超微结构图谱》，作为动物毛皮种类鉴别的参考依据。出版著作1部，制定行业标准草案1个，发表论文4篇。

十八、大通牦牛无角基因多态性检测与基因功能研究

项目编号：1610322012002　　　　　　　　起止年月：2012.01—2013.12
资助经费：22万元
主　持　人：刘文博　助理研究员
参　加　人：梁春年　郭　宪　包鹏甲　裴　杰　丁学智

项目摘要：

在牛上，按照经典遗传理论，角是由常染色体上的单个基因座位所控制，该基因座名为无角基因座位，且无角对有角为显性。目前，牛无角基因座已精细定位于牛1号染色体长臂近着丝粒区1Mb大小的染色体区间内。基因表达芯片研究还发现在牛多个染色体上存在与无角/有角性状关联的差异表达基因。本研究基于上述研究成果，拟在大通牦牛群体中定位无角基因座；首先在小规模群体对多个无角性状候选基因的SNP多态性进行检测，并进行关联统计分析；然后筛选出关联显著性水平最高的10至20个SNP在更大规模群体进行进一步验证试验，最终确证与无角/有角表型紧密关联的位点。同时，开展对候选基因在大通牦牛角形成区组织样中表达量的定量分析研究，以期阐明无角性状的遗传学基础。

项目执行情况：

在青海大通牦牛种牛场采集有角母牛血样55个，无角个体血样55个，并提取基因组DNA用于基因序列测序和DNA多态性位点检测。参考普通牛无角基因座所在染色体区间，选取12个已知的编码蛋白基因，对这些基因外显子、调控区、部分内含子和基因间

序列进行测序和序列比对，发现多态性位点。针对多态性位点设计相应的 PCR 扩增引物，进行高分辨率溶解曲线检测，分析这些位点在整个试验群体基因频率和基因型频率的分布。经研究已发现 9 个与无角性状呈显著性关联的 SNP 位点，这些位点位于一个长约 147kb 的单倍型域内，该染色体区间包含 3 个功能基因。目前已完成对牦牛无角基因座的初步定位。

创新点及成果：

本研究发现了 9 个与牦牛无角性状呈显著性关联的 SNP 标记位点，这些位点均为牦牛所特有并首次发现，可作为有效的分子标记用于大通牦牛无角新品系培育的标记辅助选择。发表论文 2 篇，其中 SCI 论文 1 篇。

十九、牦牛 LF 蛋白、Lfcin 多肽的分子结构与抗菌谱研究

项目编号：1610322012003　　　　　　　起止年月：2012.01—2014.12
资助经费：32 万元
主 持 人：裴　杰　助理研究员
参 加 人：梁春年　郭　宪　包鹏甲　褚　敏

项目摘要：

乳铁蛋白是一种具有多种生物学功能的蛋白质，不仅参与铁的转运，而且具有抗菌、抗病毒、抗氧化、抗肿瘤、调节免疫等功能。牦牛的 LF 蛋白和位于 LF 蛋白上的乳铁蛋白素与奶牛相比存在氨基酸序列上的变异，这些变异极有可能造成蛋白质结构和功能上的差异。研究拟纯化奶牛和牦牛乳中天然状态下的 LF 蛋白；分别在原核生物和真核生物中表达这两种蛋白；电镜下观察不同来源 LF 蛋白的结构；测定其各自的抗菌谱。同时，人工合成奶牛和牦牛的 Lfcin 多肽；采用核磁共振技术测定两种 Lfcin 多肽的结构；测定其各自的抗菌谱。本项目将确定牦牛 LF 蛋白和 Lfcin 多肽与奶牛相比是否具有不同的抗菌谱，解析出 LF 蛋白和 Lfcin 多肽产生功能变化的分子结构基础，为我国创制具有自有知识产权的抗菌新药提供理论依据和前期工作。

项目执行情况：

克隆牦牛的 LF 基因，将其分别连接至原核表达载体，在适宜的条件下进行诱导表达，利用表达载体上的蛋白标签对表达获得的牦牛的 LF 蛋白进行亲和纯化；测定不同 LF 蛋白对各种细菌的抗菌活性变化及各自的抗菌谱。电镜下观察 LF 蛋白质的结构。根据奶牛和牦牛的 Lfcin 多肽氨基酸序列，人工合成这两种多肽；用奶牛和牦牛 Lfcin 多肽分别对各种细菌进行抗菌实验，获得奶牛和牦牛 Lfcin 多肽的抗菌谱；结合奶牛和牦牛 Lfcin 多肽的结构数据和抗菌谱数据进行深入分析。采用 Western-blot 方法对牦牛 LF 蛋白在不同组织中的表达量进行了检测。实验过程中的一抗为 Abcam 公司生产的抗牛 LF 蛋白的多克隆抗体。没有对乳腺组织进行杂交实验，在其他各组织中，LF 蛋白的表达在卵巢（O）、脾脏（S）和胰腺（P）中的表达量较高，而在肺脏（U）和肝脏（L）中基本没有表达。这些蛋白表达量上的实验结果与 LF 基因表达量的实验结果极为接近。

创新点及成果：

分别基因水平和蛋白质水平检测了牦牛 LF 在不同组织中的表达量情况。优化了在大肠杆菌中表达的牦牛 LF 蛋白的纯化条件。授权专利 5 项，发表 SCI 论文 2 篇。

二十、利用 mtDNA D-环序列分析藏羊遗传多样性和系统进化

项目编号：1610322012006　　　　　　　　起止年月：2012.01—2014.12
资助经费：55 万元
主 持 人：刘建斌 助理研究员
参 加 人：冯瑞林 郎 侠 岳耀敬 郭婷婷

项目摘要：

通过对青藏高原高原型、山谷型和欧拉型藏羊（西藏自治区、青海、四川、甘肃、云南和贵州）群体的线粒体 DNA 控制区（D-loop）全序列研究，并结合 GenBank 相关序列资料，运用生物信息学软件在 DNA 分子水平上对我国藏羊进行分子系统学和群体遗传学分析，以期为我国青藏高原不同类型藏羊的起源和遗传分化提供理论基础资料，促进遗传资源的保存和开发利用。

项目执行情况：

在青海省海南藏族自治州贵南县森多乡、青海省海西蒙古族自治州德令哈市天峻县生格乡、青海省河南县柯生乡建可大队、甘肃省定西市岷县清水乡台子村、甘肃省甘南藏族自治州夏河县甘加乡西科村、甘肃省甘南藏族自治州玛曲县齐哈玛乡哇尔义村、甘肃省甘南藏族自治州玛曲县欧拉乡达尔庆行政村、甘肃省甘南藏族自治州玛曲县欧拉乡红旗村、西藏自治区山南地区浪卡子县浪卡子镇柯西村、西藏自治区山南地区江孜县车仁乡热定村、西藏自治区日喀则地区岗巴县岗巴镇玉列村掐朗组、西藏自治区日喀则地区仲巴县霍巴乡日玛村、西藏自治区那曲地区安多县玛曲乡第六村和西藏自治区昌都地区贡觉县阿旺乡阿益三村分别采集贵德黑裘皮羊、祁连白藏羊、青海欧拉羊、岷县黑裘皮羊、甘加羊、乔科羊、甘南欧拉羊、浪卡子绵羊、江孜绵羊、岗巴绵羊、霍巴绵羊、多玛绵羊和阿旺绵羊的血样 892 份，并对高原型、山谷型和草原型藏羊进行基因组 DNA 的提取、遗传多样性分析、单倍型多样性分析、系统发育树构建和网络亲缘关系分析。青藏高原 15 个地方绵羊品种 636 个个体 mtDNA D-loop 区全序列长度为 1 031~1 259bp，A、T、G、C 含量分别为 32.9569%、29.7677%、14.3817%、22.8937%，A+T 含量为 62.7246%，G+C 含量为 37.2754。636 个个体共发现 196 个变异位点，这些变异位点确定了 350 种单倍型，其中 100 种共享单倍型和 250 种独享单倍型。15 个绵羊群体的核苷酸多样度为：0.01874±0.00126；单倍型多样度为：0.99213±0.00956；平均核苷酸差异数为 19.09822。青藏高原 15 个地方绵羊品种的核苷酸多样度变异范围为 0.00847±0.00172 至 0.02700±0.00343；单倍型多样性变异范围为 0.90036±0.16100 至 1.00000±0.05562 或 1.00000±0.04539。结果表明青藏高原家养地方绵羊品种 mtDNA 遗传多样性丰富。西藏阿旺绵羊的遗传多样性较为贫乏，西藏林周绵羊和浪卡子绵羊遗传多样性极为丰富，其他青藏高原地方绵羊品种遗传多样性较为丰富。从构建的 ME、UPGMA 和 NJ 法系统发育树可以看出，青藏高原家

养绵羊分为 4 大支系，亚洲型 A 型和支系 A 聚为一类，摩费伦羊、欧洲 B 型及墨西哥绵羊与 B 支系聚为一类，支系 C 单独聚为一类，西藏林周绵羊的部分个体聚为 D 支系，盘羊和羱羊单独聚为一类。利用 350 种单倍型构建的中介网络图也清晰地表现出四大发育集团。因此，青藏高原家养绵羊品种至少存在四个独立的母系起源。

创新点及成果：

青藏高原 15 个家养地方绵羊品种进行选择中性检验和核苷酸错配分布分析，结果表明岗巴绵羊、甘加绵羊、甘南欧拉羊、霍巴绵羊、青海欧拉羊、乔科绵羊、祁连白藏羊和天俊白藏羊都经历过群体扩张事件，其他所研究绵羊群体没有经过群体扩张事件。发表 SCI 论文 4 篇，出版专著 1 部，申报国家专利 6 项。

二十一、甘肃高山细毛羊毛囊干细胞系的建立及毛囊发育相关信号通路

项目编号：1610322012007　　　　　　　起止年月：2012.01—2012.12
资助经费：12 万元
主 持 人：郭婷婷　助理研究员
参 加 人：岳耀敬　刘建斌　冯瑞林　郭天芬　熊　琳　李维红

项目摘要：

以甘肃高山细毛羊超细品系为研究对象，分离其毛囊细胞进行离体培养，构建毛囊干细胞系，监测其毛囊干细胞的形成及周期性发育分子调控过程。采用分子生物学、细胞生物学等相关基础理论及分析手段，寻找毛囊发育过程中影响毛囊细胞形成及周期性发育的相关信号分子。利用生物信息学网络分析平台，初步筛选影响毛囊细胞形成及周期性发育的关键信号分子，探索调控羊毛性状的毛囊发育的重要信号通路。

项目执行情况：

采用"两步酶消化法"和"机械分离法"对细毛羊毛囊干细胞进行分离培养，对分离培养方法进行优化改良，建立"两步酶消化法+机械分离法"相结合的改良新方法。通过角蛋白 K19 和整合素 β1 的免疫细胞化学检测，证明成功获得毛囊干细胞。通过测定 3 种方法分离培养获得的细毛羊毛囊干细胞 F_3 代，对毛囊干细胞的数量、克隆形成率及毛囊干细胞的增殖能力等指标进行综合评估 3 种培养方法的优劣，证明获得毛囊干细胞方法成立。寻求既能方便获得大量毛囊干细胞，又能减少其分化的理想培养条件，为研究在培养体系中添加不同浓度的外源性胰岛素样生长因子-1 及其受体、表皮生长因子对体外培养毛囊干细胞的影响评价，研究信号分子 β-catenin、BMP2 对体外培养的细毛羊毛囊干细胞进行诱导分化，采用 RT-PCR 及 Western blot 等技术评价其对毛囊干细胞增殖和分化的影响奠定了基础，为初步探究皮肤毛囊的形成及周期性发育分子调控中的信号通路提供了素材。

创新点及成果：

首次成功构建细毛羊毛囊干细胞系。发表论文 1 篇。

二十二、我国羔裘皮品质评价

项目编号：1610322012010　　　　　　　　　起止年月：2012.01—2012.12
资助经费：12万元
主　持　人：郭天芬　助理研究员
参　加　人：杨博辉　牛春娥　李维红　杜天庆

项目摘要：

通过对各类羔裘皮品质的分析研究，全面了解我国羔裘皮品质现状，可为我国羔裘皮羊的培育、羔裘皮产品的开发利用及羔裘皮品质评价提供科学依据。在项目实施过程中，编制《羔裘皮检测技术规范》标准草案，完成《羔裘皮品质评价》标准汇编，使我国羔裘皮品质评价方法更科学、规范和统一。

项目执行情况：

先后在岷县黑裘皮羊、泗水裘皮羊、济宁青山羊、太行裘皮羊的主产区分别进行了羔裘皮产业链中各环节现状的调研，并现场检测了羊只的各生产性能指标。采集了120余份毛绒样品，40余张毛皮样品，200余张相关照片。完成了以上采集毛皮样品的外观、面积、伤残、密度、长度、绒毛类型等12项指标的实验室检测。编制了标准汇编一部、标准草案5份，申请专利3项，编写著作（草稿）1部，发表论文4篇。为羔裘皮羊品种保护及相关研究获得了可靠资料，并为进一步申报国家标准或农业行业标准奠定了基础。

创新点及成果：

完成了《羔裘皮羊及羔裘皮标准汇编》一部。编制了《羔裘皮检验技术规范》《岷县黑裘皮羊》《泗水裘皮羊》《济宁青山羊》及《太行裘皮羊》等五项标准草案。获得《动物皮肤取样器》《毛发密度取样器》和《绒毛样品抽样装置》3项专利。发表论文4篇。

二十三、青藏高原牦牛EPAS1和EGLN1基因低氧适应遗传机制的研究

项目编号：1610322012011　　　　　　　　　起止年月：2012.01—2013.12
资助经费：23万元
主　持　人：丁学智　助理研究员
参　加　人：梁春年　郭　宪　包鹏甲　吴晓云

项目摘要：

高寒和缺氧是高原地区主要的生态限制因子，牦牛在长期的适应进化过程中形成了独特的高原低氧适应策略，EPAS1和EGLN1基因可能起着关键性作用。本课题拟从牦牛血液生理指标及组织代谢特征等角度入手，以当地黄牛和低海拔地区黄牛为对照，采用生物信息学与分子生物学相结合的方法，辅以蛋白质分析技术，对不同海拔高度牦牛EPAS1和EGLN1基因进行克隆鉴定、对其多态位点进行检测和单倍型分析，对具有SSCP多态性的片段进行测序，找出突变位点；进而从功能因子在牦牛不同组织中的mRNA水平和蛋白表达水平进行系统深入地研究，探索牦牛通过提高血液中血红蛋白含量来适应低氧环

境的独特机制。以期揭示牦牛适应高寒低氧环境的分子遗传学机制。为发掘牦牛优良种质资源、提升其对环境变化的适应能力、维系青藏高原生态系统稳定性提供理论和技术支撑。

项目执行情况：

根据不同的海拔梯度，分别选取天祝（海拔 2 500m）、甘南（3 500m）、西藏自治区那曲（4 700m）放牧牦牛各 10 头，所选动物均为待宰健康的成年牦牛，营养状况良好。分别于 2012 年 3 月和 10 月进行了血液和组织样品的采集。应用双向凝胶电泳技术，对不同海拔梯度天祝牦牛、甘南牦牛和西藏那曲牦牛血清蛋白质进行分离，用硝酸银染色和考马斯亮蓝染色两种方法进行了染色，获得两种乳清蛋白质 2-DE 图谱，同时通过 PDQuest 7.4 软件对蛋白质电泳图谱进行斑点检测和匹配，并结合人工校正分析，应用质谱分析技术，对差异蛋白进行鉴定。将鉴定出的差异蛋白质建立基因调控网络、进行 KEGG 通路分析、GO 注释及蛋白质相互作用分析。检索并鉴定出与低氧胁迫发生发展相关的候选标志物 transferrin、hemoglobin beta。经 West-blotting 进一步验证分析，提出了牦牛血液 transferrin 表达增加，可能是其高寒低氧适应的重要原因之一。

创新点及成果：

低氧适应机制是目前国际研究的热点，牦牛生息在海拔 3 000m 以上地区，暖季可上升到 5 000m 以上。但与居住在青藏高原的藏族人血液中的血红蛋白浓度却较低不同的是，牦牛 RBC 和 Hb 含量高，而且随海拔的增加而升高，而以此为基础的分子遗传机制研究目前国内外尚无文献报道。发表 SCI 论文 5 篇。

二十四、控制甘肃高山细毛羊羊毛性状的毛囊发育分子表达调控机制

项目编号：1610322012014　　　　　　　起止年月：2012.01—2012.12
资助经费：15 万元
主 持 人：杨博辉　研究员
参 加 人：郭婷婷　熊　琳　岳耀敬　刘建斌　冯瑞林　孙晓萍　郭　健　牛春娥
　　　　　李维红　郭天芬　杜天庆　梁丽娜　常玉兰

项目摘要：

采用超细型细毛羊品系，监测其皮肤次级毛囊的形成及周期性发育分子调控全过程，采用基因组学、蛋白质组学、生物信息学等分析手段，寻找羊毛生长过程中影响毛囊形成及周期性发育的关键差异蛋白，探索其相关基因的表达调控机制。

项目执行情况：

本项目以超细型甘肃高山细毛羊为研究对象，通过组织学技术、蛋白质组学技术等手段监测其皮肤次级毛囊的形成及周期性发育调控过程，寻找羊毛生长过程中影响毛囊形成及周期性发育的关键差异蛋白，探索其相关基因的表达调控机制。研究结果发现：不同发育时期的毛囊结构均有所差异，在胎龄 87d 时，初级毛囊发生形成毛芽，在初级毛囊基底部可见次级毛囊的囊泡结构。胎龄 102d 时，次级毛囊开始再分化。胎龄 138d 时，初级毛囊基本发育成熟；显微结构和超微结构均表明 102d 为毛囊周期性发育关键节点。87d 和

138d 皮肤组织中平均蛋白点分别为 2304 和 2576 个。甘肃高山细毛羊皮肤组织的双向凝胶电泳分离得到的蛋白主要有高硫角蛋白（HSPs）、超高硫角蛋白（UHS）和高甘氨酸/酪氨酸角蛋白（HGT）等。对其中两个差异蛋白质点进行分析：第一个蛋白差异点与绵羊角蛋白 I 型微纤维蛋白 K1M2 相似，第二个蛋白差异点是与绵羊高硫角蛋白存在高度相关。本项目首次在蛋白质水平研究细毛羊皮肤毛囊的形成及周期性发育分子调控的机制，并对毛囊周期性发育进行了系统的全方位分析，其理论成果将对其他绒毛动物的毛囊发育调控机制研究具有重要的指导价值。

创新点及成果：

首次在蛋白质水平研究细毛羊皮肤毛囊的形成及周期性发育分子调控的机制，并对毛囊周期性发育进行了系统的全方位分析，从显微结构、超微结构及蛋白质组学等方面相结合，形成分子生物学和蛋白质组学相结合的网络分析技术，构建多层次调控网络，发现关键节点蛋白及其调控基因，其理论成果将对其他绒毛动物的毛囊发育调控机制研究具有重要的指导价值。发表论文 1 篇。

二十五、甘南牦牛繁育关键技术创新研究

项目编号：1610322012015　　　　　　　　**起止年月：**2012.01—2012.12
资助经费：15 万元
主 持 人：阎　萍　研究员
参 加 人：梁春年　郭　宪　裴　杰　包鹏甲　丁学智　褚　敏　朱新书

项目摘要：

甘南牦牛是我国牦牛中的一个较为优良地方类群，也是甘南州的主要畜种资源，其开发利用程度的高低直接制约到甘南牧区经济的振兴。然而目前由于甘南牦牛饲养管理方式落后、良种体系不健全、以自然交配为主的繁育方式，影响着甘南牦牛群体生产力水平的提高。本研究将分子标记辅助选择技术与传统的育种技术紧密结合，用于甘南牦牛本品种选育研究，增加选择的准确性，提高甘南牦牛育种的遗传进展；利用大通牦牛新品种杂交改良甘南牦牛，探讨甘南牦牛品种培育与遗传改良的可行性方法；修订甘南牦牛地方标准，研制放牧体系下的牦牛高效饲养技术规程，并将研究成果及时转化，综合提高甘南牦牛生产与繁殖性能。

项目执行情况：

调查了甘南地区牦牛年龄结构、畜群结构，建立了甘南牦牛选育场和种质信息库，完成甘南牦牛种质特性、种群结构特征和遗传多样性研究；同时，进行牦牛生长发育、肉质性状、胴体性状测定与分析，构建优质肉牛生产技术体系及甘南牦牛选育和杂交利用的示范基地。采用分子生物学方法初步探索了甘南牦牛高原适应性的分子机理。建立覆盖产区并由种牛场或大牧户核心群、中牧户选育群和小牧户扩繁群组成的三级群体选育体系；组建甘南牦牛核心群 5~10 群，每群基础母牛不少于 100 只；完成选育和利用体系建设。研究优化了牦牛同期发情处理的时间、激素用量，充分利用了大通牦牛和野牦牛冻精进行改良提高，开展了牦牛经济杂交组合试验研究，筛选理想的优良牦牛生产杂交组合，建立优

良牦牛生产技术体系。

创新点及成果：

使用 PCR-HRM 技术在牦牛基因组中寻找基因的单核苷酸多态性位点（SNPs），发现了与牦牛产肉性状相关的多态位点（LPL 基因）；检测出了牦牛 OB、OBR 和 EPSA1 基因突变体，并研究了其与肉质性状的相关性。研制并优化了适合牧区牦牛舔食的糖蜜尿素复合营养舔砖，从营养上解决因营养不均衡而造成的家畜生产性能低下的现状。发表论文5 篇。

二十六、牦牛繁殖性状候选基因的克隆鉴定

项目编号：1610322012021　　　　　　　　起止年月：2012.01—2012.12
资助经费：20 万元
主 持 人：阎　萍　研究员
参 加 人：梁春年　郭宪　裴杰　包鹏甲　丁学智　褚　敏　朱新书
项目摘要：

目前，对牦牛繁殖的具体分子生物学机制还不了解，通过对与牦牛繁殖性状相关的基因进行克隆和功能分析可以阐释各种生物大分子如何在分子水平发挥其作用，进而可以通过对这些基因的人为调控来实现提高牦牛繁殖力的目的。本项目将以甘南牦牛、天祝白牦牛和大通牦牛为研究材料，对影响牦牛繁殖性能的多个候选基因进行克隆；观察这些基因所编码的蛋白与奶牛相比在序列上存在怎样的变异，同时分析各基因的启动子区域是否也存在不同程度的变化；通过分析各蛋白的分子结构差异和其启动子变化情况来阐释牦牛繁殖能力变化可能存在的分子生物学原因。

项目执行情况：

本项目以具有一年和两年产犊间隔的母牦牛为研究对象，利用分子克隆技术对影响牦牛繁殖性能的 FSH、FSHR、CSN2、CSN3、RARG、ESR 等基因进行克隆；采用序列分析的方法对这些基因的核酸和蛋白序列与奶牛进行比对，以发现存在的变异；利用蛋白质结构分析软件对出现氨基酸序列变化的蛋白进行结构分析，找到牦牛与奶牛相比蛋白质的空间结构变化；分析以上各种基因的启动子变化情况，探索这些基因之间可能存在的相互作用调控网。

创新点及成果：

系统的将影响繁殖性能的候选基因进行全序列分析，分析了影响繁殖性能的功能基因的蛋白质空间结构和与牦牛繁殖性状相关的功能基因的启动子区域。发表论文 2 篇。

二十七、牦牛瘤胃微生物纤维素酶基因的克隆、鉴别及表达

项目编号：1610322013007　　　　　　　　起止年月：2013.01—2014.12
资助经费：20 万元
主 持 人：王宏博　助理研究员

参加人：梁春年　郎　侠　丁学智　裴　杰　刘文博

项目摘要：

我国牦牛饲养主要以放牧为主，放牧条件下牦牛所采食的低质牧草细胞壁主要由纤维素、半纤维素、木质素构成。由于青藏高原高海拔地带特殊的生态环境和长期的自然选择，使牦牛形成了耐寒、耐低氧、耐粗饲等生态生理特性。在长达 7 个月之久的枯草期，牦牛主要依赖牧草以度过营养匮乏期。而牦牛之所以能够度过高寒、低氧的环境，除了其本身的生理机能，牦牛的瘤胃微生物对枯草期牧草的高效利用具有不可替代的作用。因此，研究牦牛瘤胃内纤维素降解菌，对合理利用牦牛的特有特性具有借鉴意义。本研究以牦牛瘤胃液为菌源，筛选纤维素降解微生物，利用形态学、生理生化及分子生物学方法对筛选到的纤维素降解微生物进行鉴定。

项目执行情况：

以甘南牦牛瘤胃液为菌源，利用形态学、生理生化及分子生物学方法对筛选到的纤维素降解微生物进行鉴定，以获得牦牛瘤胃纤维素降解菌。采用改进后的反复冻融 DNA 提取法，大大缩短了操作时间，同时也减少了污染的机会。结果表明，甘南牦牛瘤胃细菌扩增 Ct 平均值为 13.8，瘤胃内细菌质量数为 7.24 ± 0.35ng；瘤胃真菌扩增 Ct 平均值为 27.60，经相对定量计算，真菌在瘤胃内相对约为细菌总数的 0.11%；瘤胃琥珀酸丝状杆菌扩增 Ct 平均值为 27.15，从绝对定量来看，胃琥珀酸丝状杆菌为 0.143。研究了牦牛不同季节瘤胃微生物的多样性，结果表明，秋季牦牛瘤胃微生物中检测到了门类菌 Fusobacteria（梭杆菌门）；在微生物属类，检测到了 *Alysiella*、*Bordetella*、*Brevibacillus*、*Caryophanon*、*Fusobacterium*，而春节牦牛瘤胃中却未检测到。且秋季厌氧弧菌属（*Anaerovibrio*）显著高于春节（$P < 0.05$），鲍特杆菌属（*Bordetella*）、杆菌属（*Brevibacillus*）、显核菌属（*Caryophanon*）、梭菌属（*Fusobacterium*）和月形单胞菌属（*Selenomonas*）均极显著地高于春节（$P < 0.01$），而小链菌属（*Alysiella*）、厌氧弧菌属（*Anaerovibrio*）、琥珀酸弧菌属（*Succinivibrio*）显著高于春节（$P < 0.05$）。研究结果显示，秋季牦牛瘤胃微生物的丰度要高于春季牦牛瘤胃微生物丰度。

创新点及成果：

申报国家发明专利 2 项、实用新型专利 1 项，发表科技论文 1 篇。

二十八、牛羊肉质量安全主要风险因子分析研究

项目编号：1610322013008　　　　　　　　　**起止年月**：2013.01—2015.12

资助经费：35 万元

主 持 人：李维红　助理研究员

参 加 人：高雅琴　熊　琳　梁丽娜　杨晓玲

项目摘要：

本项目通过对牛羊肉生产流程中影响牛羊肉质量安全的主要风险因子的研究，为开展牛羊肉质量安全风险交流和风险评估提供基础数据资料。重点针对目前牛羊产业中应用广泛、对牛羊肉质量安全隐患较大且国家标准中要求不得检出的雌激素类药物残留进行研

究，筛选优化牛羊肉中雌激素类药物的定性定量测定方法；研究雌激素在牛羊体内的现状；制定《牛羊肉中雌激素残留量测定—高效液相色谱法》标准草案。

项目执行情况：

先后在兰州市、天水市、张掖市、白银市、临夏市、甘南州等地的 30 个牛羊肉市场和超市，采集牛羊不同部位肌肉和内脏及牛、羊肉样品，共采集到 217 份肉样和 120 份内脏样。样品均在密封袋中密封保存，–20℃冰箱中储存备用。同时深入具有代表性的羊产业区靖远县等地做了用药情况的第一手资料搜集，以便掌握残留方向。集中检测所采集的牛羊肉样和内脏样，进行了雌性激素类药物（雌二醇、己烯雌酚、戊酸雌二醇和苯甲酸雌二醇）残留的监测，取得了 7 个地方的牛羊肉中 4 种雌激素的含量数据，制定并更进一步完善了 4 种雌激素的方法标准草案。参加了"中国—欧盟农产品质量安全风险评估研讨会""第四届全国农产品质量安全学科发展研讨会"和"中国仪器仪表学会分析仪器分会快速检测技术及仪器专业委员会第一届学术研讨会"。与专家积极交流，为实验引导正确的方向。

创新点及成果：

完成了 4 种雌激素的方法标准草案，为进一步申请国家标准打下了坚实的基础。授权实用新型专利 11 项，发表科技论文 6 篇。

二十九、牦牛卵泡发育相关功能基因的克隆鉴定

项目编号： 1610322013014   **起止年月：** 2013.01—2013.12

资助经费： 25 万元

主 持 人： 包鹏甲 助理研究员

参 加 人： 刘文博 裴 杰 丁学智 郭 宪 梁春年 阎 萍

项目摘要：

卵泡发育在家畜繁殖过程中发挥着极其重要的作用，是一个关键而复杂的步骤，受众多因子的影响和调控。本研究拟对牦牛卵泡发育过程中起重要作用的 FSHR 和 BMPs 基因进行克隆鉴定。通过收集牦牛繁殖性状数据，对有单产和双产的母牛采集血液、卵巢组织，运用现代分子生物学技术，对其进行克隆鉴定和遗传多样性分析，并与繁殖性状进行关联性分析，以确定其在牦牛繁殖过程中对卵泡发育及繁殖性状的影响，探讨其基因结构，以期为提高牦牛繁殖率和繁殖成活率的研究提供理论参考。

项目执行情况：

本研究采用 PCR-HRM 和 PCR-SSCP 方法对牦牛卵泡发育过程中起重要作用的 FSHR 和 BMPs 基因进行研究，并对具有遗传变异的个体进行序列测定，进行基因遗传多样性分析，结合收集到的牦牛繁殖性状数据，对有单产和双产的母牛进行基因遗传多样性与生产形状的关联性分析，发现在天祝白牦牛单胎群体和双胎群体中，双胎母牛的突变率显著高于单胎母牛的突变率，说明 FSHR 基因很可能是控制天祝白牦牛双胎性状的主效基因。

创新点及成果：
发表科技论文 1 篇。

三十、羊肉中重金属污染物风险分析

项目编号：1610322013018　　　　　　　　起止年月：2013.01—2013.12
资助经费：10 万元
主 持 人：牛春娥 副研究员
参 加 人：杨博辉 郭天芬 李维红 杜天庆 郭婷婷 熊 琳 梁丽娜 常玉兰

项目摘要：

中国是世界羊肉生产消费大国，2011 年羊肉总产量约 398 万 t，消费总量约 26 万 t，均居世界第一位。羊肉是我国主要的食用畜产品之一，羊肉质量安全事关人民健康、经济发展和社会稳定的大局，在国家食品安全战略中具有重要的地位。但是，目前我国羊肉中重金属污染分析研究尚属空白。本项目通过对羊肉生产流程进行全程跟踪分析，通过抽样测试羊肉的质量安全性能，确定影响羊肉质量安全的关键环节，分析存在的主要风险因子，研究其为害程度，为开展羊肉质量安全风险交流和风险评估提供基础数据。重点对羊肉中隔、铅、砷、铬、锌、铜等重金属污染物的残留进行检测分析研究。研究重金属污染物在羊体内的残留现状；筛选也 1~2 种快速、准确的定性定量测定方法；并提出羊肉中重金属污染现状报告；提出重金属污染物在羊肉中的质量安全控制技术。

项目执行情况：

采用查阅资料、年鉴、发放问卷及现场跟踪调查的方式，对我国羊肉的生产区域、养殖模式、饲料来源、疫病防控、屠宰加工等情况进行了调研，探明羊肉中重金属主要来源于羊吃草时吃进的土壤、饲草料上的灰尘、饲草料原料、水源、饲料添加剂。对我国 4 项羊肉质量标准、2 项食品中有害物质限量标准与 CAC 及 FSANZ 羊肉质量标准进行比对，得出我国羊肉质量标准中重金属污染限量指标比较完善，农药残留与兽药残留限量指标有待完善；重金属限量指标国内相关标准有矛盾，应协调一致。完成 39 份不同饲养方式下的羊肉、羊肝及羊肾样品中重金属含量的测定，结果显示，所有样品中的重金属含量均在国家或行业标准的限量范围内，且自然放牧组>放牧+舍饲组>全舍饲组，羊肝>羊肾>羊肉，说明各种重金属在羊肝脏中富集率高于肌肉和肾脏。优化筛选了羊肉中重金属检测方法，完成《畜禽肉中汞的测定 原子荧光法》等检测方法标准草案 5 项。

创新点及成果：

探明羊肉中重金属来源主要是土壤，其次为饲草料；重金属在羊体内分布规律从多到少依次为：肝脏>肾脏>肌肉。完成著作《羊肉质量安全与 HACCP》初稿，撰写科技论文 3 篇。

三十一、大通牦牛无角基因功能研究

项目编号：1610322014002　　　　　　　　起止年月：2014.01—2015.12
资助经费：30 万元
主 持 人：褚　敏　助理研究员
参 加 人：郭　宪　包鹏甲　裴　杰　丁学智

项目摘要：

课题组前期研究已将大通牦牛无角基因座位初步定位在 1 号染色体近着丝粒区域一个全长 147kb 的染色体区间内，并发现 9 个与无角性状呈显著性关联的 SNP 位点和 3 个候选基因。本项目研究将从两个方面开展：（1）在无角基因座初步定位区间内筛选更多的 SNP 标记，对该基因座进行更为精细的定位，以期发现与无角性状形成相关的 DNA 序列变异；（2）对本研究已发现的候选基因进行功能验证，包括 mRNA 水平和蛋白质水平的定量表达检测。通过上述试验，以期在无角基因座位初步定位的基础上进一步深入研究，从而揭示牦牛无角表型形成的遗传学基础。

项目执行情况：

在青海大通种牛场采集年龄性别一致的有角及无角牦牛个体血样各 300 头，并提取基因组 DNA 用于基因序列测定和 DNA 多态性位点检测。采集出生 2 天内的无角及有角犊牛角部组织样本各 10 头，以备后续实验使用。完成 SYNJ1、GCFC1 和 C1H21orf62 三个基因的外显子区多态性位点检测工作，未发现与角性状有显著相关的 SNP 位点；完成大通无角牦牛线粒体测序工作，并开展了线粒体全序列的基因注释工作；完成牦牛 C1H21orf62、SYNJ1、RXFP2 基因的编码区的序列克隆工作，并采用实时荧光定量 PCR 方法检测牦牛 C1H21orf62 、SYNJ1、RXFP2、GCFC1、OLIG2 5 个基因在有角、无角牦牛角组织中的差异表达。

在青海大通种牛场屠宰季节共采集体长相近的有角及无角牦牛胚胎角部或相应位置皮肤组织各 3 份，并提取基因组 RNA 用于后续实验。将采集到的样本进行转录组联合 Ln-cRNA 深度测序。分别对所测 mRNA 及 lncRNA 进行分析，确定外显子/内含子的边界，分析基因可变剪接情况；识别转录区的 SNP 位点；修正已注释的 5′和 3′端基因边界；发掘未注释的基因区和新的转录本；定量基因或转录本表达水平，鉴定已知 lncRNA 和新的 lncRNA，预测 lncRNA 靶基因，进而识别不同样品（或样品组）之间显著差异表达的基因或 lncRNA；通过对差异表达基因或 lncRNA 靶基因的功能注释和功能富集分析，为后续的生物学研究提供分子水平的依据。经研究发现 3 个基因在有角及无角牦牛角部组织或相应位置皮肤组织的表达量达到差异极显著，其中 MMP13 是一个调控软骨和胶原蛋白形成的重要基因，发现 8 个 lncRNA 与角性状形成有关系。

创新点及成果：

首次得到了无角牦牛线粒体序列并采用生物信息学的方法完成了线粒体基因组的注释工作，为以后线粒体的研究工作进行打下基础。授权实用新型专利 6 项，发表 SCI 论文 2 篇。

三十二、利用 LCM 技术研究特异性调控绵羊次级毛囊形态发生的分子机制

项目编号：1610322014006　　　　　　　　**起止年月**：2014.01—2014.12
资助经费：38 万元
主 持 人：岳耀敬 助理研究员
参 加 人：郭婷婷　刘建斌
项目摘要：

探讨如何在高产毛量的前提下，降低羊毛纤维直径以改良羊毛品质是全球育种学家目前正面临的一大难题，其"瓶颈"在于找到特异性调控次级毛囊形态发生的调控元件和功能基因。本课题首先利用激光显微捕获技术从皮肤中特异性地分离出高纯度的次级毛囊细胞，并采用线性扩增方法获得足够且高质量的 RNA。然后，以不同绵羊品种次级毛囊形态发生的过程为对象，采用 RNA-seq 和 small RNA-seq 技术进行基因组水平的转录组分析，筛选鉴定到特异性调控次级毛囊形态发生的功能基因及其调控 miRNA。基于高质量绵羊基因组序列，采用"表达谱联合分析"策略，结合表型性状筛选和预测特异性调控次级毛囊形态发生的 miRNA 及其靶 mRNA，通过荧光素酶报告系统予以验证，并在此基础上采用 MassArray 质谱技术进一步分析候选 miRNA-靶 mRNA 启动子区域的甲基化差异。以期从功能基因表达调控的整体特征出发，从转录前和转录后两个调控层面全面深入地阐明不同品种次级毛囊形态发生的分子机理。本研究不仅可为绵羊毛囊形态发生的研究提供新思路，为绵羊重要经济性状的功能基因组学研究积累新资料，为人类毛发相关疾病的分子机理提供借鉴，更重要的是为利用基因工程技术改良羊毛品质提供可靠的科学依据。

项目执行情况：

对甘肃高山细毛羊（超细品系）皮肤毛囊细胞 RNA 进行 RNA-Seq 测序、de novo 组装获得 26266 670 条 reads，93 882 条 Unigene，碱基总数为 35 447 962nt，平均序列长度为 445bp。通过与 Uniprot、NCBI 的 NR、COG 数据库、Pfam、InterPro 及 KEGG 6 个数据库进行序列比对，22，164 条绵羊皮肤的 Unigene 被注释，分别属于 218 个信号通路来参与细胞组成、生物过程和分子功能，其中与毛囊发育相关的信号通路为 17 个。对不同羊毛纤维直径（16.1~19.0μm、21.6~25.0μm）的皮肤组织进行 DGE 分析，获得差异基因 40 条基因，上调基因 9 条，下调基因 31 条。差异表达天然反义转录本为 7 条，且全部下调。建立了毛囊单细胞提取超微量 RNA 技术，首次开展绵羊 lncRNA 研究，筛选到 635 个 lncRNA；初步研究表明 lncRNA 参与毛囊形态发生过程，由基板前期到基板期共获得了 204 个差异转录本，其中差异 mRNA 194 个，lncRNA 10 个；其中上调 mRNA67 个、lncRNA 4 个，下调 mRNA 127 个、lncRNA 6 个。

创新点及成果：

首次建立了毛囊单细胞提取超微量 RNA 技术；首次开展了绵羊 lncRNA 研究，筛选到 635 个 lncRNA；发表科技论文 3 篇，其中 SCI 论文 2 篇。

三十三、基于 iTRAQ 技术的牦牛卵泡液差异蛋白质组学研究

项目编号：1610322014010　　　　　　　　　起止年月：2014.01—2015.12
资助经费：20 万元
主 持 人：郭　宪　副研究员
参 加 人：裴　杰　褚　敏　包鹏甲　吴晓云
项目摘要：

牦牛是青藏高原高寒牧区的特有牛种，繁殖具有明显的季节性。在证实繁殖季节与非繁殖季节牦牛卵母细胞体外发育潜能不同的基础上，利用 iTRAQ 技术研究牦牛卵母细胞成熟前后、不同繁殖季节、不同卵泡大小卵泡液组分差异，筛查卵泡发育及卵母细胞成熟相关蛋白，从蛋白质水平揭示牦牛卵泡发育机理及卵泡液对卵母细胞成熟的调控机制，从而为提高牦牛繁殖效率、完善牦牛卵母细胞体外培养体系提供技术参考与理论依据。

项目执行情况：

应用同位素标记相对和绝对定量（iTRAQ）技术筛选并鉴定牦牛繁殖季节与非繁殖季节卵泡液中的差异表达蛋白，并对其进行定量定性分析。本研究质谱鉴定到 310 001 张图谱，通过 Mascot 软件分析，匹配到的图谱数量是 42 994 张，其中 Unique 谱图数量是 28 894 张，共鉴定到 2 620 个蛋白，11 654 个肽段，其中 9 755 个 Unique 肽段。经 3 次重复实验，共同筛选到上调蛋白 12 个，下调蛋白 83 个。通过质谱鉴定与生物信息学分析，包括 GO 富集分析、COG 分析、Pathway 代谢通路分析等，证实了其差异蛋白参与卵泡液发育过程的碳水化合物代谢、性激素合成、信号转导、细胞发育和细胞骨架重排等过程。

创新点及成果：

发表论文 3 篇，其中 SCI 收录论文 3 篇；授权专利 2 项，其中发明专利 1 项、实用新型专利 1 项。

三十四、牦牛高原低氧适应和群体进化选择模式研究

项目编号：1610322014013　　　　　　　　　起止年月：2014.01—2014.12
资助经费：10 万元
主 持 人：丁学智　副研究员
参 加 人：梁春年　包鹏甲　褚　敏　吴晓云
项目摘要：

高寒和缺氧是高原地区主要的生态限制因子，牦牛在长期的适应进化过程中形成了独特的高原低氧适应策略。本课题拟通过 TruSeq 试剂盒构建 Illumina 测序文库，进而识别每组样本中的变异；对编码区的 nsSNP 及与基因相关的 InDel SV 等变异，分析其代谢调控通路；通过野生牦牛、放养牦牛、黄牛 dbSNP 数据间的比较分析，识别驯化相关基因及与高原低氧适应相关的候选变异位点，并基于功能和代谢分析，建立候选变异清单；建立约 50 个位点候选变异清单，通过 Seqeenom 平台，对 360 头不同海拔高度上的牦牛进行候

选 SNP 分型，并获得其频率变化数据；进行群体遗传学参数计算，得到与高原适应性相关的位点及基因，分析其功能与代谢调控途径。以期揭示牦牛适应高寒低氧环境的分子遗传学机制。为发掘牦牛优良种质资源、提升其对环境变化的适应能力、维系青藏高原生态系统稳定性提供理论和技术支撑。

项目执行情况：

以高海拔牦牛和低海拔黄牛为实验对象，采用 SNP-MaP 策略比较了牦牛和黄牛全基因组水平上近一百万个 SNPs 位点的等位基因频率，并结合前期藏族样本数据，对牦牛特异性的遗传位点进行筛查，深入探讨了牦牛高原低氧适应的遗传学机制，得到以下结果：（1）牦牛和黄牛 EPAS1 区域的 SNPs 等位基因频率差异明显高于其他区域，提示 EPAS1 可能是低氧适应的一个主要基因；（2）EGLN1 在前期多项研究中均显示与高原适应相关，且在本研究中也具有显著性差异，提示 EGLN1 在低氧适应中起重要作用；（3）低氧反应基因 IL10、SLC8A1 和 PIK3R1 在本研究样本中具有显著性差异，提示这三个基因可能是新的高原低氧适应候选基因；（4）HIF 信号通路是牦牛高原低氧适应的主要信号通路，其在红细胞生成、血管生成及舒缩、能量代谢、细胞生长及凋亡等多方面起重要作用，提示 HIF 信号通路可能是牦牛高原适应的基础。

创新点及成果：

本项目以驯化黄牛作为外群，因为黄牛参考基因组测序来自于驯化黄牛，从而降低了黄牛基因组常见的多样性，放大了高原适应性候选变异的集合。发表 SCI 论文 1 篇。

三十五、不同海拔地区绵羊遗传多样性研究

项目编号：1610322014018　　　　　　　起止年月：2014.01—2014.12
资助经费：29 万元
主 持 人：郭婷婷 助理研究员
参 加 人：刘建斌　岳耀敬

项目摘要：

盘羊（*Ovis ammon* Argali, Palpa.），俗称大角羊、盘角羊、亚洲巨野羊等，被认为是家养绵羊的祖先之一，是世界上体型最大的生活在中亚高原（海拔 3 000~6 000m）的野生绵羊。近年来，由于生境地过度放牧、矿业开采、极端气候等造成盘羊生存的自然环境遭到破坏，使得盘羊生存空间越来越小甚至丧失，盘羊种群数量锐减。特别是生境地片断化造成群体间基因交流减少，遗传多样性降低，产生近交衰退，表现在后代生存力和繁殖力逐渐降低，盘羊已处于濒危状态，因此开展盘羊遗传资源保护与利用已刻不容缓。本课题应用第三代测序与第二代测序技术的结合基因组 de novo 测序新策略完成盘羊基因组 Shotgun 测序、de novo 组装。本研究不仅可为盘羊亚种分类及其对现代家养绵羊的遗传贡献研究，而且对揭示其抗寒、抗病、耐粗饲等遗传特性的分子机制，为人类利用盘羊对家养绵羊的改良提供可靠的科学依据。

项目执行情况：

开展了不同海拔梯度绵羊遗传多样性和 SNP 关联分析研究，通过对基因芯片数据质

控后 47816 SNP 位点可用于 SNP 分析，进行群体分析表明根据海拔梯度的不同，我国主要绵羊品种可分为三个亚群，藏羊群体、地方羊群和细毛羊群体。应用 fisher 精确检验发现 11 个与高原适应性相关的 SNP 位点。（2）对不同海拔梯度绵羊心脏和肺组织甲基化研究发现，不同海拔梯度绵羊中主要以 mCG 甲基化为主，对不同海拔的藏羊和小尾寒羊的心脏和肺脏的 DMR 进行统计，在心脏、肺脏组织中分别发现 6 905 和 12 258 个 DMR，其中高甲基化区域分别为 2 723 和 2 526 个，低甲基化区域 4 182 和 9 742 个。主要参与如脂肪酸的延伸、核苷酸的结合、ATP 的结合以及蛋白激酶的活性等、连接酶活性、离子结合及有机酸的生物学合成过程等。（3）不同海拔梯度绵羊心脏和肺组织转录组研究发现在藏羊和小尾寒羊的心脏转录组中共获得 197 个差异基因，其中上调基因 100 个，下调基因 97 个。（4）MeDIP-Seq 中不同组间比较得到的差异甲基化基因（（DMGs）和 RNA-Seq 中相应的组间比较得到的差异表达基因（DEGs）进行联合分析，最终选取 5 个既差异甲基化又差异表达的可能与低氧适应性相关的基因，它们分别是 BCKDHB、EPHX2、GOT2、RXRG 和 UBD。

创新点及成果：

首次应用绵羊基因组 SNP 芯片筛选到 11 个与高原适应性相关的 SNP 位点。首次应用 MeDIP-Seq 和 RNA-Seq 联合分析策略，筛选到 5 个既差异甲基化又差异表达的可能与低氧适应性相关的基因，它们分别是 BCKDHB、EPHX2、GOT2、RXRG 和 UBD。

三十六、牦牛氧利用和 ATP 合同通路中关键蛋白鉴定及表达研究

项目编号：1610322015002　　　　　　　　**起止年月：**2015.01—2015.12
资助经费：20 万元
主 持 人：包鹏甲　助理研究员
参 加 人：裴　杰　梁春年　郭　宪　王宏博　吴晓云
项目摘要：

高寒、低氧是高原生态系统中重要的生态限制因子，机体对高原环境的习服适应也主要围绕氧的摄取—运输—利用这一主线进行。线粒体作为细胞的"动力工厂"，在低氧引起细胞损伤和组织、细胞对低氧环境的习服过程中具有至关重要的作用，关于线粒体适应的研究逐渐成为热点。本研究以高原牦牛和平原黄牛线粒体蛋白质组为研究对象，利用 ITRAQ 技术进行质谱鉴定、定量分析，通过软件 Mascot 和 Proteome Discoverer 进行查库鉴定、GO 分析、KEGG 分析、聚类分析等分子生物学方法，筛选、鉴定高原牦牛和平原黄牛在氧利用、能量代谢通路中的关键差异蛋白，并进行 MRM 验证，通过 Pathway、网络分析、蛋白互作分析确定关键蛋白参与的代谢通路，确定牦牛在氧利用和 ATP 合成通路中的主要功能蛋白，以说明其在氧利用 ATP 合成中关键差异表达蛋白，在蛋白组学层面上揭示牦牛高原低氧适应机制。

项目执行情况：

本研究基于牦牛和低海拔黄牛肌肉组织中线粒体的差异表达蛋白质组，通过进行差异表达蛋白的筛选，分析影响细胞氧利用和能量合成通路中的关键蛋白，揭示低氧适应性机

理。通过 LC-MS/MS 串联质谱分析，在牦牛和低海拔黄牛线粒体中共鉴定到的蛋白质组为602 个，其中各通道标记标签皆有定量信息的蛋白质有 594 个。通过对其进行统计分析，共筛选到差异表达蛋白 72 个，其中上调蛋白 41 个，下调蛋白 31 个（$P<0.05$）。对可被String 注释的 70 个蛋白进行富集分析，在 Gene Ontology 的 Biological Processes、Cellular Component、Molecular Function 富集中，包含蛋白最多的前三位分别是单一组织进程、生物进程和代谢进程，细胞质、细胞质组份、细胞内细胞器，分子功能、结合、催化活性。KEGG 富集分析按照包含蛋白多少排序，前五位分别是氧化磷酸化、代谢通路、心肌收缩、钙信号通路和丙酮酸代谢。对氧化磷酸化通路中的 32 个蛋白进行进一步分析发现，主要蛋白为 DADH 脱氢酶、细胞色素 b 复合体、细胞色素 c 氧化酶、NADH-辅酶 Q 氧化酶，及其基因家族成员的相关酶类。由此可知，不同海拔牛科动物在适应高原低氧环境条件下，NADH 相关蛋白对氧的利用和代谢起关键作用，是低氧适应的关键因子。

创新点及成果：

首次对牦牛和低海拔黄牛进行肌肉线粒体蛋白组学分析，以探索低氧适应相关机理。授权专利 1 项，发表 SCI 论文 1 篇。

三十七、藏羊低氧适应 lncRNA 鉴定及创新利用研究

项目编号：1610322015002　　　　　　　　起止年月：2015.01—2015.12
资助经费：29 万元
主 持 人：刘建斌 助理研究员
参 加 人：冯瑞林 岳耀敬 郭婷婷 袁 超 杨博辉 郭 健 孙晓萍 牛春娥

项目摘要：

通过对青藏高原高原型、山谷型和欧拉型藏羊（西藏自治区、青海、四川、甘肃、云南和贵州）群体的低氧适应 lncRNA 鉴定及创新利用研究，并结合 GenBank 相关序列资料，获得藏羊低氧相关 lncRNAs，阐明其组织特异性表达机制，明确在缺氧条件下高表达 lncRNAs 的基因调控通路及互作网络，以及影响细胞增殖和凋亡的代谢途径。以筛选的 lncRNAs 为靶点，通过上调或下调 lncRNAs 进行相关药物设计，为低氧环境中新型药物的研发提供理论依据和技术支撑。

项目执行情况：

（1）完成 15 个样品的长链非编码测序，共获得 187.90Gb Clean Data，各样品 Clean Data 均达到 10Gb，Q30 碱基百分比在 85% 及以上。（2）分别将各样品的 Clean Reads 与指定的参考基因组进行序列比对，比对效率从 80.02% 到 82.98% 不等。（3）基于比对结果，进行可变剪接预测分析、基因结构优化分析以及新基因的发掘，发掘新基因 2 728 个，其中 1 153 个得到功能注释。（4）基于比对结果，进行基因表达量分析。根据基因在不同样品中的表达量，识别差异表达基因 495 个，并对其进行功能注释和富集分析。（5）鉴定得到 6 249 个 lncRNA，差异表达 lncRNA 共 79 个。

创新点及成果：

诠释藏羊在青藏高原生息繁衍中形成的应对低氧环境的遗传和氧代谢特征。发表 SCI

论文 3 篇，申报国家发明专利 3 项，授权国家发明专利 2 项。

三十八、重离子诱变甜高粱对绵羊的营养评价

项目编号：1610322015005　　　　　　　　起止年月：2015.01—2015.12

资助经费：20 万元

主　持　人：王宏博　助理研究员

参　加　人：梁春年　杨晓玲　郭天芬　梁丽娜

项目摘要：

为了评价甜高粱在绵羊羊养殖中的实际营养价值，本研究以甘肃武威重离子诱变甜高粱为研究对象，通过分析重离子诱变甜高粱不同生育期（拔节期、孕穗期、抽穗期）整株、叶片、茎秆常规营养成分、单宁、氰化物等的变化规律，确定重离子诱变甜高粱最佳收割期。并应用不同的青贮处理方式，研究不同青贮方式处理重离子诱变甜高粱的青贮品质，筛选最佳的青贮方式。然后采用单因子试验设计，进行绵羊饲养试验，通过测定绵羊饲养效果等，评价重离子诱变甜高粱实际营养价值，为绵羊养殖提供科学的参考数据。

项目执行情况：

本研究应用 CNCPS 法评价了甜高粱与玉米秸秆的营养价值，研究发现，收割期甜高粱和玉米秸秆的粗蛋白（CP）含量极显著地高于拔节期甜高粱的含量（$P<0.01$）；拔节期甜高粱的粗灰分（Ash）含量显著高于收割期甜高粱（$P<0.05$）；拔节期甜高粱的总磷（P）含量极显著地高于收割期玉米秸秆（$P<0.01$），显著高于收割期甜高粱的含量（$P<0.05$）；拔节期甜高粱的非蛋白（NPN）含量极显著地高于收割期甜高粱和收割期玉米秸秆的含量（$P<0.01$）。拔节期甜高粱的非蛋白氮 NPN（%CP）含量极显著地高于收割期甜高粱和收割期玉米秸秆的含量（$P<0.01$）；拔节期甜高粱的中性洗剂不溶蛋白质（NDIP）的含量极显著地低于收割期甜高粱和收割期玉米秸秆的含量（$P<0.01$）；收割期甜高粱和玉米秸秆的酸性洗剂不溶蛋白质（ADIP）的含量极显著地高于拔节期甜高粱的含量（$P<0.01$）；拔节期甜高粱的可溶性蛋白（SCP）的含量极显著地高于收割期甜高粱和玉米秸秆的含量（$P<0.01$）；收割期玉米秸秆中木质素的含量高于甜高粱。甜高粱对绵羊的育肥效果及其消化代谢的研究目前正在进行饲养试验。

创新点及成果：

研究发现，蛋白质组分：玉米秸秆>甜高粱；碳水化合物组分：甜高粱>玉米秸秆。研究证明，与传统的饲料营养评定体系相比，CNCPS 体系分析方法测定指标较多，能够全面的反映饲料的营养成分，对饲料营养价值评定更精确。发表科技论文 1 篇。

三十九、青藏高原牦牛与黄牛瘤胃甲烷菌多样性研究

项目编号：1610322015009　　　　　　　　起止年月：2015.01—2015.12

资助经费：10 万元

主　持　人：丁学智　副研究员

参 加 人：曾玉峰　吴晓云

项目摘要：

经过长期的自然选择和进化，使牦牛对青藏高原极端环境和冷季营养胁迫具有极强的适应能力。牦牛较本地黄牛具有较强的瘤胃纤维降解特征，但其确切机制尚未阐明。本项目拟以黄牛为对照，通过生理生态和比较宏基因组学结合的方法从瘤胃微生物群落结构、基因功能和代谢途径四个层次系统探讨：（1）牦牛瘤胃微生物群落结构、不同微生物与产甲烷菌的协作关系及代谢途径；（2）挖掘甲烷生成及纤维降解过程中的关键基因，分析其结构和功能；以期初步揭示牦牛适应高寒营养胁迫的瘤胃微生物代谢的微生态学机制，丰富极端环境下反刍动物生理生态和营养适应方面的基础理论，为提高牦牛生产和抑制反刍动物甲烷排放提供技术支撑。

项目执行情况：

本研究利用克隆库的方法对比放牧条件下牦牛与黄牛瘤胃甲烷菌种群多样性，并结合挥发性脂肪酸等瘤胃发酵特性，通过 QIIME 和 R 等软件进行多样性和相关性分析，研究导致青藏高原反刍家畜，尤其是牦牛适应高寒条件的特殊微生物群落特征。发现：牦牛与黄牛瘤胃甲烷菌的组成具有显著差异，根据香农指数分析，放牧条件下牦牛瘤胃甲烷菌多样性显著高于黄牛，为解释牦牛低甲烷排放行为提供了一定的基础；试验发现牦牛与黄牛这两大反刍家畜瘤胃甲烷菌大多数为未知甲烷菌 TALC（牦牛 81.34% vs 黄牛 63.72%）；TALC 这一未知甲烷菌在反刍动物瘤胃中的大量分布还属首次；为了适应青藏高原严酷的生活环境，牦牛进化了特有的瘤胃微生物生态系统。虽然，放牧条件下自由采食可能成为试验的限制因素。但是试验仍然为理解青藏高原反刍动物瘤胃生态系统并进一步探索甲烷排放机理提供了良好的基础。

创新点及成果：

试验首次报道了青藏高原黄牛与牦牛的甲烷菌多样性，发现牦牛与黄牛瘤胃甲烷菌的组成具有显著差异。

四十、牦牛乳铁蛋白的蛋白质构架研究

项目编号：1610322015011　　　　　　起止年月：2015.01—2015.12

资助经费：10 万元

主 持 人：裴　杰 助理研究员

参 加 人：郭　宪　褚　敏　包鹏甲

项目摘要：

乳铁蛋白是发现于动物初乳中具有广谱抗菌能力的单体糖蛋白，对幼体初期免疫具有重要作用。前人研究发现不同种类动物的 LF 蛋白抗菌能力不同，且牛 LF 蛋白抗菌能力优于其他哺乳动物 LF 蛋白，最新研究表明牦牛 LF 蛋白比奶牛 LF 蛋白具有更强的抗菌能力。目前关于 LF 蛋白抗菌能力差异的分子机制尚不清楚。本项目选取奶牛 LF 蛋白为参照，利用蛋白质晶体学方法解析牦牛 LF 蛋白与奶牛的结构差异；揭示 LF 蛋白抗菌能力差异的分子结构基础。本项目的成功实施将为研制抗菌能力更强的活性蛋白提供理论

依据。

项目执行情况：

研究对多个牦牛的 LF 基因的编码区进行了克隆，将其与奶牛的相应序列进行了比对，确定了牦牛与奶牛相比 LF 蛋白的氨基酸突变位点；将牦牛 LF 基因进行密码子优化后，转入毕赤酵母表达菌 X-33 细胞中，选取个阳性克隆进行表达，使牦牛 LF 蛋白在 X-33 细胞中成功分泌表达；对 LF 蛋白和 Lfcin 三种多肽进行抑菌实验，确定了蛋白和多肽的抑菌能力与抑菌浓度；检测了奶牛和牦牛 LF 蛋白在不同组织中的表达量。

创新点及成果：

确定了牦牛与奶牛相比在氨基酸序列上存在的突变位点，优化了在酵母中表达的牦牛 LF 蛋白的纯化条件，并对牦牛 LF 蛋白在酵母中的表达产物进行了纯化。授权专利 6 项，其中发明专利 1 项，实用新型专利 5 项；已投 SCI 论文 1 篇。

四十一、甘肃省奶牛养殖场面源污染监测

项目编号：1610322015017　　　　　　　　起止年月：2015. 01—2015. 12
资助经费：20 万元
主 持 人：郭天芬　副研究员
参 加 人：高雅琴　杜天庆　梁丽娜　杨晓玲

项目摘要：

对甘肃省奶牛养殖场进行全面调研，了解面源污染及监测现状；选择具有代表性的奶牛养殖场，分春、夏、秋、冬四个季节，每个季节连续 3 天，分别采集粪样（包括新鲜粪便、堆肥前、堆肥后和堆肥成品）和污水样品（包括原始进水、处理前污水和处理后出水）进行分析监测，粪样中分别监测含水率、有机质、挥发性固体、全氮、全磷、汞、砷、铅等。污水样品中分别监测 pH 值、COD、氨氮、总氮、总磷、铅、砷、汞等。通过整理、分析、总结全年监测情况及数据，掌握甘肃省奶牛场面源污染物的产生、排放量及污染物排放变化趋势；并撰写甘肃省奶牛养殖场面源污染监测报告。

项目执行情况：

通过对白银市、兰州市及临夏等地的奶牛养殖场进行养殖规模、奶牛饲养状况、粪便及污水处理情况等的调研分析，比较客观地了解到甘肃省奶牛养殖场面源污染现状。选择了具有代表性的秦王川奶牛试验场作为本试验的监测点，分春、夏、秋、冬四个季节分别采集粪样和污水样品进行分析监测。粪样检测结果显示：春、夏、秋、冬四个季节鲜粪中含水率在 80%~85%，平均为 82.58%，干物质 17.42%，鲜粪含水率均大于堆肥前、堆肥中及堆肥成品中含量；四个季节鲜粪中的有机质含量最高，以干物质计，为 74%~78%，平均为 76.19；鲜粪中挥发性固体的含量最高，为 51%~59%，平均 54.87%；从春、秋、冬三个季节看出，鲜粪、堆肥前、堆肥中及堆肥成品四个阶段粪中挥发性固体逐步降低；鲜粪中全氮含量约为 2%，其他不同阶段有所降低，总磷 0.82，堆肥后成品中全氮 1.73%，总磷 0.84%；不同季节、不同阶段粪中锌含量均比较稳定；粪中铅四个季节均未检出，汞在春、夏及秋季的鲜粪中有检出。污水监测结果显示：监测牛场平均每日产生污

水量约为9t，全年污水产量约为3 285t，COD含量约为2 112.61mg/L，氨氮39.17mg/L，总氮167mg/L，总磷16.08mg/L，铜0.022 mg/L，锌0.196mg/L，汞6.28μg/L；砷只在春季检出，平均7.20μg/L，其他各季节均未检出；铅在不同季节各阶段均未检出。

创新点及成果：

首次对甘肃省奶牛养殖场面源污染现状进行全面系统的调研。已申请了1项发明专利，申请并授权了7项实用新型专利。待发表论文4篇。

第二节　兽药学科

一、新型兽用抗感染化学药物丁香酚酯的研制

项目编号：BRF060403　　　　　　　　　　**起止年月：**2007.01—2009.12
资助经费：40万元
主 持 人：李剑勇　副研究员
参 加 人：周绪正　牛建荣　魏小娟　胡振英
项目摘要：

针对近年来感染性疾病的复杂性，选择具有抗病毒、抗菌、解热、镇痛、抗炎、抗氧化、抗溃疡、抑制肠运动、抗腹泻、抗缺氧、抑制花生四烯酸代谢、抗血小板聚集、抗凝、抗血栓形成等药理活性的中药丁香有效成分丁香酚为先导化合物，结合感染性疾病的病因病症，利用药物化学中的拼合原理研制新型高效安全低毒的动物专用抗感染化学药物。通过项目的实施，完成目标化合物的合成筛选和新化合物的生物活性、药物剂型、代谢动力学、毒理学及药理药效的研究，为新型动物专用抗感染化学药物临床研究奠定基础。

项目执行情况：

以丁香酚为基本原料，应用含羧基的头孢噻呋等为另一原料进行酸酯的合成，结果所得1个化合物经查新为新化合物，命名为"炎消热清"，并进行了NMR、MS、IR、UV鉴定。鉴定结果表明，化合物结构明确，符合预期化合物特点。针对"炎消热清"水溶性小的特点，制备O/W型"炎消热清"微乳制剂。结果筛选出稳定性较好的2种不同配方微乳制剂。用钢管法先将培养好的细菌接入无菌培养皿之中，放进钢管。然后把"炎消热清"化合物稀释成不同的浓度梯度，用胶头滴管滴入钢管，在恒温培养箱中培养16~18h，游标卡尺读出抑菌圈的大小。结果表明，"炎消热清"化合物对牛源金葡萄球菌、猪胃肠炎菌、停乳链球菌、无乳链球菌、绿脓杆菌、鸡沙门氏菌、猪大肠菌、鸡大肠菌均有不同程度的抑制作用，尤其对猪胃肠炎菌、绿脓杆菌、鸡沙门氏菌抑制作用较强。对"炎消热清"化合物及其制剂进行急性毒性试验，结果表明制剂的毒性主要有溶剂载体引起，制剂为低毒性物质。对"炎消热清"化合物及其制剂进行含量测定。结果表明，辅

料不干扰主药峰，本法专属性良好，适合于丁香酚酯及其微乳制剂的含量测定。对"炎消热清"化合物进行抗炎、镇痛药效学评价，采用小鼠耳廓肿胀、腹腔毛细血管通透性增加、角叉菜胶致小鼠足拓肿胀、小鼠棉球肉芽肿法研究抗炎作用；通过热板法和扭体法观察其镇痛效果。结果表明，"炎消热清"化合物对急、慢性炎症都有一定作用，能显著降低由二甲苯引起的小鼠耳肿胀、角叉菜所致的足肿胀、腹腔毛细血管通透性增加、减少肉芽肿形成；能显著抑制冰醋酸致小鼠疼痛的作用，提高小鼠热板痛阈值。从抗炎镇痛试验可以看出，"炎消热清"化合物具有药效强而持久的特点，且呈一定的量效关系。利用抗炎和镇痛的动物模型，对"炎消热清"化合物进行抗炎、镇痛部分机理的研究。结果表明"炎消热清"化合物能显著地抑制 DDC、溴隐亭对痛觉的敏感作用；使赛庚啶、氟哌啶醇的镇痛作用增强，L-色氨酸的镇痛作用减弱；全脑前列腺素的含量显著降低。提示其镇痛作用是通过 NE 的含量、阻断 DA 受体、与 5-HT2 受体结合减少了 5-HT 的生成、抑制前列腺素的生成来发挥镇痛作用的。采用酵母诱致大鼠发热模型作为实验体系，采用温度计测量体温，采用酶联免疫法（ELISA）测定致热大鼠血浆中 AVP 的含量。结果表明，本实验建立的模型可靠，"炎消热清"能有效抑制酵母所致大鼠发热反应，显著提高发热大鼠血液中 AVP 含量。结论，"炎消热清"具有明显的解热作用，其解热机制可能与影响 AVP 含量有关。

创新点及成果：

本项目依据复杂疫病如高热病等的特点，针对病因和病症兼治的原理，选择临床上高效、安全、疗效确切的抗炎、抗菌的化学药物，与丁香酚进行结构拼合，筛选出具有较好生物活性的化合物。研制出比未拼合之前疗效增强和毒副作用减少，能真正治疗复杂感染性疫病，动物种类由猪可以扩展到鸡等禽畜和狗等宠物的高效低毒药物。发表论文 3 篇，著作 1 部，申报专利 2 项。

二、抗菌消炎中兽药 "消炎醌" 的研制与应用

项目编号：BRF060404　　　　　　　　　起止年月：2007. 01—2009. 12
资助经费：38 万元
主 持 人：罗永江 副研究员
参 加 人：崔　颖　胡振英　程富胜　罗超应

项目摘要：

动物乳房炎、子宫内膜炎、痢疾、幼畜腹泻等细菌感染性疾病是畜禽常见病和多发病。长期以来对这类疾病的防治主要是使用各类抗生素和化学药物，其结果不仅造成大量耐药菌的产生，影响动物疾病的防治效果，而且还造成严重的药物残留，导致畜禽产品被污染，给人类健康带来潜在的为害。研制天然与安全的新型抗菌消炎中兽药成为兽药工作者的首要任务。丹参具有活血化瘀，解毒凉血，排脓生肌，消肿止痢等多种功效。药理、毒理及临床试验表明，利用甘肃丹参活性部位研制而成的抗菌消炎中兽药制剂-消炎醌对奶牛乳房炎、子宫内膜炎的治愈率在 85% 以上，不易产生耐药性，特别是对耐药菌株以及反复发作的病例尤其有效，是一个比较好的中兽药制剂。

项目执行情况：

完成了消炎醌制剂主成分隐丹参酮和丹参酮 IIA 标准曲线的建立，完成了制剂影响因素如提取的乙醇浓度、干燥方法、温度、pH 值等对主成分的影响试验；完成了消炎醌混悬液灌注剂质量标准的制定；按照农业部《兽药稳定性试验技术规范（试行）》之规定，完成了消炎醌制剂的加速稳定性试验（包括光加速试验）及长期稳定性试验；完成了消炎醌混悬液对家兔子宫的刺激试验以及对家兔子宫灌注的毒性试验；完成了消炎醌制剂对奶山羊乳房、子宫的刺激及毒性试验；生产了 3 批消炎醌混悬液，并在甘肃、四川、内蒙古、陕西、新疆、宁夏等多省（自治区）奶牛场推广应用。按照兽药申报要求，进行了消炎醌混悬液的无菌检查，结果，消炎醌混悬液符合兽药典之无菌规定要求。向甘肃省兽医局报批临床验证试验方案，并完成了临床验证试验；整理该制剂新兽药注册资料并上报。

创新点及成果：

该成果首次将中药丹参的醇提物研制成应用于治疗奶牛乳房炎和子宫内膜炎的灌注剂，其有效率在 90% 以上，治愈率在 83% 以上。该课题已完成申报新兽药的试验资料，正在进行临床验证试验，并准备上报农业部新兽药评审委员会，以期获得注册新兽药。发表论文 2 篇。

三、天然药物鸭胆子有效部位防治家畜寄生虫病研究

项目编号： BRF070403　　　　　　　　　　**起止年月：** 2007.01—2009.12

资助经费： 55 万元

主 持 人： 程富胜　助理研究员

参 加 人： 孟聚诚　胡振英　罗永江　陈炅然

项目摘要：

在中药材鸭胆子提取物总成分预试的基础上，采用适宜的系统提取法，用一定浓度的有机溶媒提取，按其极性不同依次进行萃取分离，获得含不同成分的极性段提取物；以小白鼠为试验对象，进行各段提取物药理与毒理学研究，通过小范围临床初试，筛选出防治家畜寄生虫感染的鸭胆子有效部位，并采用纸层析、硅胶板扩散、柱层析以及簿层层析技术对有效部位进行定性与大体定量的研究分析，初步确定有效部位的化学组成；选择适合有效部位的溶媒，进行不同制剂的研究，制定相应的质量控制标准，在其药理与毒理学试验的基础上，用于临床试验，研制出纯天然、高效、低毒、环保的防治家畜寄生虫病新兽药。

项目执行情况：

在完成总成分提取的基础上，选择适宜的溶剂，进行分离、提纯药物不同有效活性部位。按照实验设计要求，经石油醚、醇和水三种不同提取方式进行不同成分提取，并对不同方式所得提取物进行了有机溶媒的溶解性试验。以小白鼠为试验对象，进行鸦胆子不同提取物的毒理学试验。急性毒性及安全性实验结果表明石油醚与醇提取部分 LD50 为相当于原药材 4.7g/kg bw，水提取部分 LD50 为相当于原药材 0.53g/kg bw；药物局部刺激性

试验结果表明石油醚与醇提取部分无刺激性，和其他不良反应，水提取部分对皮肤及黏膜有较强的刺激性，同时发现有轻微呕吐、拉稀与便秘交替和排尿量减少等现象。通过小范围临床试验，从不同活性部位中筛选具有防治寄生虫病的药物有效部位。利用不同鉴别方法与手段，对有效部位进行定性分析，鉴定主要化学成分。进一步分离、纯化并进行大体定量分析试验，对所精制的有效活性组分，选择最佳溶媒，研制不同制剂。

创新点及成果：

药材鸭胆子多用运于民间验方，对其药理作用系统研究鲜见报道。本项目首次对其防治家畜寄生虫病的药理进行系统研究，同时研制用于防治畜禽寄生虫病中兽药新制剂及相关理论数据。发表论文 1 篇。

四、兽用青蒿素新制剂的研制

项目编号：BRF070405　　　　　　　　　起止年月：2007.01—2009.12
资助经费：58 万元
主 持 人：周绪正 副研究员
参 加 人：李剑勇　魏小娟　牛建荣　李金善

项目摘要：

国内外治疗动物附红细胞体病和焦虫病报道较多的药物是血虫净（贝尼尔）、三氮咪、黄色素（锥黄素）、氯苯胍等，但由于两种病发生后往往伴有细菌感染以及其他临床症状，而且附红细胞体对现有药物的耐药性比较强，临床治疗比较困难，因此开发新的疗效更好的药物制剂已成为当务之急。通过本项目的实施，选择壳聚糖、聚乳酸、磷脂等生物降解性材料，制备青蒿素纳米新制剂，实现青蒿素的靶向给药，提高杀灭血液原虫效率。进行青蒿素新制剂的体外和体内抗附红血细胞寄生虫活性的评价，完成制剂的筛选、药效学评价、药代动力学实验等研究，为新型动物专用抗血液原虫病药物临床研究奠定基础。

项目执行情况：

筛选出油酸乙酯、芝麻油、大豆油等多种纳米乳药物载体，构建了包含交联剂、乳化剂、助乳化剂等在内的载药系统，初步实现了纳米兽药剂型的创制系统。同时，积极开展了青蒿素纳米乳药物新制剂的制备及性能表征工作，成功制备了包含不同药物浓度青蒿素及青蒿琥酯纳米乳药物新制剂，并进行了药物理化性质的评价、筛选出制剂 7~8 个。完成制剂的毒理学试验，并进行制剂的刺激性试验及质量标准制定等试验。进行制剂实验室放大中试生产，结果表明制备工艺简洁、经济、容易工业化生产；完成了制剂的安全性评价，包括急性毒性试验、刺激性试验、溶血性试验。依据试验结果确定 AS3 为最佳配方，进一步进行体内外药效试验。对羔羊焦虫病初步药效试验结果显示，AS3 高剂量组（6mg/kg bw）有效率为 86.7%，病死率 13.3%，AS3 中剂量组（4mg/kg bw）有效率为 85%，病死率 15%，AS3 低剂量组（4mg/kg bw）有效率为 85%，病死率 15%，空白对照组 AS3 有效率为 23.6%，病死率 76.4%，高、中剂量组仅用药一次，低剂量组隔天连用两次，效果非常显著，制剂对猪附红细胞体体外药效试验显示，AS 对猪附红细胞体也有强烈杀灭作用，效果高于原药组，与市售盐酸吖啶磺效果相当。

创新点及成果：

筛选出油酸乙酯、芝麻油、大豆油等多种纳米乳药物载体，构建了包含交联剂、乳化剂、助乳化剂等在内的载药系统，初步实现了纳米兽药剂型的创制系统。开展了青蒿素纳米乳药物新制剂的制备及性能表征工作，制备了包含不同药物浓度青蒿素纳米乳药物新制剂。申请专利 1 项，发表论文 7 篇。

五、免疫活性物质"断奶安"对仔猪肠道微生态环境影响研究

项目编号：BRF060303　　　　　　　　　　**起止年月：**2007.01—2007.12
资助经费：20 万元
主持人：郭福存　副研究员　蒲万霞　副研究员
参加人：王　玲　郭福存　杨志强
项目摘要：

本研究将利用 PCR/DGGE 结合的 16S rDNA 序列分析技术、色谱技术、普通病理学染色技术、特殊染色技术及电镜技术，跟踪研究"断奶安"对仔猪肠道微生物区系的演变过程、发酵动力学及其对肠道结构、黏膜免疫功能的影响，探讨饲喂"断奶安"制剂对仔猪肠道微生态体系的影响及其对仔猪腹泻的防治作用和机理，为该制剂的进一步产业化开发提供理论依据。

项目执行情况：

本项目研究了"断奶安"对仔猪肠道结构的影响和 H.E. 染色观察肠道组织结构形态，同时开展"断奶安"对仔猪肠道微生物区系影响研究。常规方法检测用药前后菌群变化并采用 16S rDNA 分子鉴定技术检测用药前后菌群变化。在仔猪断奶前后，饲喂"断奶安"，能够很好的预防断奶仔猪腹泻，试验组腹泻发病率较对照组可以降低 50%~70%。本研究旨在阐明"断奶安"对仔猪腹泻的防治机理，为该制剂的进一步临床应用和产业化开发提供理论依据。

创新点及成果：

通过该试验研究证实，"断奶安"可以通过提高机体非特异免疫功能、维持肠道黏膜免疫屏障功能，提高肠道黏膜免疫水平、优化和稳定肠道正常微生物菌群及肠道微生态环境防治腹泻。并首次利用 16S rDNA 多态性分析技术，跟踪研究了腹泻仔猪肠道菌群的演变过程及"断奶安"的作用，采用靛酚蓝—分光光度法对仔猪肠道内容物氨态氮含量进行了测定。该项目的创新之处在于"断奶安"由卵白（蛋清）经酿酒酵母发酵获得，原料来源广，生产过程对环境无污染，产品无毒副作用，是一种绿色的微生态制剂，既有增强非特异性免疫功能的作用，又能调节胃肠道微生物区系平衡，并首次在仔猪上进行了调控机理研究。发表论文 4 篇。

六、金丝桃素新制剂抗高致病性蓝耳病的研究与应用

项目编号：BRF060401 　　　　　　　　　　起止年月：2007.01—2007.12

资助经费：45 万元

主 持 人：尚若锋 助理研究员

参 加 人：梁剑平 郭志廷 刘 宇 华兰英 王学红

项目摘要：

金丝桃素是贯叶连翘中最具有生物活性的物质，本课题组已从贯叶连翘中提取、分离出金丝桃素，并已成功地用于禽流感的防治。本项目拟将研制出适合于临床使用的金丝桃素新制剂，并应用于 PRRS 的预防或治疗；研究金丝桃素新制剂对猪繁殖与呼吸综合征病毒（PRRSV）的体外抗病毒试验及对人工感染 PRRSV 仔猪的体内预防或治疗试验，评价金丝桃素新制剂对 PRRS 的治疗效果，确定预防或治疗 PRRS 的剂量及用药时间。在此基础上，进行金丝桃素新制剂的临床推广应用、对猪的毒性和毒理学研究、稳定性研究、以及完成金丝桃素新制剂的新药报批所需的其他实验等，并进行新药申报。

项目执行情况：

通过优化提取分离路线，使金丝桃素粗提物的收率从 0.8% 提高至 1.2%。浸膏中金丝桃素含量稳定在 0.081%~0.106%，以贯叶连翘为原料，经无水乙醇粗提金丝桃素后初步除去鞣质等杂质、调 pH 值、过滤、浓缩，然后与甘露醇等辅料按一定比例混匀，真空干燥可得金丝桃素可溶性粉。经外观、水中稳定性及长期稳定性等试验证明，该可溶性粉稳定性良好、金丝桃素含量稳定。进行了金丝桃素的体外、体内抗高致病性蓝耳病病毒实验。体外抗病毒实验本试验表明，不同浓度的金丝桃素（0.2~0.025mg/mL）在体外细胞培养中，均能明显抑制 PRRSV 对 Mark-145 的 CPE，表明其具有较好地抑制 PRRSV 增殖作用。体内抗高致病性蓝耳病病毒实验表明：金丝桃素预混剂按照 1g/kg 饲料的添加量对健康仔猪有较好的预防效果，预防率达 75%。

创新点及成果：

本研究在金丝桃素制剂对猪人工感染 PRRS 病毒的治疗试验中，采用了 RT-PCR 方法检测各实验组动物的排毒情况，提高了 PRRS 病毒检测的准确性和可靠性。申请专利 2 个，培养博士研究生 1 名，硕士研究生 2 名。

七、金丝桃素新制剂对人流感病毒的试验研究

项目编号：BRF070402 　　　　　　　　　　起止年月：2007.01—2007.12

资助经费：40 万元

主 持 人：王学红 助理研究员

参 加 人：梁剑平 华兰英 郭志廷 刘 宇 尚若锋

项目摘要：

本研究拟采用鸡胚培养法测定金丝桃素新制剂对流感病毒的抑制作用及对流感病毒感

染小鼠免疫功能的影响；采用荧光染料标记感染的慢性 H9 细胞与（H9HIV/1ⅢB）与不同稀释浓度的金丝桃素新制剂作用后，与靶细胞 MT-2 细胞混合培养，观察 MT-2 和 9/H9HIV/1ⅢB 融合细胞的变化；MTT 法检测金丝桃素新制剂对 HIV 感染细胞的保护作用。以研究金丝桃素新制剂对以上病毒的体外抑制效果及对相关感染动物的体内治疗疗效。

项目执行情况：

从贯叶连翘中提取金丝桃素，制备成新制剂；在甘肃省疾控中心进行金丝桃素体外对甲型流感病毒 H1N1 亚型的实验。（1）金丝桃素的提取分离及技术改进，利用现代中草药提取分离技术，优化提取分离路线，使金丝桃素粗提物的收率从 0.8% 提高至 1.2%。（2）金丝桃素体外对甲型流感病毒 H1N1 亚型的实验研究，本实验分为病毒感染性滴度的测定、药物细胞毒性试验和体外抗病毒试验三个部分。

创新点及成果：

本研究首次将金丝桃素用于抗人流感病毒的实验研究，为金丝桃素的应用拓宽了使用范围。申请专利 1 个。

八、黄花补血草化学成分及药理活性研究

项目编号：BRF080401　　　　　　　　　　起止年月：2008.01—2010.12
资助经费：46 万元
主 持 人：刘　宇　研究实习员
参 加 人：梁剑平　王学红　王　玲　华兰英
项目摘要：

黄花补血草（*Limonium aureum*（L.）Hill.），系白花丹科补血草属植物，多年生草本。我国呼伦贝尔沙地、浑善达克沙地、毛乌素沙地、乌兰布和沙漠、腾格里沙漠及甘肃河西走廊沙地、宁夏回族自治区、华北北部等均有分布。黄花补血草是干旱荒漠地区为数不多的野生植物之一，花萼可入药，能止痛、消炎、止血，外用治各种炎症，内服治神经痛、齿槽脓肿、感冒、发烧、疮疖、痈肿。黄花补血草不仅具有止痛、消炎、补血之功效，而且又是防风固沙的优良植物。黄花补血草具有多种药理活性，预示其具有广阔的新药开发前景。鉴于其独特的药理功效，选取甘肃产植物黄花补血草作为研究对象，对其化学成分进行系统的分析和研究，为黄花补血草的更深入研究提供理论依据，进一步探讨其在兽药领域的开发与应用。

项目执行情况：

由宁夏科育种苗公司购买黄花补血草，并与采集到的药材相对比。取 6.5kg 药材，粉碎，用 95% 乙醇渗漉提取 6 次，每次 3 d，合并提取液，减压浓缩得浸膏 854g。将浸膏分散于 5 000mL 水中，分别用石油醚、乙酸乙酯、正丁醇萃取。制备了黄花补血草的粗提物，并在粗提物基础上进一步精制。采用溶剂萃取与分配、柱层层析和薄层层析等分离方法，从黄花补血草的乙醇提取物中分离得到 18 个单体化合物，其中 4 个首次从该植物中分离得到。采用响应曲面法考察了影响总鞣质提取的主要因素，包括提取时间、丙酮浓度、料液比、提取温度和提取功率，总鞣质提取率达 0.717%。采用超临界 CO_2 萃取技术

从黄花补血草花部中提取挥发油，并用 GC-MS 法采用最佳分析条件对化学成分进行鉴定，用峰面积归一法测定各化合物在挥发油中的相对百分含量；通过研究，鉴定出 59 种化合物，其相对含量约占挥发油总量的 81.13%。采用均匀设计法考察了影响总黄酮提取的主要因素，利用紫外-可见分光光度法测定黄花补血草总黄酮的含量。以提取率和提取物中黄花补血草总黄酮含量为指标优选工艺。完成黄花补血草醇提物的急性毒性试验。黄花补血草醇提物无毒，可安全使用。采用醇沉法对黄花补血草各萃取部位进行口服液的制备，分别采用薄层色谱法和分光光度法对其口服液主要有效成分黄酮类化合物进行了定性和定量的研究。各萃取部位口服液呈棕黄色透明溶液，石油醚、乙酸乙酯、正丁醇部位口服液总黄酮含量分别为 21.93%、30.1%和 7.22%，其中乙酸乙酯段口服液对小鼠肉芽组织的增生具有有明显的抑制作用。完成黄花补血草醇提物抗炎作用研究。

创新点及成果：

针对未开发的中草药"黄花补血草"，首次对有效部位的药理活性进行探索性研究。分离得到 18 个单体化合物，其中 4 个首次从该植物中分离得到。黄花补血草醇提物具有明显的抗炎作用，有较好的临床应用价值。发表论文 9 篇，其中第一作者 7 篇。

九、基因工程抗菌肽制剂的研究

项目编号：BRF080402　　　　　　　　　**起止年月：**2008.01—2010.12
资助经费：45 万元
主 持 人：吴培星　副研究员
参 加 人：李建喜　牛建荣　杨亚军
项目摘要：

抗菌肽是生物体自身合成的一种蛋白质，是生物体内一种重要的杀菌物质，具有广谱抗菌、抗病毒、抗肿瘤等作用。对畜禽具促生长、保健和治疗疾病的功能，且无毒副作用、无残留、无致细菌耐药性。然而，由于抗菌肽分子小，提取过程复杂，分离提纯困难，价格昂贵，故天然资源有限。化学合成和基因工程法是获得抗菌肽的主要手段，但化学合成抗菌肽成本高，而通过基因工程在微生物中直接表达抗菌肽基因，则可能对宿主有害而不能获取表达产物。目前，虽然有关抗菌肽表达的报道较多，但真正的产品几乎没有上市或成本很高。研究开发一种高效表达的抗菌肽以降低成本是使抗菌肽得以广泛应用的关键。本项目采用基因克隆、基因重组、基因突变、蛋白质表达等基因工程技术，有选择地人工合成抗菌肽基因，并在原核或真核表达系统中进行高效表达，获得具有优异抗菌活性的抗菌肽；然后进行体内外试验，研制适宜的制剂。抗菌肽的高效表达生产，为新型抗菌药物的进一步研究奠定基础。抗菌肽在动物疫病防治及饲料添加剂中的应用，将大大降低动物发病率和发病死亡率，保障我国畜牧业经济的健康发展，促进畜产品出口贸易，因而具有非常重要的社会经济效益。

项目执行情况：

将筛选的基因转入表达系统，优化原核和真核表达系统、提高表达活性和表达量，初步分离，纯化和鉴定。将选出的基因工程菌在发酵罐中进行发酵培养，摸索和确定最佳发酵条件，提高抗菌肽表达量。利用分子筛、亲和层析、离子交换、超滤的纯化技术，对表达的抗菌肽进行纯化，实现抗菌肽纯化度达95%以上。完善分离纯化体系。进行抗菌肽稳定性试验和抗菌肽的抑菌试验。体外抑菌实验表明，对大肠杆菌、链球菌、葡萄球菌均有良好的抑菌作用。最小抑菌活性为0.312ug/mL。小鼠体内实验表明，抗菌肽能降低人工感染大肠杆菌引起的死亡，有良好的抑菌作用。抑菌实验表明，不同拷贝数的菌株抑菌活力和抑菌谱不同，但对大肠杆菌均不敏感。未经筛选的表达蛋白仅对枯草芽孢杆菌有抑菌活性，高拷贝筛选的菌株对枯草芽孢杆菌、金黄色葡萄球菌、无乳链球菌均有抑菌活性。对抗菌肽重组酵母菌进行 Zeocin 抗性的筛选，结果通过 Zeocin 抗性筛选到的菌株，表达量更高，抑菌活性更强，抑菌谱更广。经 DNA 序列分析说明，所设计合成的基因片段正确插入载体 pPICZαA，成功构建了重组表达载体 pPICZαA-hepcidin。甲醇诱导表达的蛋白经 SDS-PAGE 鉴定显示，Hepcidin 蛋白分子量约 10kD。对比不同拷贝数的菌株所表达的蛋白，发现高拷贝菌株的蛋白表达量明显高于未经筛选的菌株，重组蛋白最高可占上清总蛋白的 77.9%，表达量最高达 214.2mg/L。

创新点及成果：

本项目采用基因克隆、基因重组、基因突变、蛋白质表达等基因工程技术，有选择地人工合成抗菌肽基因，并在原核或真核表达系统中高效进行表达，获得具有优异抗菌活性的抗菌肽。体外抑菌实验表明，对大肠杆菌、链球菌、葡萄球菌均有良好的抑菌作用。已将基因导入表达载体，基因测序结果表明所需基因无变异导入载体，并将表达载体导入酵母表达系统，完成抗菌肽的分泌表达。发表论文3篇，申请发明专利1项。

十、新型高效畜禽消毒剂一元包装反应性 ClO_2 粉剂的研制

项目编号：BRF080402　　　　　　　　　　起止年月：2008.01—2010.12
资助经费：39 万元
主　持　人：陈化琦 助理研究员
参　加　人：王 瑜 焦增华 汪晓斌
项目摘要：

应用化学消毒剂消灭畜禽饲养环境中的病原体具有重要意义。当前，随着我国集约化养殖业的迅速发展，畜禽各种疾病特别是病毒性疾病如禽流感、口蹄疫等疫病流行严重，加之，因自然灾害引起的环境污染，人们对能快速有效地杀灭各种细菌、病毒，且对环境无二次污染的新型消毒剂需求日益迫切。而传统兽用消毒剂由于存在这样或那样的缺点，或杀毒效率差，或毒性较高，或对环境污染严重，已满足不了生产实际的需要，因此，研制杀菌力强、抗菌谱广、使用广泛、无二次环境污染，对人畜毒副作用小的新型化学消毒剂，对促进我国畜禽的健康绿色养殖有着十分重要的意义。本项目所采用的原料 ClO_2 是一种优良的消毒杀菌剂，其杀菌谱广，对细菌、病菌、细菌芽孢、真菌孢子、藻类都具有杀灭作用，消毒效果也不受水质、酸碱度、温度的影响。其消毒杀菌效果好，用量少，作用快，世界卫生组织（WHO）将它列为 A1 级安全高效消毒剂。本项目将对 ClO_2 粉剂进行制剂的配方优化和生产工艺研究及其安全性、稳定性研究，完善申报国家三类兽用消毒

剂新兽药证书所需要的相关实验，争取获得国家兽用消毒剂三类兽用消毒剂新兽药证书。

项目执行情况：

制定了两种筛选 ClO_2（反应性）兽用消毒粉剂的原料组份组成一元包装的最佳配方的方法。利用亚氯酸钠为原生剂，筛选适宜高效的酸类活化剂或非酸类活化剂及稳定剂、钝化剂，通过正交试验及一定的制剂处理，从而组合成一元包装的 ClO_2（反应性）兽用消毒粉剂，使其含量高、安全性、稳定性都好的新型消毒剂。以亚氯酸钠为原生剂，二氯异氰尿酸钠为活化助剂，及其他活化剂、稳定剂、钝化剂组成杀菌效果强大的配方，通过单组份包衣，生产一元包装的 ClO_2（反应性）新型兽用消毒粉剂或片剂。应用所制得的两种样品进行杀灭金黄色葡萄球菌、枯草杆菌黑色变种芽胞和禽流感、口蹄疫病毒等效果试验，并分析因水质、温度、pH 值的变化，对杀毒效果和杀毒时间的影响。用实验室加工的一元包装反应性 ClO_2 兽用消毒粉剂，进行灭菌实验，杀菌效果良好。进行 ClO_2（反应性）兽用消毒粉剂的药物稳定性，储存安全性试验研究。进行 ClO_2（反应性）兽用消毒粉剂在水中的降解试验研究，以此来考察 ClO_2（反应性）兽用消毒粉剂的降解动力学规律。结合卫生部技术规范中的"五步碘量法"及"直接分光光度法"，结合实验室实际条件，研究找出适合分析测试 ClO_2（反应性）兽用消毒粉剂的方法并起草兽药质量标准草案。进行 ClO_2（反应性）兽用消毒粉剂的申报国家三类兽用消毒剂新兽药证书所需要的相关药理、毒理实验研究。

创新点及成果：

本研究充分利用我国现有国产原料，找出经济、合理的原料组成配方，通过正交试验筛选出最佳配方及生产工艺，成功研制出新一代高效、广谱、安全、使用方便的一元包装（反应性）ClO_2 兽用消毒粉剂，提高其稳定性及安全性，从而部分或全部代替氯系消毒剂，使其无论在性能还是价格上都具有很强的竞争力，填补我国新型兽用消毒粉剂的空白，为促进我国畜禽的健康绿色养殖保驾护航。

十一、中兽药防治鸡传染性支气管炎的研究

项目编号：BRF090403　　　　　　　　　**起止年月：**2009.01—2010.12
资助经费：28 万元
主　持　人：陈炅然　副研究员
参　加　人：严作廷　李宏胜　尚若锋　王　玲
项目摘要：

以当前严重影响家禽养殖业的鸡传染性支气管炎为主要研究对象，以中兽医清热解毒、表里双解、气血两清为原则，优化原有中药复方配伍，应用药物化学和现代分子生物学的新技术，结合细胞生物学、兽医病毒学的基础理论，进行相关药效学研究，进行中药复方的筛选与优化，制备适宜剂型，研究中药复方病毒力克口服液防治鸡传染性支气管炎的临床疗效，进行复方药效学、毒理学、药理学研究及安全性评价，制订中药复方的生产工艺及质量标准，开展临床药效试验及区域性扩大试验，探讨其抗病毒作用，阐明其抗病毒作用的机理，预期研制出一种抗病毒、高效无毒、质优价廉、环保的复方中药制剂，用

于由鸡传染性支气管炎病毒引起的家禽病毒性疾病的防治。

项目执行情况：

以清热解毒、能表里双解、气血两清为原则，以鸡传染性支气管炎为主要研究对象，对抗病毒活性的复方进行优化组合，增强其抗病毒活性，制备出抗传支中药口服液（2g生药/mL）。在建立的气管环培养模型，进行中药的抗病毒试验表明，三种加药方式下，中药在合适的剂量下均能减轻气管环病变，抑制病毒感染气管环，且有一定的时效关系。提示当浓度在750~1 500mg/mL 范围内，芩连口服液对体外 IBV 具有一定的抑制作用。采用高效液相色谱法对处方中黄芩的有效成分黄芩苷进行含量测定分析及方法学研究，测得本品每1mL含黄芩以黄芩苷（C21H18O11）计不得少于2.0mg。对处方所选主要中药材应用薄层色谱法进行鉴别，确定了连翘苷、咖啡酸、靛玉红、黄芩苷的薄层色谱鉴别方法，芩连口服液样品与对照品和（或）对照药材在相应的位置上显相同颜色的斑点。临床试验研究显示，中药复方口服液治疗组的治愈率为97.54%，较肾肿速康阿莫西林对照组0.12%，具有起效迅速、作用明显、患鸡恢复食欲较快等优点。毒理学实验及安全性评价确定口服液最大给药量为160g/kg，说明该口服液具有较好的安全性。抗炎作用和机理的研究结果显示该口服液具有明显的抗炎作用，其抗炎机理与其抑制炎性介质 MDA、HA、5-TH 及血清中 NO 的释放有关。稳定性试验结果表明 pH 值对口服液稳定性的影响较为显著，在最佳 pH 值（6~7）范围内，受电解质、氧化剂、醇和温度的影响较原液较小。

创新点及成果：

所研制中药口服液对鸡传染性支气管炎具有显著的防治作用，是一种能激发、调动机体的免疫力和防卫功能来达到抗炎作用的高效、无毒的中药复方。由于药味众多，选择制定了简单易于操作的质量控制标准。申报专利1项，发表文章6篇。

十二、防治鸡传染性喉气管炎复方中药新制剂的研究

项目编号： BRF090404　　　　　　　　　　**起止年月：** 2009.01—2011.12
资助经费： 40 万元
主 持 人： 辛蕊华 研究实习员
参 加 人： 罗永江　程富胜　胡振英
项目摘要：

当前中兽药在临床防治鸡传染性喉气管炎中仍以传统剂型——散剂为主，效果虽然明显，但起效缓慢且疗程较长，制约其在兽医临床上的广泛应用。分散片不仅可直接给药，而且在水中可迅速崩解形成均匀的混悬液，可促进中药中难溶性有效成分的吸收，弥补中药起效慢等缺点，同时减少给药量，增加疗效，提高中药的生物利用度。本项目拟使用板蓝根、野菊花等中药，依据中兽医药学君、臣、佐、使的配伍原则，通过药效学试验筛选出对 ILT 疗效显著、安全可靠的中兽药复方，根据中兽医药学的多靶点理论，提取中药的活性成分，将各药组分再回归至原药含量组成新的中兽药复方，并采用药物新剂型技术，将中药新复方研制成分散片，从而缩短其起效时间，提高其生物利用度，提升中兽药复方

的科技含量及临床疗效。

项目执行情况：

采用组织细胞培养法、染料摄入法检测十余种中药提取物对 α-疱疹病毒的抑制作用，经过初步筛选，发现板蓝根等 5 种中药提取物有抑制细胞病变（CPE）的作用，认为这些中药有抗鸡传染性喉气管炎（ILTV）作用；根据中兽药组方主、辅、佐、使配方原则，确定以板蓝根等 6 味中药组方；运用均匀设计法对该组方进行剂量优化，确定该组方各成分药的剂量配比；根据药物配方，确定了以苦参碱和黄芩苷为检测指标，通过不同提取条件的筛选，最终确定先以醇提、再加水提、最后干燥为提取方法，提取率为 19.59%；在鸡胚病毒感染试验和强毒攻击试验中，结果表明根黄分散片对 ILTV 具有较好的防治作用；通过小鼠急性毒性试验得到按简化寇氏法计算其 LD50 为 32 742.8mg/kg，95%可信区域为 31 030~38 111mg/kg，根据农业部《新兽药一般毒性试验技术要求》，该药为实际无毒；通过药物辅料的筛选确定用微晶纤维素、乳糖、硫酸钙等做填充剂，交联聚乙烯吡咯烷酮作为崩解剂，微粉硅胶为润滑剂，95%乙醇物润湿剂，设计正交试验，优选处方，将中药复方提取物制成分散片。对肉鸡进行亚慢性毒性试验的研究，试验结果表明，复方中药根黄分散片对肉鸡的体重、脏器系数及肝肾功能的影响小，是一种适合于临床应用的安全低毒的中药制剂；采用小鼠氨水致咳试验和祛痰试验，结果表明，根黄分散片具有明显的止咳作用，并且能够显著性地增强支气管分泌功能，进而起到化痰的作用。建立了根黄分散片的质量标准（草案），对山豆根、板蓝根、射干及黄芩进行了薄层鉴定；建立复方中黄芩苷的 HPLC 测定方法。在根黄分散片对鸡传喉的临床效果试验中，采用攻毒同时给药的方法进行预防治疗性试验，结果表明：受试药物根黄分散片对 ILT 有较好的防治效果，推荐按照 0.4g/kg 体重/天的剂量添加于饮水中，连续饲喂 7d，用于 ILT 的防治。试验期间，未发现鸡投服受试药物后有明显的副反应。根黄分散片的稳定性试验结果表明：影响因素试验表明，强光和高温对根黄分散片的性状、鉴别和含量均无影响；6 个月加速试验结果表明，药物性状、鉴别相对无变化，3 批样品中黄芩苷含量在 6 个月内无变化，RSD 均小于 5%，结果表明在加速试验条件下根黄分散片在 6 个月内稳定性良好。3 批样品的 18 个月的长期试验结果表明药物性状、鉴别和含量无明显变化，3 批样品中的黄芩苷含量在 18 个月内没有明显变化，RSD 均小于 5%。说明在常温情况下 18 个月内根黄分散片稳定性良好，能够保证产品的有效性和安全性。

创新点及成果：

中药复方根黄分散片的研制，首次将现代药剂学中固体分散体技术引入中兽药复方制剂的研究中，使产品在水中迅速崩解形成均匀的混悬液，促进中药中难溶性有效成分的吸收，提高药物在机体内的利用率，节约了用药剂量，减少了药物浪费，降低了治疗成本，提升了养殖效益，克服了中药起效慢、利用率低的难点，对呼吸道病毒病起到了较为理想的预防效果。本研究能够改善目前防治 ILT 中药复方制剂存在的品种单一、起效缓慢、使用不方便等缺点，在一定程度上提升中兽药制剂的科技含量和产品附加值。共发表论文 11 篇。

十三、奶牛乳房炎重要致病菌分子鉴定技术及病原菌菌种库的构建

项目编号：BRF090405　　　　　　　　　　　起止年月：2009.01—2010.12
资助经费：23 万元
主 持 人：王　玲　助理研究员
参 加 人：蒲万霞　邓海平　尚若锋
项目摘要：

基于核糖体 RNA 基因构建预检奶牛乳房炎重要致病菌的分子鉴定及分型技术，建立菌种库。以病原菌 16S rRNA 基因保守区或 16S~23S rRNA ISR 为靶序列设计合成引物、16S rRNA 基因扩增及基因序列分析、16S rRNA 的同源性分析比较。该方法不依赖于微生物的分离培养，是一种非培养分析技术，能够快速鉴定出目前尚不能人工培养的微生物，可在奶牛乳房炎病原感染的早期或者在携带病原菌的奶牛乳汁中仅有极少量病原菌存在时就能被检测出来。其鉴定指标单一明确，可提高致病菌检测的可靠性和诊断水平，对于患牛的及时对症治疗有着重要意义，因此必将在奶牛乳房炎致病菌的诊断及分子流行病学调查中得到广泛的应用。该分子鉴定与分型技术将对传统病原菌鉴定结果给予证实并提供分型依据，可正确分析和判断引起感染的优势菌群，全面估计奶牛乳房炎致病菌的微生物多样性，进一步加快和完善奶牛乳房炎病原菌菌种库的建立。

项目执行情况：

对甘肃省 5 个地区的大型奶牛养殖繁育基地、华中地区武汉光明乳业奶牛养殖基地、西藏地区的奶牛养殖场以及少数散养奶牛养殖户，对临床发病型及隐性患牛进行了流行病学调查及样品采集，采集样品数约 600 余份。完成了甘肃省 100 份奶样的的分离、纯化及药敏试验，其中从 91 个奶样中检出 6 种主要病原菌，共计 117 株。建立奶牛乳房炎重要致病菌分子鉴定及基因分型方法，为病原菌的快速诊断及分型鉴定提供新的替代方法，且检测灵敏性不受临床抗生素治疗影响的非培养分析技术。完成我国部分地区奶牛乳房炎重要致病菌的药敏试验及主要耐药谱（选取大肠杆菌、金黄色葡萄球菌、无乳链球菌、停乳链球菌各 20 株，鉴定其对青霉素 G、氨苄青霉素等四十种药物的耐药特征）。完成 300 余株奶牛乳房炎重要致病菌的菌种冻干、冻存保藏，进行菌种信息登记，完善菌种保藏管理档案，构建奶牛乳房炎病原菌兽医微生物资源平台，完成菌株资源的标准化整理、描述和实物共享，为微生物资源的保护、共享和持续利用提供服务和支持。

创新点及成果：

本研究对我国部分省区分离、收集的奶牛乳房炎无乳链球菌和金黄色葡萄球菌进行了分子分型比较研究。前期基础工作为今后建立我国奶牛乳房炎无乳链球菌和金黄色葡萄球菌分子分型库奠定了基础，而且主要地方流行株的确定将有效解决目前治疗性多联苗研制的瓶颈，提高疫苗抗体效价，加快研究所研制针对奶牛乳房炎主要致病菌的高效多联苗及市场化应用进程。作为科研、生产中最重要的基础性资源——菌种，其收集、保藏及相关的研究工作在我国正处于整理、整合以及全方面逐步正规化阶段。通过加速构建和完善奶

牛乳房炎病原菌菌种库，促进兽医微生物资源平台建设，提升基础研究能力，发挥该资源平台在奶牛乳房炎防控领域中的支撑作用，使基础性研究能与经济建设紧密结合，并体现先导性和前沿性。发表论文3篇。

十四、喹胺醇原料药中试生产工艺及质量标准研究

项目编号： BRF100401　　　　　　　　　　　**起止年月：** 2010.01—2010.12

资助经费： 9万元

主　持　人： 郭文柱　研究实习员

参　加　人： 梁剑平　尚若锋　王学红　郭志廷　华兰英

项目摘要：

为了使喹胺醇从实验室制备过渡到工业化生产，本项目拟在前人研究工作的基础上，主要进行以下研究：优化实验室工艺，提高产率，然后扩大规模，进行中试研究；制定中间体和成品的质量标准；提出整个合成路线的工艺流程和各个单元操作的工艺规程；同时根据原材料、动力消耗和工时等进行技术经济指标核算；研究"三废"的处理方案；最终为报批新兽药提供依据。

项目执行情况：

本课题确定了所用起始原料、试剂及有机溶剂的规格及标准；优化实验室工艺，设计了规模合成喹胺醇的反应装置；建立了喹胺醇的整个合成路线的工艺流程，并使喹胺醇的产率维持在70%以上。同时建立了喹胺醇的鉴别和含量测定方法，最后对喹胺醇以前的研究成果进行了总结。

创新点及成果：

首次对喹胺醇的中试生产工艺进行研究。首次对喹胺醇的质量标准进行研究。发表论文1篇。

十五、焦虫膜表面药物作用靶点的筛选

项目编号： BRF100402　　　　　　　　　　　**起止年月：** 2010.01—2010.12

资助经费： 9万元

主　持　人： 魏小娟　助理研究员

参　加　人： 周绪正　李金善　李　冰

项目摘要：

焦虫病是由多种原虫寄生于动物的红细胞或网状内皮细胞内所引起的一类血液原虫病的统称。本病呈世界性分布，严重为害畜牧业的发展。本研究以在识别、附着或侵袭红细胞中起重要作用的裂殖子表面抗原蛋白家族VMSA（VMSA的家族成员包括裂殖子表面抗原MSA-1，MSA-2a1，MSA-2a2，MSA-2b和MSA-2c）为研究对象，拟采用基因工程方法，克隆目的基因，并进行体外原核表达，初步筛选抗原家族中有效的药物作用靶点，为后期的药物研究奠定基础。

项目执行情况：

本研究采集牛环形泰勒虫尾尖或耳尖等毛细血管血制成血涂片，进行吉姆萨染色，镜检。结果在红细胞内出现了环形泰勒虫虫体的轮廓。然后采集牛中华泰勒虫、牛环形泰勒虫、牛瑟氏泰勒虫以及羊吕氏泰勒虫、羊尤氏泰勒虫感染的血液，提取全血基因组 DNA，进行 Tams1 基因的体外扩增，构建重组质粒 pMD18-T/Tams1，并进行 PCR 鉴定和酶切鉴定，最后进行序列测定。测序结果表明，与已发表的国际流行虫株的核苷酸同源性为92.8%~99.8%。将 pET-30a 和重组质粒 pMD18-T/Tams1 进行双酶切，得到 846bp 的目的条带和 pET-30a 载体酶切产物。以重组质粒为基础，构建 pET-30a/Tams1 原核表达质粒，将构建的 pET-30a/Tamsl 原核表达载体作为模板，对其进行 PCR 鉴定，结果扩增出一条846bp 的目的条带，与预期的片段大小相符。经 *BamH I* 和 *Xho I* 双酶切，*BamH I*、*Xho I*分别单酶切，酶切产物在 1.2%琼脂糖凝胶电泳。结果显示，经 *BamH I* 和 *Xho I* 双酶切，得到了约 4 900bp 和 846bp 的 2 条特异性片段；*BamH I*、*Xho I* 分别单酶切，分别得到了 1条约 5 500bp 的特异性片段，说明重组质粒含有目的基因，并且该基因正向插入载体内。经 IPTG 诱导后表达，产物进行 SDS-PAGE 检测，结果显示，重组菌 pET-30a/Tamsl 经1mmol/L 的 IPTG 在 37℃诱导表达 5h 后，在 56kDa 处有一条明显的表达带，而 pET-30a/Tamsl 重组菌诱导 0h 对照和空载体诱导 5h 均未见此条带，说明该目的基因在原核表达载体中成功表达。表达产物转至 NC 膜后，与泰勒虫阳性血清（一抗）反应，结果显示，在56kDa 处出现一条阳性反应带，表明诱导表达目的基因在 pET-30a 表达系统中获得了正确表达，该蛋白具有免疫反应原性。

创新点及成果：

本研究对焦虫裂殖子表面抗原家族的部分基因进行了克隆表达，并坚持了表达量，初步筛选出抗原虫病药物的作用靶点，为后期研究奠定了基础。发表科技论文 1 篇。

十六、抗球虫中兽药"常山碱"的研制

项目编号：1610322011004　　　　　　　　起止年月：2011.01—2014.12
资助经费：42 万元
主　持　人：郭志廷　助理研究员
参　加　人：郭文柱　王学红　郝宝成
项目摘要：

鸡球虫病是一种呈世界性分布的原虫病，临床上具有发病率高、致死率高的特点，给我国养禽业造成严重的经济损失。本病急性暴发可引起雏鸡下痢、血便以致大批死亡；慢性流行可妨碍发育，减少增重和降低饲料利用率。当前，药物防治是控制鸡球虫病的主要手段，但是随着耐药虫株的普遍产生和绿色食品概念的形成，安全高效抗球虫药物的研发显得尤为迫切。国内外研究表明，许多中草药具有良好的抗寄生虫、提高机体虫体免疫且毒副作用低、不易产生耐药性等优点。因此，本课题拟在原来工作的基础上，完善抗球虫组分常山碱的提取、纯化工艺条件，按照国家二类新兽药的规定，完善、补充相关药理学、药效学、毒理学、临床疗效以及中试中艺等研究工作，并按照科学性和实用性的原

则，研发饮水剂或预混剂，确定临床用药的最佳剂量。

项目执行情况：

参考《中国兽药典》，从药材性状、沉淀反应和 TLC 试验，完成常山药材的鉴定试验；通过比较多种提取方法，发现稀盐酸酸化、超声波提取的效果最好，粗提物得率为 2.57%；正交试验发现，常山碱最佳提取工艺为：料液比 1：5，提取温度 50℃，提取时间 1h；建立常山碱含量测定的紫外分光光度法，并进行条件优化，结果表明粗提物中常山碱的含量为 0.24%，药材中常山碱的含量为 0.036%；通过硅胶柱层析、湿法装柱、不同比例氯仿/甲醇洗脱的方法进行纯化，常山碱含量达到 0.74%，纯度提高了 3 倍以上；毒理学研究表明，常山碱的 $LD_{50} = 18.16g/kg$ 体重，LD_{50} 的 95% 可信限为 $15.35 \sim 21.49g/kg$ 体重，亚急性毒性试验中常山碱低、中剂量组大鼠的体重、脏器系数、血液生理生化等指标与对照组比较均无显著性差异（$P > 0.05$），高剂量组毒性较大，说明常山碱的毒性很低，临床用药安全性较高；药理学试验表明，常山碱和地克珠利、鸡球虫散均有良好的抗球虫效果，常山碱用量很小时（50mg/kg 饲料）即可显著减轻球虫病的为害，抗球虫指数 $ACI = 169.01$。完成了常山碱散剂的稳定性试验，包括光加速试验、加速试验和长期试验，结果表明常山碱在高温、强光、高湿度和长期放置，常山碱的总含量、常山乙素的含量以及水分含量均比较稳定。完成了常山碱质量标准草案的制定，包括制法、性状、鉴别、检查、含量检测、功能主治、用法用量、规格和贮藏，为今后常山碱的生产和中试奠定基础。完成常山碱免疫活性的初步验证，结果发现常山碱或常山碱乙均可促进 ConA 诱导的 T 淋巴细胞增殖和 LPS 诱导的 B 淋巴细胞增殖。完成常山碱乙醇回流提取工艺的优化，浸膏得率和常山碱提取率均很高，为企业大生产奠定了基础；初步完成常山碱口服液的研制工作，便于禽类临床应用；完成常山碱的临床疗效验证试验，包括柔嫩艾美尔球虫、巨型艾美尔球虫、毒害艾美尔球虫以及多种球虫混合感染。

创新点及成果：

利用超声法和回流法首次从中药常山中系统开发抗球虫组分常山碱，具有操作简便、成本较低、提取率高和便于工业化生产的优点；同时将常山碱用于防控鸡球虫病，并根据禽病防治的临床实际，研制出散剂和口服液 2 个剂型，为今后科学防治鸡球虫病奠定了基础。已申请国家发明专利 3 项（1 项已授权）；在国家核心期刊发表第一署名文章 15 篇（一级学报 4 篇）；参加国内学术交流 6 次（做大会学术报告 1 次）。

十七、抗动物焦虫病新制剂青蒿琥酯微乳的研制

项目编号：1610322011005　　　　　　起止年月：2011.01—2012.12

资助经费：22 万元

主 持 人：李　冰　研究实习员

参 加 人：魏小娟　李金善　杨亚军

项目摘要：

青蒿琥酯在我国兽医临床上主要用于治疗牛羊泰勒焦虫病。但是由于青蒿琥酯水溶性差、半衰期短、见光易分解等特点，很难制成液体制剂，目前使用的主要有青蒿琥酯的片

剂和粉针剂。其片剂不能克服肝脏的首过效应，吸收程度很差，而粉针剂需要专用溶媒溶解，临床使用不方便，且吸收快，消除也快。微乳作为一种新型给药系统，稳定、吸收快，能实现靶向给药，并且可以增加药物的溶解度，提高其生物利用度。课题组已初步制备青蒿琥酯微乳制剂，对羊焦虫病临床药效实验结果表明疗效确切，但微乳的稳定性较差。本项目在已制备出青蒿琥酯微乳的基础上对其配方及制备工艺进行优化，筛选出稳定性良好的制剂，在羊体内进行青蒿琥酯微乳的生物等效性研究，从而为该药的合理应用提供依据，并完成稳定性实验、临床药效学研究及安全评价，为后期申报新药做好研究基础。

项目执行情况：

通过星点设计——效应面优化法筛选出理想的青蒿琥酯微乳乳配方，其平均粒径为14.21nm，最高载药量可达31.75mg/g。对青蒿琥酯微乳进行了高湿、高温、强光等影响因素实验，该制剂在高温、高湿或强光下均能稳定保存。通过实验发现青蒿琥酯在强碱的作用下可生成在紫外237nm处有吸收峰的衍生物，建立了青蒿琥酯的 UV 和 HPLC 含量测定方法。建立了羊血浆中青蒿琥酯及其代谢物二氢青蒿素含量的液相—质谱连用的检测方法，该方法灵敏度和准确性较高，青蒿琥酯和二氢青蒿素同时检测时最低检测限能达到1ng/mL，解决了青蒿琥酯不稳定、转化快、紫外吸收波长较小所带来的检测限高等问题，并建立了标准曲线和线性范围，为研究青蒿琥酯在羊体内的药代动力学和生物利用度奠定了方法学基础。研究了羊静脉注射和肌内注射青蒿琥酯纳米乳后青蒿琥酯在动物体内的药代动力学特征，获得了可靠的药动学参数，且方法的灵敏度高，选择性强，符合血药浓度测定要求，并为该药的药效学及临床药学的深入研究提供了理论依据。对青蒿琥酯微乳注射剂进行了安全性研究，考察了长期饲喂并给予不同剂量的青蒿琥酯纳米微乳对机体所产生的毒性反应及其严重程度，以及该药物主要的毒性靶器官，提供了该药物的无毒性反应剂量，并为临床设计动物用药剂量和主要观察指标提供了参考。

创新点及成果：

在国内首次建立了青蒿琥酯以及二氢青蒿素含量同时测定的检测方法，能同时检测1ng/mL 的青蒿琥酯和二氢青蒿素，且 9min 可完成一个样品分析处理，检测方法简便准确、灵敏度高、重复性好。鉴定成果一项：新型兽用纳米载药系统研究与应用，登记号2011y0818；获得 2012 年中国农业科学院技术发明二等奖 1 项。发表论文 6 篇。

十八、奶牛乳房炎金黄色葡萄球菌 mecA 耐药基因与耐药表型相关性研究

项目编号： 1610322011010　　　　　　　　**起止年月：** 2011.01—2011.12
资助经费： 6 万元
主　持　人： 邓海平　研究实习员
参　加　人： 蒲万霞　王学红　郭文柱　郝宝成
项目摘要：

本研究首先利用纸片扩散法和微量稀释法对采自我国华北、华南、西南和西北等地乳房炎奶样中分离出的金黄色葡萄球菌进行全面的耐药表型检测，绘制各地区金葡菌耐药表

型图谱，建立耐药菌种库。再利用多重 PCR 方法检测菌株携带耐药基因情况，探讨耐药基因与耐药表型的相关性。并对获得的基因片段进行纯化、测序，比较不同地区菌株基因差异性和同源性，建立耐药基因数据库，为我国地区性奶牛乳房炎的防治提供可靠的理论依据。

项目执行情况：

通过本项目的实施对甘肃、内蒙古自治区和上海三地区奶牛乳房炎金黄色葡萄球菌进行了采集和分离鉴定，对分离得到的菌株进行了耐药性检测，并最终绘制了三地区奶牛乳房炎金黄色葡萄球菌耐药谱，建立了耐药菌种库。对检测地区牛场提供了有效地奶牛乳房炎防治和用药依据。项目的实施还分离鉴定出了 19 株 MRSA 菌株，为下一步畜源 MRSA 菌株的研究提供了材料和可靠地依据。

创新点及成果：

绘制完成了较完整的三个地区奶牛乳房炎金黄色葡萄球菌耐药图谱。建立了奶牛乳房炎金黄色葡萄球菌耐药菌种库，获得了 135 株耐药金黄色葡萄球菌及其耐药性信息。发表论文 2 篇。

十九、新型氟喹诺酮类药物的合成与筛选

项目编号：1610322011011　　　　　　　　起止年月：2011.01—2012.12
资助经费：70 万元
主　持　人：杨志强　研究员
参　加　人：张继瑜　李剑勇　周绪正　杨亚军　刘希望　李　冰　牛建荣　魏小娟

项目摘要：

抗菌药物在兽医临床使用的药物中占有十分重要的地位。氟喹诺酮类化合物是广泛应用于临床，广谱、高效、低毒的抗感染药物，是新型抗菌药物研究中的活跃领域之一。为了克服其对革兰阳性菌、厌氧菌、支原体等的活性相对较低，以及一些品种的光毒性等缺点，本项目将对已有品种进行结构修饰，结合体外、体内药敏实验，寻找新的氟喹诺酮类抗菌化合物，以期增加抗菌药物的新品种，减少兽医临床耐药性的发生等。

项目执行情况：

本研究以诺氟沙星、沙拉沙星和环丙沙星为先导化合物，设计合成了 15 个含磺酰基、芳香烷酰基、烷氧羰基和烷基取代的氟喹诺酮类似物。结构经元素分析、NMR、红外图谱、质谱、紫外图谱确证。经查新，其中 3 个为新化合物，即 1-环丙基-6-氟-7-［4-（（2-氨基-4-噻唑基）-2-甲氧亚胺乙酰基）-1-哌嗪基］-1，4-二氢-4-氧代喹啉-3-羧酸、1-乙基-6-氟-7-［4-（（2-氨基-4-噻唑基）-2-甲氧亚胺乙酰基）-1-哌嗪基］-1，4-二氢-4-氧代喹啉-3-羧酸、1-（4-氟-1-苯基）-6-氟-7-［4-（（2-氨基-4-噻唑基）-2-甲氧亚胺乙酰基）-1-哌嗪基］-1，4-二氢-4-氧代喹啉-3-羧酸。体外抑菌活性试验结果表明，化合物 18（1-环丙基-6-氟-7-（4-乙酰基-1-哌嗪基）-1，4-二氢-4-氧代喹啉-3-羧酸）和化合物 26 对大肠杆菌 C83-1、肺炎克雷伯氏菌 46101、鸡白痢沙门氏菌 C79-13 和金色葡萄球菌 26003 比对照组环丙沙星、诺氟沙星、沙拉沙星有较强的抗菌活性，而对无乳链球菌 2101 和停乳链球菌

89126 比对照组有较弱的抗菌活性。化合物 12、13、14、15、17、20、21、22、23、27 等则对以上六种细菌中的一种或两种比对照组强，而其他化合物大多数与对照组相当或弱于对照组。进一步的实验表明，化合物 18 与环丙沙星的抑菌活性相当，比头孢唑林钠对革兰氏阴性菌和阳性菌均有非常敏感的抑菌活性，是一种具有广谱抑菌活性的药物，如对鸡败血霉形体、李氏杆菌、鸡和仔猪黄白痢、禽巴氏杆菌、猪丹毒杆菌、金黄色葡萄球菌、支气管炎博德特氏菌等菌株具有比头孢唑林钠更强的抗菌活性和高度的敏感性。

创新点及成果：

本实验针对在兽医临床普遍使用的氟喹诺酮类化合物，对其进行结构修饰；在抑菌试验的基础上，筛选出具有高效抑制活性的新化合物，为新型高效的氟喹诺酮类抗菌药物的研发提供科学依据。

二十、防治犊牛肺炎药物新制剂的研制

项目编号：1610322012005　　　　　　起止年月：2012.01—2014.12
资助经费：37 万元
主 持 人：杨亚军 助理研究员
参 加 人：刘希望　李　冰　李剑勇　程培培　沈友明

项目摘要：

犊牛肺炎是由病原、饲养管理和环境卫生等条件共同作用的感染性疾病，是影响奶牛和肉牛产业经济效益的主要疾病之一。细菌、病毒、支原体等均可引起发病，疫苗防治有一定的局限性，药物防治发挥着巨大的作用。本项目拟选择动物专用广谱抗生素氟苯尼考等和非甾体抗炎药氟尼辛等，以及适宜的药用辅料和溶媒，制成细菌性犊牛肺炎的复方长效注射剂。对该复方长效制剂进行安全性评价、稳定性考察和质量控制；在健康犊牛体内进行生物等效性；人工复制细菌性犊牛肺炎病理模型，进行治疗实验，确定自制复方长效制剂的最佳给药方案；收集临床病例进行治疗，统计该新制剂的治愈率和有效率。预期申报国家专利 1 项，发表文章 3 篇，达到新兽药证书上报要求。该复方新药的研制，提供防治犊牛肺炎的特效药物，满足国内对该类药物的需求，填补此项空白。

项目执行情况：

以合适的复合溶媒为溶剂，制备了性状稳定、工艺简单可行的复方氟苯尼考注射液，为淡黄色的均一澄明液体，相对比重为 1.223，氟苯尼考的含量为 300mg/mL。复方注射液对小鼠腹腔注射最大耐受量为 2.813g/kg，最小全部致死量 4.073g/kg；家兔皮肤实验结果表明，复方注射液无皮肤刺激性；家兔股四头肌实验结果表明，复方注射液有轻微的肌肉刺激反应，无热原反应。采用高效液相色谱法—紫外检测法，建立了复方注射液中氟苯尼考等药物的测定方法。依据新兽药的注册要求，对复方氟苯尼考注射液的质量标准（草案）进行进一步的完善。完成了复方注射液的中试生产（5 批，200L/批），优化了生产工艺。完成了复方制剂的影响因素试验和加速试验，结果表明，复方氟苯尼考注射液对强光照射、高温和高湿度等影响因素稳定；加速试验条件下，性状和质量稳定。完成了氟苯尼考对猪、牛肺炎常见病原菌的体外和间接体内活性检测，结果表明氟苯尼考对猪、牛

肺炎常见病原菌的抑菌活性良好，氟尼辛葡甲胺对其体外活性没有影响。开展了复方氟苯尼考注射液在犊牛、仔猪体内的药代动力学研究，结果表明氟苯尼考在猪体内药代动力学模型符合一级吸收一室开放模型，吸收缓慢、消除缓慢、达峰时间较长，维持有效血药浓度时间长；氟尼辛葡甲胺吸收速度快、达峰时间短、半衰期较长、消除较慢。取得了开展临床实验的批复件。开展了靶动物安全性实验、人工感染治疗试验，以及临床收集病例的治疗实验；初步的实验结果显示，中高剂量的新型复方制剂，对人工感染病理有很好的治疗效果，优于对照的单方制剂。

创新点及成果：

制备了性状稳定的新型复方制剂，并制定了质量标准草案。申请国家发明专利 1 项，发表实验论文 3 篇，会议论文 3 篇，毕业硕士研究生 2 名。

二十一、抗菌中兽药的研制及应用

项目编号：1610322012013　　　　　　　　起止年月：2012.01—2012.12
资助经费：15 万元
主 持 人：梁剑平 研究员
参 加 人：蒲万霞　陈炅然　王 玲　尚若锋　王学红　郭志廷　郭文柱　刘 宇
　　　　　华兰英　郝宝成

项目摘要：

本项目拟对丹参、常山等中草药进行系统研究，应用提取、分离、纯化等方法，筛选出最佳提取分离工艺；然后进行中试放大实验，确定丹参和常山碱等新制剂的技术流程和生产条件，建立上述新兽药中试生产线，同时研究其质量标准；最终研制出抗菌药物 1 个和抗寄生虫新兽药 1 个。

项目执行情况：

系统研究了丹参酮提取物的提取、纯化等，以及丹参酮灌注液的制剂研究，丹参酮灌注液的中试生产研究，丹参酮灌注液的急性毒性试验、刺激性试验等内容。以提取温度、料液比和提取时间三个因素进行正交设计，确定了常山碱的最佳提取工艺，采用硅胶柱层析法对常山碱粗提物进行纯化，大幅提高了常山碱的含量，为今后常山碱的工业化生产和防治鸡球虫病奠定了基础。

创新点及成果：

本项目建立了丹参酮提取物的中试生产线，丹参酮灌注液的中试生产线，并建立了丹参酮提取物及丹参酮灌注液的质量检测方法。通过优化常山碱的提取工艺，大幅提高了常山碱的含量，简化了生产步骤，为常山碱的产业化提供了技术保证。获得发明专利 1 项，发表文章 8 篇。

二十二、新型抗动物焦虫病药物的研究与开发

项目编号：1610322012018　　　　　　　　起止年月：2012.01—2012.12

资助经费：15 万元

主 持 人：张继瑜 研究员

参 加 人：李剑勇　周绪正　牛建荣　魏小娟　李金善　李 冰　杨亚军　刘希望
　　　　　　吴培星　程富胜

项目摘要：

为了实现药物浓度在靶器官、靶组织、靶细胞的浓集，改善药物的体内作用周期，降低药物的毒副作用，研制理想的药物载体，实现靶向给药，本研究将针对焦虫表面膜蛋白系统，筛选特定的靶蛋白为靶标，同时以寄生虫膜结构的理化性质为基础，进行抗特定膜蛋白生物药物的筛选，研究药物的载体系统，制备靶向治疗制剂。

项目执行情况：

通过分子生物学试验，选择牛双芽巴贝斯虫一种表面蛋白 rap-1（即棒状体表面蛋白），通过克隆 rap-1 获得目的基因。进而选择 GFP 绿色荧光蛋白作为真核表达载体，建立 GFP-rap-1 真核表达质粒。选择 G418 作为筛选阳性克隆的抗生素，首先确定 G418 最佳筛选浓度，结果显示 800ug/mL 为其最佳筛选浓度，稳定转染后，在转染细胞内加入浓度为 800ug/mL 的 G418，细胞培养数天，挑取转染阳性克隆。最后收集阳性贴壁细胞作为蛋白样品，通过 SDS-PAGE 凝胶电泳、转膜、封闭、一抗孵育、二抗孵育等过程检测蛋白，确定质粒成功转染成纤维细胞。为研究牛双芽巴贝斯虫表面蛋白、研制靶向载药系统，以及建立药物筛选细胞模型奠定了良好的基础。通过筛选制备了青蒿琥酯微乳，对青蒿琥酯微乳进行了高湿、高温、强光等影响因素实验，该制剂在高温、高湿或强光下均能稳定保存。成功地建立了青蒿琥酯的 UV 和 HPLC 含量测定方法。对青蒿琥酯微乳注射剂进行了安全性研究，考察了长期饲喂并给予不同剂量的青蒿琥酯纳米微乳对机体所产生的毒性反应及其严重程度，以及该药物主要的毒性靶器官，提供了该药物的无毒性反应剂量，并为临床设计动物用药剂量和主要观察指标提供了参考。本试验建立了羊血浆中青蒿琥酯及其代谢物二氢青蒿素含量的液相—质谱连用的检测方法，研究了羊静脉注射和肌内注射青蒿琥酯纳米乳后青蒿琥酯在动物体内的药代动力学特征。制定了制剂的质量标准草案，药物的长期稳定性试验目前正在进行中，6 个月的检测结果表明，研制的青蒿琥酯微乳稳定性良好。

创新点及成果：

本研究利用纳米乳给药系统对青蒿琥酯现有剂型进行了改进，解决了青蒿琥酯现有剂型的缺陷。在国内首次建立了青蒿琥酯以及二氢青蒿素含量同时测定的检测方法，能同时检测 $1ng \cdot m^l$ –1 的青蒿琥酯和二氢青蒿素，且 9min 可完成一个样品分析处理，这在国内外报道的分析方法中保留时间最短、检测限最低。

二十三、苦马豆素抗牛腹泻性病毒作用及药物饲料添加剂的研制

项目编号：1610322012001　　　　　　　　　　　**起止年月**：2012.01—2014.12

资助经费：35 万元

主 持 人：郝宝成 助理研究员

参加人：梁剑平　刘　宇　王学红　郭文柱

项目摘要：

本项目拟利用从茎直黄芪中提取分离得到的有效成分苦马豆素，采用组织细胞培养法、染料摄入法检测苦马豆素对牛腹泻性病毒的作用，通过改变给药时间、途径，探讨苦马豆素抗牛腹泻性病毒作用环节，明确苦马豆素抗牛腹泻性病毒作用机制，并研制出对此病毒有对抗作用的苦马豆素药物饲料添加剂。

项目执行情况：

采用纤维素酶法提取茎直黄芪中生物碱苦马豆素，测定茎直黄芪粉碎目数、料液比、酶用量，酶解时间对苦马豆素提取率的影响，在单因素试验基础上确定正交试验工艺参数，通过正交试验确立最佳提取工艺条件，有效地提高苦马豆素的提取率。利用细胞培养技术，采用 CPE 观察法和 MTT 比色法相结合的方法测定不同浓度 SW 对牛肾原代细胞的毒性作用，确定药物的安全浓度和 TD50，并分别采用先加药后感染病毒、先感染病毒后加药、药毒作用 2h 后加入、感染病毒同时给药后再加药四种作用方式，检测不同浓度 SW 对 BVDV 入侵的阻断作用、复制的抑制作用、直接杀伤作用和综合作用。利用牛肾原代细胞培养增殖 BVDV，通过病毒含量的测量，成功建立了小鼠消化道 BVDV 黏膜感染模型，研究了苦马豆素对牛病毒性腹泻病毒的作用。

创新点及成果：

本研究首次应用苦马豆素进行体外抗 BVDV 作用研究，以期为抗 BVDV 的药物筛选提供参考依据，结果显示 SW 具有一定的抗病毒作用。授权国家发明专利 1 项。发表论文8 篇，其中 SCI 论文 1 篇、院选核心期刊论文 1 篇。

二十四、福氏志贺菌非编码小 RNA 的筛选和鉴定

项目编号：1610322012012　　　　　　　　**起止年月**：2012.01—2013.12

资助经费：21 万元

主 持 人：魏小娟 助理研究员

参 加 人：李　冰　杨亚军　刘希望　李金善

项目摘要：

小 RNA（sRNA）是细菌中一类长度在 40~500 个核苷酸的非编码 RNA，是细胞基因组中被转录但是不编码蛋白质的一类 RNA 分子。迄今为止，大部分细菌 sRNA 的研究集中在大肠杆菌等模式生物，而针对致病菌的 sRNA 研究较少。本项目以福氏志贺菌为研究对象，开展痢疾杆菌 sRNA 的研究，并选择性的研究若干重要 sRNA 基因的结构模式和功能，以此来分析痢疾杆菌致病性的表达调控模式。通过确定 sRNA 基因和功能的研究，并构建突变体，根据生化特性变化、细胞和动物侵袭实验以期揭示 sRNAs 与痢疾杆菌致病性之间的关系。研究结果可为痢疾的药物开发提供新的作用靶标，也可为痢疾杆菌疫苗研制提供一个新的思路。

项目执行情况：

以福氏志贺菌 2a 血清型 301 株、2457T 为研究对象，利用生物信息学分析方法结合

分子生物学方法，根据基因组之间的序列比对、RNA 二级结构分析以及对非依赖性终止子分析等方法，识别了志贺菌的 sRNA 32 个。以预测到的 sRNA 为研究对象，采用 RNA predator2 target gene 软件进行靶基因的分析，结果显示 2457T 基因组用于去搜索的 sRNA 共有 539 个，有 521 个搜索到 target gene；301 基因组用于去搜索的 sRNA 共有 537 个，其中在基因组中搜索到 530 个 target，在质粒中搜索到 530 个 target gene；301 质粒用于去搜索的 sRNA 共有 14 个，其中在基因组中搜索到 14 个 target，在质粒中搜索到 14 个 target gene。

创新点及成果：

选取与耐药性相关的 12 条 sRNA 进行了 qPCR 验证，结果有 9 条得到了验证。

二十五、截短侧耳素衍生物的合成及其抑菌活性研究

项目编号： 1610322013004　　　　　　　　　　　**起止年月：** 2013.01—2014.12
资助经费： 25 万元
主 持 人： 郭文柱 助理研究员
参 加 人： 梁剑平　尚若锋　王学红　郭志廷　刘 宇　郝宝成　华兰英
项目摘要：

截短侧耳素是高等真菌担子菌刚侧耳属 pleurots mutilus 和 pleurots passeckerianus 菌种经深层培养产生的一种抗生素，在化学上属双萜类化合物。截短侧耳素及其衍生物对许多革兰氏阳性菌及支原体有独特的效果。本项目主要内容就是在截短侧耳素衍生物定量构效关系（QARS）研究的基础上，通过分子对接，筛选并化学合成出 30 种截短侧耳素新化合物，经过体外抑菌活性研究和人工感染治疗试验，筛选出抗菌作用较强的化合物 2 种，预期将作为新的动物专用抗菌药物，为进一步的新药研制打下坚实的基础。

项目执行情况：

合成出 34 个全新结构的截短侧耳素类新型衍生物，进行了兽医临床中常见四个致病菌的抑菌活性研究。结果表明，34 个合成的截短侧耳素衍生物对这四种菌的最小抑菌浓度分别为 8~0.25μg/mL、32~0.5μg/mL、64~1μg/mL、32~0.5μg/mL。采用牛津杯法研究了上述化合物浓度为 320 和 160μg/mL 时对这四种菌的抑制作用，其结果与最小抑菌浓度的结果相一致。通过上述试验表明，化合物 5a、5c、ATTM、11b 和 13c 表现出较好的抑菌活性，尤其对 MRSA、MRSE 和无乳链球菌，具有较强的抑菌活性。选定化合物 ATTM，对其进行人工合成。体内抗菌试验研究表明 ATTM 对全身感染 MRSA 的小鼠模型具有治疗作用，且效果优于延胡索酸泰妙菌素；急性毒性研究结果显示 ATTM 为低毒化合物；亚慢性毒性研究结果推断 ATTM 对大鼠的毒性靶器官可能是肝脏、肾脏和脾脏；药动学研究显示 ATTM 在肉鸡体内的表现良好的药动学特性，比如分布广泛、吸收快、消除速度适中等。

创新点及成果：

首次通过体外抑菌试验筛选出抑菌活性较好的截短侧耳素衍生物 ATTM；研究了截短侧耳素类衍生物 ATTM 在小鼠体内的急性毒性试验亚急性毒性试验；首次研究了该化合物

在大鼠体内的药动学试验。发表 SCI 论文 3 篇，授权发明专利 1 项。

二十六、计算机辅助抗寄生虫药物的设计与研究

项目编号：1610322013005　　　　　　　　起止年月：2013.01—2015.12
资助经费：40 万元
主 持 人：刘希望 助理研究员
参 加 人：杨亚军　李剑勇

项目摘要：

我国畜禽养殖中寄生虫病的发病率居高不下，导致防治寄生虫病的药物使用剂量越来越大，防治效果越来越差。研制和开发新的抗寄生虫药，特别是无污染、无残留、且不易产生耐药性的新型抗寄生虫药物，已成为国内外抗寄生虫药的研制重点。计算机辅助药物设计在新药研发过程中的应用不断拓展，大大降低了研发成本和开发风险，为药物化学家提供了更加快捷高效的方式去寻找高活性先导化合物。硝唑尼特等噻唑苯甲酰胺类化合物，具有广谱的抗感染活性，对感染动物和人类的寄生虫、细菌、病毒具有抑制作。其作用机理是硝唑尼特直接抑制丙酮酸：铁氧化还原蛋白氧化还原酶（PFOR），而 PFOR 催化的丙酮酸氧化脱羧过程是厌氧生物能量代谢途径的关键环节。本研究基于该作用蛋白 PFOR 受体酶，通过计算机辅助设计，筛选出具有抑制丙酮酸：铁氧化还原蛋白氧化还原酶的杂环化合物，并对其抗厌氧菌、抑制 PFOR 酶的活性进行测定，以期开发出新的具有抗寄生虫活性的化合物。

项目执行情况：

查阅了与硝唑尼特作用机理相关的大量文献，明确了硝唑尼特抗寄生虫、抗厌氧生物最有可能的作用机理。从 RSCB 数据库中获得了该酶的晶体结构，分析了丙酮酸与辅酶（TPP）及相关氨基酸的相互作用情况。以丙酮酸所在位置为结合位点，利用 C-DOCKER 分子对接模块，分析了硝唑尼特及化合物 1d 与 PFOR 酶的相互作用情况。结果显示：硝基是硝唑尼特类似物抗厌氧生物活性的关键基团，该基团与辅酶 TPP 及 PFOR 酶相关氨基酸之间有氢键、范德华力等较强的相互作用，作用方式与丙酮酸类似，即硝唑尼特类可能为 PFOR 酶的竞争性抑制剂。设计了以 PFOR 酶为靶点的化合物，分子对接模拟显示设计的化合物与 PFOR 酶有较强的相互作用，且二者之间存在正相关关系，空间结构与该酶作用靶点的空穴有较高的匹配度。合成了与具有显著抗寄生活性化合物硝唑尼特结构类似的化合物 26 个、噻唑查尔酮杂交分子 15 个，并对合成的化合物结构通过核磁共振氢谱、碳谱、高分辨质谱予以确证。开展了化合物对金黄色葡萄球菌、大肠杆菌、艰难梭菌及产气荚膜杆菌的最小抑菌浓度测定，其中，部分化合物显示出与对照药物硝唑尼特类似或相当的抑菌活性。分子对接研究显示，目标化合物与 PFOR 酶具有较强的相互作用。

创新点及成果：

合成的硝唑尼特类似物 1d 具有较硝唑尼特更强抗艰难梭菌活性。发表论文 6 篇，其中 SCI 论文 3 篇；授权国家发明专利 1 项，申请国家发明专利 1 项。

二十七、苦豆子总碱新制剂的研制

项目编号：1610322013006　　　　　　　　**起止年月**：2013.01—2013.12
资助经费：10万元
主 持 人：刘　宇　助理研究员
参 加 人：梁剑平　尚若锋　王学红　郝宝成　郭文柱　郭志廷　华兰英
项目摘要：

苦豆子，豆科槐属植物，广泛分布于我国西北地区，其药用活性成分主要为苦豆子总碱，现代药理学研究表明苦豆子总碱具有抗感染、抗肿瘤、增强机体免疫力等功效。但其产业尚处于成长初期，实用的提取纯化工艺较少，本研究以苦豆子种子为研究对象，对苦豆子总碱提取及其新制剂进行详细研究，并建立不同条件下生物总碱提取动力学模型，为工业化放大提供可靠的基础数据。

项目执行情况：

以氧化苦参碱为标准，应用溴麝香草酚蓝比色法，来测定苦豆子总碱含量。利用超声波技术对苦豆子总碱的提取进行试验研究，设计响应面工艺参数，建立最优模型，通过单因素试验和Box-Behnken试验设计以及响应面分析对超声波提取苦豆子总生物碱的工艺条件进行优化，根据实验条件，获得较优提取工艺为：料液比为1∶8，提取溶剂乙醇浓度为65%，在25℃下超声提取30min，苦豆子总碱得率达到29.81mg/g。苦豆子总碱体外抑菌活性研究采用琼脂稀释法进行体外抑菌试验，以探讨苦豆子总碱对金黄色葡萄球菌、大肠杆菌、无乳链球菌、表皮葡萄球菌的抑菌活性。结果表明，苦豆子总碱对表皮葡萄球菌、大肠杆菌、无乳链球菌、金黄色葡萄球菌的最小抑菌浓度（MIC）分别为4.5mg/mL、3.5mg/mL、3.0mg/mL、2.5mg/mL。还进行了辅药浸膏的制备、基质组分的选择、复方栓剂的制备以及复方栓剂总生物碱含量的测定等研究。

创新点及成果：

优化了苦豆子总碱的提取工艺，开发出治疗奶牛子宫内膜炎的苦豆子总碱新制剂。发表科技论文1篇，授权实用新型专利1项。

二十八、福氏志贺菌小RNA对耐药性的调控机理

项目编号：1610322013012　　　　　　　　**起止年月**：2013.01—2013.12
资助经费：15万元
主 持 人：张继瑜　研究员
参 加 人：魏小娟　周绪正　牛建荣　李　冰
项目摘要：

福氏志贺菌在全球范围内是一类具有高度传染性和危害严重的人畜共患肠道致病菌，由于志贺菌对治疗药物高度广泛的耐药性，给临床防治带来极大困难。本研究以福氏志贺菌2a为研究对象，在全基因组水平上，以生物信息学分析方法结合分子生物学方法，识

别并鉴定志贺菌特异的耐药性相关 sRNA，初步探索 sRNA 与耐药性之间的相互关系。本研究可为志贺菌病的有效防治、临床合理用药提供指导，为疾病治疗新药研发提供新的思路和方向。

项目执行情况：

根据美国临床实验室标准化委员会的推荐，以福氏 2a 志贺氏菌 2457T 菌株为研究对象，采用环丙沙星诱导建立耐药菌株。然后对所建立的耐药菌株（N1）与标准菌株（Y1）进行链特异性转录组测序，筛选非编码小 RNA，进而比较分析耐药性与小 RNA 之间的相互关系，以及小 RNA 在耐药机制中所发挥的作用。RNA-seq 分析结果显示，耐药菌株呈现出显著地基因表达差异，差异表达的基因为 760 个（20.88%），其中上调表达的基因为 190 个（5.22%），下调表达的基因为 570 个（15.66%）。在 N1 株中有 94 个候选 sRNA，Y1 株中 95 个候选 sRNA，而且 Y1 株与 N1 株中有 29 个非编码 RNA 明显不同，其中只有 N1 株中有 6、53、54 号候选 sRNA，只有 Y1 株有 34、78 号候选 sRNA。推测这些 sRNA 可能与耐药蛋白的表达有关，通过调控耐药基因和一些与细胞增殖或凋亡相关的基因发挥作用。在鉴定的 3641 个福氏志贺菌基因中，共有 961 个 GO 条目注释到 39 个功能类别。其中主要的 GO 功能有"代谢过程""细胞过程""代谢活性""细胞"以及"细胞部分"。对代谢通路进行分析发现，其中最具代表的路径包括"氮代谢""硫代谢""百日咳""多聚糖生物合成单元""双组分系统""不同环境中微生物的新陈代谢""亚油酸的新陈代谢""链霉素生物合成""β-丙氨酸代谢"和"丙氨酸、天冬氨酸和谷氨酸代谢"。

创新点及成果：

发表中文科技论文 1 篇，另有 1 篇接收；培养在读硕士研究生 2 名。

二十九、新型抗炎药物阿司匹林丁香酚酯的研制

项目编号：1610322013013　　　　　　　起止年月：2013.01—2013.12
资助经费：25 万元
主　持　人：李剑勇　研究员
参　加　人：杨亚军　刘希望　孔晓军
项目摘要：

在畜牧养殖领域，物理因素、化学因素、病菌感染均可导致非感染性疾病和炎症反应，大大降低了动物的生产性能，其中比较常见的是炎症疾病。各类炎症的主要临床表现为热、红、肿、痛。比如奶牛养殖中常见的子宫炎、乳房炎以及肢蹄病等都是炎症常见的临床症状，刚开始的炎症反应和随后的修复反应都能对机体造成损害。对于这些疾病的治疗，炎症控制显得尤为必要，配合使用抗炎药物可以缩短治疗时间，改善动物福利，标本兼治。针对这类疾病，开发出高效安全的兽用抗炎药物，结合其他药物可有效治疗炎症性疾病，因此开发这类药物具有显著的经济效益和社会效益，具有十分重要的意义。本研究以前期开发的兽用专用药物"阿司匹林丁香酚酯"为基础，开展 AEE 的特殊毒理学研究，以期开发出高效、无毒的新型兽用化学药物。

项目执行情况：

按照农业部兽用化学药物指导原则，对阿司匹林丁香酚酯进行特殊毒理学研究，包括 AMES 试验、微核试验、小鼠精子畸形试验和大鼠致畸试验，全面评价阿司匹林丁香酚酯的毒理性质，以期开发出高效、低毒的兽用抗炎药物。同时开展了 AEE 在动物体内的代谢转化研究，阐明了该药的代谢途径和药效毒性物质基础，为残留研究提供标示物质，为合理用药提供理论依据，为其他药物的代谢转化提供技术支持，提升了我国兽药自主研发水平。

创新点及成果：

首次对阿司匹林丁香酚酯的特殊毒理学进行了系统研究，并建立相关毒理学的研究方法。首次对阿司匹林丁香酚酯的体外及体内代谢转化进行了研究，结果显示 AEE 被水解为乙酰水杨酸和丁香酚，二者协同发挥功效，符合前药设计的构思。获中国农业科学院技术发明奖二等奖 1 项，发表论文 2 篇，其中 SCI 论文 1 篇。

三十、基于 Azamulin 结构改造的妙林类衍生物的合成及其生物活性研究

项目编号：1610322014003　　　　　　　　**起止年月：**2014.01—2015.12
资助经费：32 万元
主　持　人：尚若锋　副研究员
参　加　人：梁剑平　郭文柱　王学红　刘　宇　华兰英
项目摘要：

Azamulin 具有较强的抗耐药菌生物活性，但由于对细胞色素 P450 存在较强的抑制活性而在临床期间被终止开发。本项目主要内容就是在 azamulin 结构及其与 CYP3A4 分子对接研究的基础上，筛选并化学合成 20 种新化合物，经过体外代谢和抑菌活性研究，初步阐明该类化合物对细胞色素 P450 的抑制作用机理，同时筛选出抗菌作用较强，而且对 CYP3A4 抑制活性较小的 azamulin 类似化合物 1~2 种化合物，预期将作为新的动物专用抗菌药物，为进一步的新药研制打下坚实的基础。

项目执行情况：

根据 azamulin 的分子结构，完成了 24 种新型衍生物的分子结构设计和化学合成，并对化合物进行 IR、1H NMR、13C NMR 和 HRMS 结构鉴定。对合成的化合物经体外对耐药的金黄色葡萄球菌和表皮球菌、大肠杆菌和无乳链球菌等进行了最小抑菌浓度测定。结果表明，上述 24 个合成的截短侧耳素衍生物中多数化合物对这四种菌具有较强或中等的抑菌活性。测定最小抑菌浓度（MIC）以及体外抗菌活性，并筛选出较延胡索酸泰妙菌素活性较好的化合物 2 个。完成这 2 个化合物小鼠的急性毒性实验和分子对接研究，并归纳出侧链中杂环上含有亲水基团的化合物生物活性较好。目前，正在进行这两个化合物的体外肝微粒体的代谢和对肝 P450 酶的抑制试验。

创新点及成果：

筛选出 1 个抑菌活性较强、毒性较低的截短侧耳素类衍生物；申报发明专利 2 项；发表 SCI 论文 5 篇。

三十一、新型高效畜禽消毒剂"消特威"的研制与推广

项目编号：1610322014008　　　　　　　　　起止年月：2014.01—2014.12
资助经费：10万元
主 持 人：王　瑜　助理研究员
参 加 人：陈化琦　李　冰　杨亚军　汪晓斌
项目摘要：

应用化学消毒剂消灭畜禽饲养环境中的病原体具有重要意义。当前，随着我国集约化养殖业的迅速发展，畜禽各种疾病特别是病毒性疾病如禽流感、口蹄疫等疫病流行严重，加之，因自然灾害引起的环境污染，人们对能快速有效地杀灭各种细菌，病毒，且对环境无二次污染的新型消毒剂需求日益迫切。而传统兽用消毒剂或杀毒效率差，或毒性较高，或对环境污染严重，已满足不了生产实际的需要。本项目所采用的原料二氧化氯是一种优良的消毒杀菌剂，其杀菌谱广，对细菌、病菌、细菌芽孢、真菌孢子、藻类都具有杀灭作用，其消毒杀菌效果好，用量少，作用快，世界卫生组织（WHO）将它列为A1级安全高效消毒剂。本项目将对"消特威"进行生产工艺研究及其安全性，稳定性研究，完善申报国家三类兽用消毒剂新兽药证书所需要的相关实验，申报取得国家三类兽用消毒剂新兽药证书。

项目执行情况：

完成了"消特威"对细菌繁殖体、芽孢的定性、定量杀灭试验以及载体消毒试验。委托天津市畜牧兽医研究所病毒研究室完成了"消特威"对猪瘟兔化弱毒、猪细小病毒NADL-2株、鸡新城疫病毒（NDV）、鸡法氏囊病毒（IBDV）的定量定性杀灭试验。分别委托国家禽流感参考实验室、农业部兽医诊断中心、国家口蹄疫参考实验室应用"消特威"进行禽流感病毒（H5N1、H9N2）、蓝耳病病毒（NVDC-JXA1株）、口蹄疫病毒（O型乳鼠组织毒）的杀灭试验。委托中国兽医药品监察所完成了"消特威"对鸡支原体的杀灭效果试验。完成了"消特威"现场消毒试验，消毒剂对于特定细菌、自然菌的表面现场消毒、空气消毒、饮水消毒试验。完成了"消特威"消毒效果影响因素温度、有机物、菌种、pH值影响试验。对"消特威"生产工艺进行优化并进行了验证，确定了在兽药GMP车间内规模化生产条件下的工艺规程。完成了"消特威"的药物稳定性，储存安全性试验研究。确定了"消特威"制剂的储存条件及有效期。参考国标HG 3250—2001工业亚氯酸钠、HGT 3779—2005二氯异氰尿酸钠及卫生部2002版《消毒技术规范》中关于二氧化氯的质量检测方法，完成了"消特威"质量标准的修订。完成了"消特威"对雏鸡、小鼠及细胞的安全性试验及毒性实验。在中国农业科学院中兽医研究所药厂消毒剂GMP车间生产了共计800kg的3批样品，报送甘肃省兽药检查所检验和质量标准的复核。将"消特威"的中试产品投放到兰州市周边小型养殖场，收集实验效果的数据。完成了发明专利的申报，正在公示期。补充实验遗漏，整理实验数据，撰写研究论文和报告，准备新药申报材料。

创新点及成果：

发现了一类复合高效活化剂、稳定剂等组成配方，成功研制出新一代高效、广谱、安全、使用方便的 ClO_2 兽用消毒粉剂"消特威"，具有活化率高，纯度高、残留少，稳定性好等的优点。申请国家发明专利 1 项。

三十二、含有碱性基团兽药残留 QuEChERS/液相色谱-串联质谱法检测条件的建立

项目编号：1610322014014　　　　　　**起止年月：**2014.01—2015.12
资助经费：31 万元
主持人：熊　琳　助理研究员
参加人：高雅琴　杨亚军　李维红　杨晓玲

项目摘要：

兽药残留是当今畜产品质量安全风险评估的热点问题之一。抗寄生虫兽药和激动剂类等碱性兽药残留是两类主要的兽药残留，严重影响人体健康和环境安全。随着人们对食品安全的越来越重视，要求不断开发出灵敏度和精确度更高的兽药残留检测新方法。QuEChERS 法作为一种具有快速、简易、廉价、有效、稳定、安全等优点的多残留分析前处理新技术，发展十分迅速，在植物源性和动物源性食品的农药残留检测中初见成效。但由于兽药残留的基质复杂、兽药化学性质各异等问题，该方法在兽药残留检测中的应用还处于探索阶段，主要问题是没有专一性好的、高性能的萃取剂和净化剂。本研究将选择动物肌肉、肝脏、血液等作为研究对象，对碱性的苯并咪唑类和激动剂类等兽药残留检测的 QuEChERS/液相色谱—串联质谱法进行研究，开发出专用的阳离子净化剂，优化出最佳的样品前处理条件和仪器条件，建立快速、低成本的兽药残留检测方法。

项目执行情况：

制备阳离子净化剂，按照设计的实验条件，摸索和优化 QuEChERS 法前处理牛羊肌肉和肝脏中 β-激动剂残留的条件，建立 QuEChERS/液相色谱—串联质谱法，得到评价该方法的技术指标：加标回收率（高中低三个水平）、相对标准偏差、最低检出限（以信噪比（S/N）≥3 计）和定量限（以信噪比（S/N）≥10 计）等，评价该方法在不同的基质影响下的有效性。建立了牛肉、羊肉、羊肝和牛肝等基质中 13 种苯并咪唑类药物残留的 QuEChERS 检测方法。按照 3 个加标浓度（10、50 和 $100\mu g/kg$）对不同基质的样品的回收率、相对标准偏差、最低检出限和最低定量限等评价指标作了验证，该方法适合于以上 4 种基质中 13 种苯并咪唑类药物残留的检测，具有准确度高、灵敏度较好、最低检出限低等优点。初步研究了 QuEChERS 法前处理牛羊肌肉和肝脏中苯并咪唑类兽药残留的条件，评价该方法在不同的基质影响下的有效性。筛查了甘肃省主要牛羊肉产区张掖、平凉和甘南等地区的牛肉和羊肉样品当中常见 β-受体激动剂类药物残留，未发现测试样品中有阳性样品，抽样样品未发现相关的 β—受体激动剂类药物残留。

创新点及成果：

首次利用制备的阳离子净化剂 DVB-NVP-SO3Na 首次用来对肉品中残留的 β-激动剂和

苯并咪唑类药物残留进行净化，并优化了净化剂的用量，洗脱剂的用量等条件。建立起来的方法具有简单方便、准确度高、灵敏度高的优点。申请国家专利8项，发表论文5篇，其中SCI论文2篇。

三十三、阿司匹林丁香酚酯降血脂调控机理研究

项目编号：1610322015013　　　　　　　　起止年月：2015.01—2015.12
资助经费：10万元
主　持　人：杨亚军　助理研究员
参　加　人：李剑勇　刘希望

项目摘要：

针对兽医临床对抗感染药物的需求，依据结构拼合的前药原理，设计合成了新型药用化合物阿司匹林丁香酚酯（AEE），其在体内可水解为阿司匹林和丁香酚，协同发挥作用。前期研究表明，AEE具有潜在的降血脂作用。本项目拟通过高脂日粮诱导大鼠的高脂血症病理模型，以阿司匹林、丁香酚、阿司匹林+丁香酚（摩尔比为1：1）等为对照，明确AEE的降血脂作用；采用体外胰脂肪酶抑制活性检测和虚拟分子对接，末端限制性酶切片段长度多态性分析，和基于LC-MS联用的代谢组学技术等手段，以期从AEE对胰脂肪酶的活性抑制，对肠道菌群结构的影响与调节，和对血清内源性代谢物和代谢通路的影响与调节等3个不同层面，探讨AEE的降血脂调控机理及作用位点，并阐明AEE与阿司匹林和/或丁香酚作用机理的差异。为将AEE开发成动物专用的降血脂药物奠定基础，也为其他药物的作用机理研究提供新思路和新方法。

项目执行情况：

以高脂日粮成功复制了大鼠高脂血症病理模型，相比于模型组，低、中、高剂量的AEE对TG、TC和LDL等指标都有显著的改善作用，而且高剂量的AEE对HDL也有显著的改善作用。AEE的降血脂作用，也优于对照药物阿司匹林、丁香酚、阿司匹林+丁香酚（摩尔比为1：1）、辛伐他丁等。在实验条件下，AEE对大鼠高脂血症的最佳给药方案为54 mg/kg，灌服给药，每日一次，连续给药5周。另外，建立了基于液相色谱—精确质量飞行时间质谱的血清代谢组学研究方法，对大鼠的盲肠微生物菌群组成进行了16S rDNA检测，为后续的AEE降血脂调控机理研究奠定了基础。

创新点及成果：

成功复制了大鼠高脂血症病理模型，进一步确认了AEE的降血脂作用，发现高剂量的AEE（54 mg/kg）能够显著改善高脂血症大鼠的所有血脂指标，为后续的调控机理研究奠定了基础。发表论文2篇，其中SCI论文1篇。

第三节　中兽医（兽医）学科

一、纯中药复方"禽瘟王"新制剂的研制

项目编号：BRF070401　　　　　　　　　　　起止年月：2007.01—2009.12
资助经费：49 万元
主 持 人：李锦宇　助理研究员
参 加 人：郑继方　潘　虎　汪晓斌　朱海峰　陈化琦

项目摘要：

"禽瘟王"系研究所科技人员运用中兽医扶正祛邪和异病同治的辨证论治理论，结合现代免疫学机理研制而成的中药复方制剂，经实验室、临床实践和推广应用证实，该产品是目前预防和治疗禽霍乱、传染性法氏囊病、雏鸡白痢、传染性喉气管炎及肠炎、腹泻等传染病的高效制剂。本研究旨在对"禽瘟王"制剂工艺进行优化选择，研制具有安全、高效，实用方便，见效快的新制剂，进行新制剂的工艺、稳定性、毒理、药理学、临床实验及验证试验的研究以及新制剂的质量标准制定。最后完成该药申报工作，获得新药证书和生产批文。

项目执行情况：

收集整理国内外参考文献和原有研究资料，对原有处方进行分析，优化了原有处方，对其质量标准进行制定并进行了修订。对"禽瘟王"制剂生产工艺进行优化和验证；购进处方中药 1 000kg，在 GMP 车间生产了 3 批制剂；报送甘肃省兽药监查所检验和质量标准的复核。开展了新制剂的体外抑菌试验及毒理学试验、药效学研究和对机体免疫的研究、制剂的稳定性试验。与具有药品临床验证资格的西南大学签订了该药的临床验证试验合同，对临床验证方案进行了确定，并向甘肃省农牧厅申请备案。补充实验遗漏，整理实验数据和数据，准备新药申报，并获受理。根据初评意见重新修订质量标准，增加了显微图谱和薄层鉴别。按新修订的质量标准重新做了稳定性试验和亚慢性毒性试验。根据二审意见进行重新补充修订"禽瘟王"制剂质量标准，增加了苦参的薄层鉴别和原有鉴别的重新修订；开展"禽瘟王"制剂对本体动物毒性试验。整理实验数据和数据，撰写报告，准备新药申报补充材料并上报。

创新点及成果：

研制出具有预防和治疗禽霍乱、传染性法氏囊病、雏鸡白痢、传染性喉气管炎及肠炎、腹泻等传染病的安全、高效，实用方便，见效快的新制剂，完成该药申报工作，获得了新药证书和生产批文。

二、狗经穴靶标通道及其生物学效应的研究

项目编号：BRF060301　　　　　　　　　　**起止年月：**2007.01—2009.12

资助经费：61 万元

主 持 人：杨锐乐 副研究员　 王东升 研究实习员

参 加 人：罗超应　胡振英　李锦宇　郑继方　秦　哲

项目摘要：

针刺或药物的刺激信息通过经穴进入机体，与经络架构的运载系统，构成了一个完整的调节体系。而国内外已有的研究方法，大多是采用在体内寻找解剖成分去诠释整体的高级功能，脱离了中兽医药学理论支撑，违背了中兽医学整体观原则，割裂了作用的靶标系统，肢解了经络的运载功能，因而步履维艰，难有建树。本项目拟将药物与经穴靶标通道有机结合，从动态的视角观察其传导轨迹，尤其是经穴靶标调控的机制。在前期不同药物于不同经穴位注射的药效分析中发现，穴位注射除具有良性双向调节作用外，其不同穴位注射及不同药物的作用均有一定的特异性。在此基础上，该项目拟进一步通过凝炼药物与经穴靶标通道相互作用等关键技术，泛化传统观察研究，精细现代定位实验，旨在揭示其经穴靶标通道的调控规律，解读药物作用于经穴靶标通道的量效特征及其调控机理，从而破解药物的经穴通路和调节途径。以期为药物的升降浮沉，搭建经络靶标的效应性平台；为临床治疗药物的性味归经，提供经络理论性支撑。

项目执行情况：

以狗为载体，首先观察药物和针刺等刺激讯号对胃经、心经的不同经穴靶标通道的影响。并以微电子技术同步检测胃、心的生物电活动，作为实验本底，观察胃经与心经俞穴的优势药理效应，从而比对不同经穴的药效学差异，以期评价经穴——脏腑的相关性。以实验本底为平台，选择白术、柴胡等已知性味归经的中药，于胃经、心经相应的俞穴上输注，以观察药物与经穴相互作用的量效关系，并同步检测胃、心脏腑的生物电活性，以比对药物归经的通路与途径。完成经穴靶标通道的神经阻断剂研究：在 10 只狗上，将白术与柴胡制剂于胃经的"足三里"与心包经的"内关"穴上注射，以胃电、血细胞及血气分析等为指标，以经典药理学技术为支撑，分别采用 α、β、M 和 N 等已知神经受体阻断剂，通过其对胃经穴与心包经穴药效学影响及其作用特点的认识与分析，研究经穴靶标通道的调节机制与作用途径。完成气分症模型的穴位注射药效学特点认识：在 10 只狗上，完成白术与柴胡于狗的胃经"足三里"穴与心包经"内关"穴注射时的药效学特点及其对机体免疫功能调节影响的比较分析，以评估经穴靶标通道及其调控机理的免疫学物质基础及机理。

创新点及成果：

本项目通过研究中兽医药学多靶点效应与经络靶标通道的相关性，从更深层次探讨了经穴靶标的物质基础和调控机制的存在。首次在狗上进行了不同穴位注射对 15 种血细胞指标、12 种血气及胃体部与胃窦部体表胃电图的影响研究，初步揭示穴位较非穴点具有较高的双向调节作用，且不同穴位的作用有所不同。探讨了药物作用于经穴靶标通道的量

效特征及其调控机理，为进一步研究狗经穴靶标通道的生物学效应奠定了基础。发表论文1篇。

三、奶牛子宫内膜炎治疗药"宫康"的研制

项目编号：BRF060402　　　　　　　　　　起止年月：2007.01—2009.12

资助经费：56万元

主　持　人：苗小楼　助理研究员

参　加　人：杨耀光　苏　鹏　焦增华　王　瑜

项目摘要：

奶牛子宫内膜炎是导致奶牛繁殖障碍的主要疾病之一，在我国奶牛群中极为常见、多发，发病率为10%～30%，严重影响奶牛业发展。治疗奶牛子宫内膜炎的方法主要有抗菌素、化药、中草药、针疗法、激光疗法，但以前三种最为常用。长期反复使用化学药物和抗生素，使病原体对药物产生了耐药性，降低了药物的临床疗效，致使奶中抗生素的残留增加，影响食品安全和公共卫生安全，对消费者的身体健康带来了极大的潜在性为害。"宫康"是研究所长期研究奶牛疾病形成的用于治疗奶牛子宫内膜炎的新中药制剂，实验室和临床实验均表明该药治疗效果显著。依据新兽药申报资料要求，项目计划完成该药工艺研究、稳定性研究、质量标准研究，需国家认定资格的单位完成该药临床实验、药物代谢、药物残留等研究，最后完成该药申报工作，获得新药证书和生产批文。

项目执行情况：

对子宫内膜炎治疗药"宫康"所用药材进行了鉴定，鉴定结果是试验用益母草为唇形科植物益母草的干燥地上部分，黄连为毛茛科植物黄连的干燥根茎，并将鉴定的药材作为标本。采用均匀设计法对"宫康"生产的工艺进行了优化，影响"宫康"质量的因素是煎煮时间和静置时间，分为5个时间段考察其最佳煎煮时间和静置时间。采用薄层色谱法对"宫康"的有效成分进行鉴别，结果显示所用方法分离效果好，斑点明显。并采用液相色谱法测定其中有效成分的含量，结果小檗碱线性范围为 $20.2 \sim 181.8 mg/L$（$r=0.999\,9$，$n=5$），平均回收率99.71%，$RSD=0.32\%$（$n=6$）。中试产品的刺激性实验选用健康家兔进行滴眼试验，结果显示该药无刺激性。分别开展了"宫康"的中试生产、临床疗效验证试验、质量标准复核、急性毒性试验、长期毒性试验、长期稳定性试验等，申报材料整理和上报农业部新兽药评审中心。

创新点及成果：

完成了奶牛子宫内膜炎治疗药"宫康"的制剂工艺研究、稳定性研究、毒理药理研究以及临床试验研究，现已经完成了中兽药三类二新兽药申报的所有试验，整理完成申报资料并已经上报兽药评审中心。发表论文5篇，申请专利2项。

四、益生菌发酵黄芪党参多糖研究

项目编号：BRF060302　　　　　　　　　　起止年月：2007.01—2009.12

资助经费：57 万元

主 持 人：李建喜 副研究员

参 加 人：王学智　孟嘉仁　张　艳　荔　霞

项目摘要：

拟利用微生物反应器原理、天然药物生物转化和药物分析技术，从蛋鸡肠道中分离正常菌群，用含有中药党参和黄芪的培养基筛选、纯化、训化和诱变，以获得可用于发酵党参黄芪多糖的肠道有益菌种，并结合酵母和其他真菌发酵特性，研究可用于发酵中药的混合菌群组方；模拟并建立所获菌种或菌群发酵中药的基本条件，进行发酵试验研究，通过分析发酵产物成分的改变和生物活性水平，确定肠道有益菌发酵中药多糖的技术路线；利用所获菌种（群）和实验发酵技术路线，建立鸡肠道有益菌发酵中药的工艺，研制 1~2 种中药多糖新型制剂或产品。

项目执行情况：

从鸡肠道内容物中分离出了混合菌，通过常规培养获得 4 组细菌群；然后用含有黄芪、党参提取物和 100 目中药颗粒的 GAM 培养基分别传代培养，经多次纯化、筛选出可稳定增殖的菌种分别有 9 种和 6 种，菌群 4 组。对已获得的有效发酵菌种包括混合菌和单菌株共 15 个，先用紫外线短时间照射再传代培养，再逐渐增加培养基中黄芪和党参提取物含量的方法传代培养，达到诱导和驯化的目的，分别获得了四个高效菌株 FGM1 和 FGB4、C6BF20 和 C4M50F8 用于黄芪和党参多糖发酵，可使黄芪发酵产物中总多糖水平升高 164% 和 170%，党参发酵产物中总多糖水平升高 90% 和 130%。对初期建立的发酵模型，从酸度、温度和培养时间三个方面分别进行了三因子多水平重复试验，确定了发酵的最适试验条件。以多糖增加量和产率为评估指标，利用神经网络和 MATLAB 法试验、筛选，实验确定后期增量发酵实验的培养基组成成分和营养配比。神经网络和遗传算法可显著减少培养基组分的筛选步骤，试验中在 20 步内就已能确定各组分比率，大大减少了人工量。利用紫外诱变和药物浓度递增法对有效发酵菌种进行诱变和驯化，可改善菌种的发酵性能。在前期研究基础上，对所获得对黄芪党参等中药多糖有效、发酵性能良好的菌群进一步筛选和纯化。加入酵母等其他有益菌混合使用，确定中药多糖发酵的单一发酵菌 2 个，混合发酵菌的组方 3 个。完成发酵液中药物和细菌成分、生物学活性、种类和结构的分析，并对肠道有益菌发酵中药机理的初步阐述。在发酵过程中，不断驯化、纯化和诱变高效的发酵菌株，使其发酵性能得到稳定，以适应发酵放大实验，建立了优势发酵菌株的发酵工艺路线，研制出了发酵的中药多糖相关的 3 种产品。

创新点及成果：

确定了用于中药多糖发酵的益生菌 4 株和混合菌群 1 个；研制出了党参、黄芪多糖发酵新型饲料添加剂 4 个；建立了中药多糖的有益菌或菌群生物发酵新技术体系；建立了益生菌发酵中药黄芪党参生产工艺路线各 1 条。发表论文 7 篇。

五、畜禽铅铬中毒病综合防治技术研究

项目编号：BRF070303　　　　　　　　　起止年月：2007. 01—2009. 12

资助经费：57 万元

主 持 人：荔　霞　助理研究员

参 加 人：齐志明　刘世祥　董书伟

项目摘要：

畜禽铅中毒病综合防治技术的研究，对于生态环境的改善，畜禽产品的安全，经济的发展以及人类的健康都将具有重要意义。本项目拟在前期研究工作基础上，以重金属铅为研究对象，通过全面调查畜禽铅等重金属中毒病流行病学及综合分析发病原因，检测畜禽体内外环境重金属元素含量，制作组织病理切片，分析生化指标卟啉代谢产物（尿 δ-氨基乙酰丙酸，δ-ALA；血 δ-氨基乙酰丙酸脱水酶，δ-ALAD）以及血红蛋白含量和成分，并进行综合防治技术研究。

项目执行情况：

选择甘肃省陇南、白银、金昌、河西走廊牧区等地为试验点，并对畜禽重金属铅中毒病进行调查；采集环境及畜禽样本，并检测重金属元素含量。构建铅中毒小鼠动物模型，确定造模剂量和周期；开展铅中毒小鼠药物防治试验研究，筛选出一组防治药物。完成动物生存环境修复措施研究采样任务；建立绵羊铅中毒病药物防治试验方案及技术路线。进行动物生存环境修复植物样本实验室重金属铅含量分析，筛选出几种项目试验区环境污染修复植物；试制动物饮水计量给药装置；建立绵羊铅中毒试验模型，开展防治药物本动物试验，确定已筛选药物的解毒效果及最佳剂量。进行试验数据统计分析；完善动物饮水计量给药装置专利申报材料；编写畜禽重金属铅中毒病综合防治技术规范。

创新点及成果：

在甘肃范围内的铅锌矿区及冶炼厂区全面调查畜禽铅中毒病并作病因学分析，结果表明试验区域部分环境样品及动物机体重金属元素 Pb、Cd 均超标或严重超标。综合临床症状、组织病理学变化、血细胞分析、理化指标以及铅元素含量检测结果等发现，复方中药联合螯合剂防治畜禽铅中毒病效果较好。构建铅中毒动物模型、筛选动物铅中毒防治药物及环境修复植物、开展本动物试验，为相关重金属及家畜铅中毒病综合防治措施研究提供数据。制定家畜铅中毒病综合防治技术规范。发表论文 6 篇。

六、奶牛子宫内膜中抗菌肽的分离、鉴定及其生物学活性研究

项目编号：BRF070305　　　　　　　　　　起止年月：2007.01—2007.12

资助经费：25 万元

主 持 人：王东升　研究实习员

参 加 人：严作廷　谢家声　李世宏　梁纪兰

项目摘要：

天然抗菌肽是一种安全的绿色制剂，分离纯化奶牛子宫内膜中天然抗菌物质，用于治疗和预防奶牛子宫疾病，提高奶牛的生产性能，这不仅有利于增加养殖农户的收入，也有利于畜产品的安全。本研究拟通过对奶牛子宫内膜中天然抗菌肽的分离、提取和鉴定技术的研究，筛选 1~2 种具有较高抗菌活性的抗菌肽，完成其抗菌肽分子量、N-氨基酸序列

测定。

项目执行情况：

（1）通过对奶牛子宫内膜中抗菌肽粗提物的制备、凝胶电泳、反向高效液相色谱法、Tricine-SDS-PAGE 分析、琼脂糖弥散法检测抗菌活性等方法对抗菌肽进行分离鉴定，筛选出 1~2 种具有较高抗菌活性的抗菌肽，确定抗菌肽分离提取和鉴定的最佳方法和条件；（2）开展纯化抗菌肽分子量、N-氨基酸序列测定，明确其分子量和 N-氨基酸序列，为抗菌肽基因片段的 PCR 扩增和体外表达等奠定基础；（3）初步开展抗菌肽防治奶牛子宫疾病的临床治疗试验研究，评价其治疗效果。其最终目标是开发出 1 种用于奶牛疾病治疗的抗菌肽类新制剂，并申报国家专利，同时为抗菌肽的体外表达和体外大量生产奠定基础。

创新点及成果：

制订了抗菌肽分离纯化的技术路线；在兰州等地采集奶牛子宫 5 个，进行了奶牛子宫内膜黏液和子宫内膜酸溶性粗提物的制备以及抗菌活性的研究，摸索出了子宫内膜黏液和子宫内膜酸溶性粗提物的制备和分离纯化方法。

七、中兽药防治犬腹泻症的研究

项目编号： BRF070404　　　　　　　　　　**起止年月：** 2007.01—2007.12

资助经费： 25 万元

主 持 人： 陈炅然　副研究员

参 加 人： 谢家声　崔东安　严作廷

项目摘要：

以当前危害犬最严重的以腹泻为主证的犬疫病（如犬瘟热（消化型）、细小病毒性肠炎等）为研究对象，运用中兽医学的理、法、方、药，进行辨证论治，以"同病异治，异病同治"的理论为指导，遵循中药方剂的组方配伍原则，采用清热败毒、清肠止痢为治则，选用黄芪、栀子、地榆、枳壳、当归、甘草、竹茹、半夏多味中药组方，进行相关药效学研究，进行中药复方的筛选与优化，制备适宜剂型，进行复方药效学、毒理学、药理学研究及安全性评价，制订中药复方的生产工艺及质量标准，开展临床药效试验及区域性扩大试验，预期研制出一种抗病毒、高效无毒、质优价廉、环保的复方中药制剂，用于由犬瘟热（消化型）、细小病毒性肠炎等导致的病毒性腹泻证的防治。

项目执行情况：

防治犬腹泻症临床疗效试验结果表明，治愈率 91.1%，临床疗效为最佳；急性毒性及蓄积性毒性试验表明，中药复方痢克实际无毒性，经连续 20 d 给药后，对小白鼠的增重效果不显著。痢克体外抗病毒实验结果表明，痢克复方制剂细胞毒性低，在体外有很好的抗病毒效果；在安全范围内，抗病毒效果与浓度呈正比关系，抗病毒效果与给药方式相关，其中以预防给药效果最为理想；临床有效剂量痢克 15mL/kg 对小鼠小肠运动具有推进作用，痢克有效的抑制小肠蠕动，可有效调节病毒感染的试验犬的白细胞和红细胞的恢复及调节患犬的溶菌酶分泌量，中药复方痢克可通过调节机体非特异性免疫功能，而调节机体抗病能力。对犬血清 INF-γ 活性的影响的实验研究表明，中药复方痢克调节病理状态下患犬的 INF-γ 的分泌量，提示中药复方痢克可通过调节机体的先天免疫应答反应而调节机体免疫防御能力，从而提升机体的抗病能力；中药复方痢克对实验性犬细小病毒的疗效试验研究表明，中药复方痢克在消除胃肠道炎症、降低体温、减慢心率、促进白细胞总数回升、胃肠道止血和减低体重消耗等方面有明显治疗作用，效果优于西药组，疗程也较西药组短；中药复方痢克治疗犬病毒性肠炎的临床疗效试验研究表明，痢克疗效确切，收效快捷，疗程短，治愈率高，且具有很好的重复性，具有很好的开发前景。本研究以当前危害犬最严重的以腹泻为主证的犬疫病为研究对象，运用中兽医学的理、法、方、药及"同病异治、异病同治"的理论为指导，将中兽医辨证施治与现代兽医学诊断相结合，利用现代科学技术方法研制出一种纯天然中药制剂，用于该类疫病的防治。

创新点及成果：

本研究成果可用于防治当前危害犬最严重的多种犬疫病导致的犬腹泻症，降低因该类疾病造成的犬病死率，促进环保动物药品的开发。发表论文 3 篇，申请专利 1 项。

八、奶牛乳房炎病乳中大肠杆菌病原生物学特性及其毒素基因的研究

项目编号：BRF070304　　　　　　　　　　起止年月：2007.01—2007.12
资助经费：30 万元
主　持　人：徐继英　副研究员
参　加　人：李宏胜　罗金印　李新圃　陈化琦

项目摘要：

由于奶牛乳房炎的致病因素十分复杂，至今仍未能研制出令人满意的防治药物和疫苗。目前，我国大部分地区由致病性大肠杆菌引起的奶牛乳房炎有上升趋势。本项目拟采用传统血清学方法和现代分子生物学方法相结合，通过调查我国部分地区奶牛乳源大肠杆菌血清型分布状况；了解大肠杆菌优势血清型菌株对常见抗菌素的耐药情况及致病性情况；研究大肠杆菌毒素基因的分子流行病学状况，可查明奶牛病乳中致病性大肠杆菌的传播流行规律；探究大肠杆菌致病性与其毒素基因分子流行病学之间的关系；填补我国兽医界在奶牛乳源大肠杆菌毒素基因分子流行病学研究方面的空白。本研究对于明确奶牛病乳中大肠杆菌的传播流行规律，评价其危害性，研制高效的疫苗和药物，更好的预防和治疗大肠杆菌型乳房炎，具有非常重要的意义。

项目执行情况：

在我国部分地区选择有代表性的奶牛场和奶牛养殖户作为试验点，用奶牛隐性乳房炎诊断液（LMT）先后对兰州、成都、重庆、贵州、大理、呼和浩特等地的 10 个奶牛场和奶站的 1 300 头泌乳牛进行了奶牛隐性乳房炎发病情况的调查检测，根据统计结果发现，泌乳牛隐性乳房炎头阴性率为 22.5%，头阳性率为 73.2%，头临床型乳房炎发生率为 4.2%；乳区阴性率为 59.6%，乳区阳性率为 39.4%，乳区临床型乳房炎发生率为 1.1%。同时采集奶牛临床型及隐性乳房炎奶样 280 份，在实验室进行了大肠肝菌的细菌分离及纯化工作，然后用 14 种肠杆菌科生化鉴定培养基进行生化鉴定，共分离鉴定出大肠杆菌菌株 43 株，并对分离鉴定的菌株进行冻干保存，以备后续试验用。对北京、包头等地的 5

个奶牛场和奶站的 1 000 头泌乳牛进行了奶牛隐性乳房炎发病情况的调查检测，同时采集临床型或隐性乳房炎奶样 380 份，进行大肠杆菌的细菌分离与生化鉴定工作。

创新点及成果：

首次对我国部分地区奶牛场和奶牛养殖户因大肠杆菌引起的临床型和隐性奶牛乳房炎的发病情况进行调查。

九、Asia1 型口蹄疫病毒宿主转换及致病毒力分子基础的研究

项目编号：BRF070306 　　　　　　　　　　　**起止年月**：2007.01—2009.12
资助经费：39 万元
主 持 人：郑海学 助理研究员
参 加 人：尚佑军 孙世琪 郭建宏 靳 野 王光祥 常艳艳 刘湘涛
项目摘要：

为揭示猪源 Asia1 型 FMDV 宿主转换（变异）以及毒力的分子基础，在细胞或动物体内筛选出生物表型差异大（一株是强致病性，另一株是不致病/不复制或复制低）的毒株，测定该病毒全基因组序列，并确定其遗传地位和进化关系，找出含有核苷酸序列差异的基因；然后建立该毒株的反向遗传系统，借此构建含有变异基因的重组病毒，测定其生物学特性，并与亲本毒比较，确实该基因的在猪源 Asia1 型 FMDV 中的功能；在 cDNA 水平上对变异基因进行定点突变，拯救含有突变点的病毒，证实功能相关位点，来阐明病毒宿主转换和毒力的分子基础。借助表达变异基因与宿主细胞的相互作用，找出靶细胞因子，并分析它们之间的相互调控，揭示出宿主转换以及毒力的分子基础，对研究病毒致病的分子机制具有重要的科学意义，为防制和消灭 Asia1 型 FMDV 提供理论和实验依据，为研制高效疫苗、抗病毒靶标设计以及免疫佐剂等提供一定的理论参考。

项目执行情况：

测定了猪源和牛源 Asia1 型 FMDV 全长基因组序列，并进行了差异比较，确立病毒遗传地位和演化关系，查明基因序列差异。通过嗜斑筛选，筛选出大斑和小斑毒株，测定并比较了全基因组序列，也表明大斑毒株的受体结合位点是 RDD 和 RSD，小斑的毒株是 RGD。并发现缺少和变异毒株（识别受体位点变异为—GGD）。建立了猪源 Asia1 毒株的高效拯救系统。制备了含有 RGD、RDD 和 RSD 基序的病毒并比较它们的生物学差异，将含有 RGD、RDD、RSD 基序的 Asia1 型 P12A 基因置换其相应的编码区域，构建得到了 3 个重组质粒 prAsia1/P12A-RGD/RDD/RSD-FMDV，经脂质体介导转染 BHK-21 细胞后可观察到典型的细胞病变效应，对收获的病毒进行鉴定后，结果说明拯救病毒获得成功，同时对 3 株嵌合病毒进行了主要生物学特性的比较。开展上述病毒对不同整联蛋白利用率的试验，目的查明上述表型差异的分子基础。

创新点及成果：

已经查明并证实功能相关基因，初步阐明 Asia1 型 FMDV 宿主转换以及毒力的病毒方面的分子基础。为防制 FMD 提供理论支持和实验数据，是有效控制和消灭 FMD 研究的途径，还能为研制高效疫苗、抗病毒靶标设计以及免疫佐剂等提供一定的理论参考。这些都

将带来难以估量的潜在社会效益。发表文章 SCI 文章 3 篇，核心期刊 10 余篇。

十、动物病毒性肝炎病原生物学研究

项目编号：BRF070307   **起止年月**：2007.01—2009.12
资助经费：39 万元
主 持 人：兰　喜　助理研究员
参 加 人：尚佑军　孙世琪　郭建宏　靳　野　王光祥　常艳艳　刘湘涛
项目摘要：

本研究旨在通过对动物肝炎病毒进行流行病学调查、病原分离、病原生物学特性研究、基因组序列解析和基因功能的研究，从分子水平上阐释动物肝炎病毒的遗传衍化规律及其与人肝炎病毒之间的相关关系，为动物病毒性肝炎的防制及人畜健康、公共卫生和食品安全提供理论依据和技术支撑。采集不同地区不同年龄的猪、牛和羊等动物血清，检测 HBV 及 HEV 等动物肝炎病毒抗体，阐明动物病毒性肝炎的流行状况及其与人病毒性肝炎的相关关系。分离相关的动物病毒性肝炎病原体，初步进行病原生物学特性研究。以获得的病毒性肝炎病原体为研究材料，进行 HEV 等病毒性肝炎病原的基因组序列解析，从分子水平上研究动物肝炎病毒的遗传衍化规律及其与人肝炎病毒之间的相关关系。在基因组序列解析的基础上，初步进行 HEV 等动物肝炎病毒功能基因的表达、分子生物学特性研究和诊断学研究。以获得的动物病毒性肝炎病原体及其基因组序列为研究材料，初步进行人畜共患感染研究，进一步探讨动物病毒性肝炎与人病毒性肝炎的相关关系。

项目执行情况：

（1）从福建、四川、湖北、安徽、江西、宁夏回族自治区、甘肃、青海共 8 个省批量采集分离猪血清 5 100 余份、羊血清 312 份、牛血清 172 份。进行了戊肝和猪类乙型肝炎病毒的血清学调查，结果显示，猪类乙型肝炎阳性率达 0.5%～5%，且多为弱阳性，猪戊型肝炎病毒抗体阳性率高达 69%，羊戊型肝炎病毒抗体阳性率高达 18%，牛戊型肝炎病毒抗体阳性率达 23.8%。初步获得了我国东、南、西和中部地区区域性戊型肝炎和猪类乙型肝炎病毒血清流行病学资料。

（2）获得了 5 株猪戊型肝炎病毒，并克隆了 3 株 swHEV 衣壳蛋白序列，克隆了 swCH189 株全部基因组序列（登录号为 FJ610232），该病毒株属于基因 4 型。

（3）建立了猪戊型肝炎病毒的 RT-LAMP 和 RT-PCR 特异性诊断方法，其检测滴度分别可达到 9 和 $9×10^2$ 个 cDNA 拷贝；并初步建立了猪类乙型肝炎病毒 PCR 检测方法，检测滴度可达到 $9×10^4$ 个 cDNA 拷贝，为从基因水平检测自然感染的活病毒提供了技术储备。

（4）构建了一株 swHEV 衣壳蛋白基因表达载体，表达出了具有抗体结合活性的重组蛋白，并且获得了 5 株单克隆抗体。目前正在建立 ELISA 诊断试剂盒，其他相关研究正在进行。

创新点及成果：

研究成果对与从分子水平上阐释动物肝炎病毒的遗传衍化规律及其与人肝炎病毒之间

的相关关系具有重要意义，可为动物病毒性肝炎的防制及人畜健康、公共卫生和食品安全提供理论依据和技术支撑。本项目的创新之处在于建立了猪戊型肝炎病毒的 RT-LAMP 和 RT-PCR 特异性诊断方法，该系列检测方法灵敏、简便，对戊型肝炎病毒的诊断和分子流行病学诊断具有极为重要的意义。共发表论文 7 篇，其中 SCI 论文 1 篇，中文核心期刊 3 篇。

十一、猪带绦虫突破宿主黏膜屏障的关键分子研究

项目编号：BRF070308　　　　　　　　　　起止年月：2007.01—2009.12

资助经费：39 万元

主 持 人：骆学农 副研究员

参 加 人：郑亚东 郭爱疆 窦永喜 侯俊玲 张少华

项目摘要：

猪囊虫病是由猪带绦虫的幼虫—囊尾蚴引起的重要人畜共患寄生虫病，不仅造成养猪业巨大经济损失，还严重威胁人类健康，是世界公认的社会、政治、经济病。本项目拟构建激活和非激活状态下，六钩蚴的抑制消除杂交 cDNA 文库，获得在激活六钩蚴中特异表达的阳性克隆；借助生物信息学技术初步筛选与入侵过程有关的重要功能分子的 ESTs，进而获得其完整的核酸序列；将该关键分子在体外进行表达及活性分析；进而用针对关键蛋白的抗体封闭激活的六钩蚴，体外研究对六钩蚴形态、活力以及行为的影响。同时，设计并合成该入侵关键分子干扰性小 RNA 分子，利用浸泡（soaking）技术沉默该关键分子在激活六钩蚴中的表达，观察该分子沉默后对六钩蚴活性、形态以及行为的影响。在明确其功能的基础上，构建含有入侵关键分子的重组减毒沙门氏菌口服疫苗，评价其对猪体的免疫保护作用。因此，猪带绦虫突破宿主黏膜屏障关键分子的研究，对阐明其侵袭的分子机制、设计新型疫苗及生化药物预防和控制猪带绦虫的感染都具有重要意义。

项目执行情况：

（1）构建了猪带绦虫六钩蚴的 cDNA 文库：收集成熟的猪带绦虫虫卵，利用次氯酸钠破壳并激活六钩蚴。提取猪带绦虫六钩蚴 RNA，构建其 T7 噬菌体展示肽库。所构建的六钩蚴文库的容量在 107 以上，插入的外源片断在 350～2 000bp 之间。

（2）通过以下研究初步证明 TSOL18 为六钩蚴阶段的关键抗原分子：一是对构建的噬菌体肽库进行随机挑斑鉴定，筛选 10 个 400～1 500bp 之间插入片断的阳性克隆进行测序，结果有 3 个序列与猪带绦虫六钩蚴的 TSOL18 基因 100% 同源；二是用猪小肠组织对构建的六钩蚴噬菌体肽库进行了筛选，经过三轮亲和筛选之后，对富集文库进行挑斑并克隆测序，结果从文库中也筛出了 TSOL18 基因，表明 TSOL18 可能在猪带绦虫六钩蚴入侵宿主小肠时发挥了重要的作用；三是文库噬菌体灌服小猪后，选择小肠的不同部位洗涤、测序，发现黏附在小肠黏膜上的噬菌体颗粒中也有 TSOL18；四是猪带绦虫攻击感染后不同时间采血，分离血清，用重组 TSOL18 作为包被抗原，ELISA 检测其抗体消长规律，发现在感染 7d 左右 TSOL18 抗体水平达最高；五是用大肠杆菌或酵母表达的重组 TSOL18 抗原免疫猪，均能抵抗猪带绦虫虫卵的攻击感染，说明 TSOL18 可能在其入侵中起重要作用。

（3）TSOL18 的表达及单克隆抗体的制备：构建了 TSOL18 原核表达载体，并在大肠杆菌中进行了高效表达和纯化，用纯化的表达产物免疫小鼠，建立了分泌 TSOL18 单克隆抗体的杂交瘤细胞株，为近一步采用抗体封闭技术研究 TSOL18 的生物学功能奠定了基础。

（4）猪带绦虫六钩蚴 TsoL18 重组鼠伤寒沙门氏菌疫苗株的构建：克隆并改造 TsoL18 基因，构建重组质粒 pYA3341-TsoL18 并最终转入鼠伤寒沙门氏菌终宿主菌株 X4550，体外鉴定重组菌 X4550（pYA3341-TsoL18）的稳定性、生长曲线、安全性和表达蛋白的免疫原性。结果证明，重组菌 X4550（pYA3341-TsoL18）在体外表达具有反应活性的重组蛋白；小鼠和猪体免疫实验证实，重组菌安全可靠，而且能刺激机体产生特异性抗体。下一步将对口服重组菌株抵抗猪带绦虫六钩蚴突破宿主小肠黏膜屏障时的免疫保护效果进行评价，为进一步研究 TSOL18 在猪带绦虫突破宿主黏膜屏障中的作用奠定基础。

创新点及成果：

（1）获得与六钩蚴突破宿主小肠黏膜密切关联的关键分子的完整核酸序列。（2）阐明该关键分子的功能和作用机制，为进一步搞清猪带绦虫六钩蚴的侵袭机理，设计新的抗绦虫感染药物以及新型防治策略的制定提供理论基础。（3）初步明确该关键分子在宿主黏膜免疫中的作用。发表 2 篇 SCI 文章。

十二、犬瘟热病毒（CDV）野毒株与疫苗株的抗原差异研究

项目编号： BRF080302　　　　　　　　　**起止年月：** 2008. 01—2010. 12
资助经费： 47 万元
主 持 人： 王旭荣 助理研究员
参 加 人： 王小辉

项目摘要：

犬瘟热是由犬瘟热病毒（CDV）引起的急性、高度接触性传染病。CDV 可引起犬科、灵猫科、浣熊科等多种动物感染，发病率高，病死率为 30%～100%，严重威胁世界养犬业、毛皮动物养殖业和野生动物保护，甚至从患 Paget's 的病人体内检出 CDV 核酸。基于 CDV 的变异、国产疫苗有效免疫时间短而进口疫苗价格昂贵且有垄断趋势、弱毒苗对特种动物和野生动物的不安全性等问题，本项目拟采用 RT-PCR、基因测序、蛋白分析、载体构建等方法，在分子水平分析 CDV 野毒株与疫苗株的抗原差异，为探讨 CDV 的免疫失败和指导临床选用疫苗提供依据；构建多个抗原基因载体，筛选野毒株的主要抗原基因，为疫苗株、野毒株感染的鉴别诊断和 CDV 新型疫苗的研究奠定基础。

项目执行情况：

对甘肃的健康犬和病犬进行疫病调查记录，针对性采集血液、鼻拭子等分泌物等样品。根据临床记录情况，将部分样品的鼻拭子和粪便处理后用抗原试纸条进行 CDV 检测，对部分血清样品用 ELISA 法检测 CDV 抗体。对初步检测有 CDV 的样品，经处理用 Trizol 提取基因组，设计特异性引物用 RT-PCR 扩增特异性片段，建立 RT-PCR 检测方法。通过 RT-PCR 扩增目的抗原基因、经 T-A 连接克隆入连入 pMD 18-T 载体后测序，用基因分析

软件对序列进行分析，以确定所测基因序列之间的关系、及其与国内外其他毒株的关系，对 CDV 的抗原特征进行评估。共获得结构蛋白基因序列 22 份（N 蛋白基因、H 蛋白基因、F 蛋白基因分别为 13 份、9 份、1 份），初步筛选亚克隆的抗原基因 3 个，构建抗原基因表达载体 1 个，筛选诱导表达、抗原性较强的抗原蛋白，为 CDV 的疫苗后续研究奠定一定的基础。

创新点及成果：

CDV 的病毒基因组 RNA 在提取过程中很容易降解，直接影响基因片段的扩增，目前本实验室能顺利从分泌物（属于杂质样品）中熟练提取病毒 RNA。一般用 RT-PCR 的方法获得 ≥1 000bp 基因片段时比较困难，目前本实验室从病料样品中成功扩增出约 2 000 bp 的片段。共获得结构蛋白基因序列 22 份（N 蛋白基因、H 蛋白基因、F 蛋白基因分别为 13 份、9 份、1 份），已登录到基因库的序列有 13 份，未提交序列正在提交之中。分离到 10 株 CDV 毒株。初步筛选亚克隆的抗原基因 3 个；构建基因表达载体 1 个。大多报道只局限于 CDV 的某一个结构蛋白进行研究，本研究同时选择了 M、F、H、N4 个结构蛋白进行分析比较。发表论文 5 篇。

十三、奶牛隐性乳房炎诊断液的产业化开发研究

项目编号：BRF080301　　　　　　　　　　起止年月：2008.01—2010.12
资助经费：49 万元
主持人：罗金印 副研究员
参加人：李新圃 李宏胜 徐继英

项目摘要：

奶牛隐性乳房炎发病率高，没有明显的临床症状，对奶牛业产生的潜在危害十分巨大，早期诊断显得十分必要，诊断液在隐性乳房炎的诊断防治中起着十分重要的作用。兰州隐性乳房炎诊断液是在 LMT（兰州乳房炎试验）基础上成长起来，通过对其发展、应用及市场前景的分析讨论，课题组认为奶牛隐性乳房炎诊断液具有很好的应用价值和市场发展前景。但由于历史原因，兰州隐性乳房炎诊断液尚未申请批准文号，无法实现产业化发展和转化。针对这种状况，本项目拟在原有的研究基础上，根据农业部对新兽医诊断制品的申报要求，从诊断敏感性、特异性、符合率，以及质量标准、生产工艺等方面，对兰州隐性乳房炎诊断液补充完善必要的药学试验，申报新兽医诊断液注册，同时开展规模化生产研究，实现该项科技成果的产业化发展和转化，从而使其产生更好的社会和经济效益，为奶牛业的发展发挥应有的作用。

项目执行情况：

对不同保存年限的诊断液原液进行了临床隐性乳房炎诊断检测比较，共检测 82 头 311 份奶样，试验结果达到 100% 一致；同时对几个批次在低温与常温、避光与不避光、以及不同年限保存方式下的乳房炎诊断液样品肉眼观察其颜色、沉淀、粘稠度、均匀度等有无变化，然后对新采集的奶样进行隐性乳房炎检测对比，结果表明隐性乳房炎诊断液的稳定性很好，低温和室温条件均适合诊断液的保存，原液比稀释液更利于保存。对 LMT

诊断液的原处方进行了改良优化，筛选出工艺简单、诊断效果良好的 LMT 改良诊断液；通过诊断敏感性试验，探讨了诊断液与乳汁体细胞之间的相关性以及诊断液浓度对判断结果的影响；诊断特异性试验结果显示，LMT 能够选择性与乳汁体细胞发生反应，而不受乳蛋白和其他乳汁成分的影响，能有效检测乳汁体细胞数的变化范围，具有很好的诊断特异性；产品稳定性试验观察了 LMT 改良诊断液原液及其稀释液在室温下保存不同时间的诊断效果，结果表明放置 5 年的产品，外观颜色无明显变化、pH 值变化不明显、无沉淀物生成、诊断结果无偏差；符合率试验表明，LMT 改良诊断液的诊断结果与 CMT 诊断法、细胞计数法诊断结果一致，并且与隐形乳房炎乳汁病理学变化相一致，证明了 LMT 改良诊断液快速诊断奶牛隐性乳房炎的可靠性；采用紫外分光光度法，初步建立了 LMT 诊断液中主要有效成分的含量测定方法；委托江苏倍康药业有限公司进行了 LMT 中试生产研究，建立了 LMT 中试生产线。

创新点及成果：

目前我国的新兽药注册分类及注册资料要求，还未涉及 LMT 诊断液这类非生物诊断试剂，因此到现在都没有一例非生物诊断试剂申报新兽药注册的先例。但这类诊断试剂的临床应用价值已经引起国家有关部门及专家的高度关注。另外根据我国《兽药管理条例》，LMT 诊断液确实属于兽药的范畴。因此对 LMT 诊断液进行新兽药注册申报，不仅是一项有意义的工作，也是一项包含创新性及突破性的工作。试验证明，LMT 诊断敏感度与国际通用的奶牛隐性乳房炎诊断试剂 CMT 相一致，但使用成本却大大下降。通过该项目的实施和完成，可以实现 LMT 的产业化发展和转化，对促进我国奶牛业发展产生积极有效的作用。申请了 2 项国家发明专利，均已进入实质性审查阶段，发表 2 篇科技论文。

十四、羊和马梨形虫病检测方法的建立及多头蚴抗原性基因的克隆与鉴定

项目编号： BRF080303 　　　　　　　　　　**起止年月：** 2008.01—2010.12

资助经费： 27 元

主 持 人： 李有全　助理研究员

参 加 人： 刘光远　李文卉　殷　宏　罗建勋　关贵全　马米玲

项目摘要：

本项目将以严重危害我国畜牧业发展的羊泰勒虫（包括吕氏泰勒虫和尤氏泰勒虫）、羊的巴贝斯虫（包括羊巴贝斯虫和莫氏巴贝斯虫）以及驽巴贝斯虫和马泰勒虫为研究对象，在其靶基因内部转录间隔区 ITS 或小亚基核糖体 18S rRNA 基因上筛选出敏感性和特异性较高的引物或探针，建立羊的巴贝斯虫病和泰勒虫病的多重 PCR 方法、RLB 检测技术和 LAMP 方法。建立马属动物巴贝斯虫病的分子诊断方法，预测马的巴贝斯虫诊断抗原（如 p82、RAP1、EMA1、EMA2、Bc48、Bc134）的最佳免疫功能区，表达并制备重组抗原，建立 ELISA、线性免疫印迹、胶体金技术等方法，组装试剂盒及快速诊断试纸条，为今后本病在我国的诊断、流行病学调查、疗效评价和口岸检疫提供有力的工具。应用双向电泳技术分析羊脑多头蚴节抗原，用阳性血清进行免疫印迹鉴定其抗原蛋白，并进行基

质辅助激光解吸离子质谱分析和串联质谱肽测序，对所获得的肽质量指纹图谱进行生物数据库检索分析。构建羊脑多头蚴原头节 cDNA 表达文库，对其阳性克隆进行测序和生物信息学分析。选取有意义的蛋白进行验证研究，设计特异性引物克隆成虫特异性蛋白基因，表达并鉴定重组蛋白的生物活性和抗原性。本研究将为多头蚴与宿主的相互作用以及多头蚴病的免疫诊断和疫苗研究奠定基础。

项目执行情况：

在前期研究基础上，克隆和测序 4 种虫体的靶基因内部转录间隔区 ITS 或小亚基核糖体 18S rRNA 基因，筛选高特异性和敏感性的引物和探针，建立 4 种梨形虫的 RLB、LAMP 和多重 PCR 检测方法。搜集马的巴贝斯虫不同地方虫株，设计通用引物，扩增巴贝斯虫的 18S rRNA 保守序列。建立马的巴贝斯虫的分子诊断方法（包括 PCR 法、反向线状印迹）。制备多头蚴抗原，进行二维电泳分析；构建原头节 cDNA 文库。构建表达载体，对马的巴贝斯虫已有的几个诊断抗原的最佳免疫功能区进行预测并分段优化表达，制备和纯化诊断抗原，建立 ELISA 诊断方法。利用免疫组化方法筛选特异抗原，表达特异的重组蛋白，利用重组蛋白制备诊断抗原，组装重组抗原 ELISA 诊断试剂盒。免疫印迹试验鉴定抗原性多肽斑点；进行抗原性多肽斑点的质谱分析。运用免疫标记胶体金制备技术建立马泰勒虫病的免疫胶体金试纸条诊断技术，装备免疫胶体金诊断试纸条，进行批量生产。对建立的分子诊断方法、ELISA 诊断试剂盒及免疫胶体金诊断试纸条进行田间试验，完善诊断方法，制定操作规程。申请专利，撰写技术标准，申报规程及生产文号。选择具有抗原性的基因与原核表达质粒连接，转染到大肠杆菌，进行原核表达。将重组蛋白用血清学方法和免疫试验进行鉴定，确定其抗原性。

创新点及成果：

建立吕氏泰勒虫病、尤氏泰勒虫病、羊巴贝斯虫病、莫氏巴贝斯虫病多重 PCR、LAMP 和 RLB 检测技术；建立马属动物梨形虫病的分子诊断方法；对免疫抗原蛋白预测其最佳免疫功能区，并进行分段优化表达，建立 ELISA 诊断试剂盒；研制出快速诊断试纸条；按计划完成后将克隆鉴定多头蚴抗原基因，此研究将填补国际空白，为脑多头蚴病的免疫预防和免疫检测提供基因重组抗原，为多头蚴基因重组疫苗的研制奠定基础。发表论文 11 篇。

十五、猪重要病毒病与细菌病的免疫学研究

项目编号： BRF080304　　　　　　　　　**起止年月：** 2008.01—2010.12
资助经费： 27 万元
主 持 人： 卢曾军 助理研究员
参 加 人： 赵　萍　窦永喜
项目摘要：

针对猪繁殖与呼吸综合征（PRRS）和副猪嗜血杆菌病是两种严重威胁我国养猪业的疫病，进行免疫学机理与疫苗研究；同时，研究猪 MHC-肽复合物的组装以及相互识别和结合的机制，为 T 细胞、B 细胞特异性抗原表位的筛选和高效疫苗设计的奠定基础。研究

内容包括三个方面：第一，利用已经建立的口蹄疫病毒反向遗传学技术平台，建立PRRSV病毒的感染性克隆，通过点突变、插入或缺失改造NSP2和GP5等毒力和抗原性相关基因，研究PRRSV致弱与增强弱毒疫苗免疫效果的关键因素，为PRRSV新一代基因工程疫苗研究奠定基础；第二，以我国最流行的副猪嗜血杆菌血清型4、5和12分离株为对象，通过临床资料和动物试验筛选出免疫原性良好的制苗菌株，研制出具有我国自主知识产权的、针对我国流行菌株的有效的副猪嗜血杆菌三价灭活疫苗；第三，以具有抗病性的甘肃高原小型猪为靶动物，克隆鉴定MHC-Ⅰ、Ⅱ类分子的基因家族，利用生物信息学技术和基因组公共资源库，分析其基因结构和多态性；选择猪MHC-Ⅰ、Ⅱ类分子中具有代表性的重要功能分子进行真核表达，研制单抗，应用免疫荧光技术分析和评价MHC-肽复合物的组装以及相互识别和结合的机制，为T细胞、B细胞特异性抗原表位的筛选和高效疫苗设计的奠定基础。

项目执行情况：

完成PRRS病毒分离与全基因组序列的测定与分析；完成全长连接和突变改造，并进行一次预转染试验；获得一株基因工程病毒。进行副猪嗜血杆菌分离株的鉴定、血清学分型、毒力和免疫原性测定，完成制苗菌株的筛选。完成猪MHC-Ⅰ、Ⅱ类分子的克隆和鉴定工作，开展其多态性与抗病性分析，提供基因材料10个以上，研制出单克隆抗体。完成PRRSV基因突变改造，并获得改造后的基因工程病毒，完成基因工程病毒感染性、抗原性和毒力测定。对HPS制苗菌株进行病原特性研究，建立制苗及检验用菌种的原始种子批、基础种子批和生产种子批。围绕PRRSV毒力相关基因和主要囊膜糖蛋白，进行病毒致弱和提高抗原性的研究。筛选HPS制苗抗原生产用培养基，进行抗原浓度、配比与疫苗免疫效力的关系研究，试制3批疫苗实验室制品。进行安全性试验和免疫效力试验。开展猪MHC-Ⅰ、Ⅱ类肽分子组装、识别和结合的细胞模型的建立。

创新点及成果：

对发生在甘肃境内的数起疑似猪蓝耳病病例进行了病原学研究，分离到了两株猪蓝耳病病毒（PRRSV），扩增得到了相应的结构蛋白编码区基因，通过序列比较表明其GP5蛋白编码基因与高致病性PRRSV的同源性达到95%以上，表明高致病性PRRS对甘肃省养猪业造成了巨大的损失；同时发现了猪圆环病毒、猪细小病毒的混合感染情况。对疫苗株PRRSV和流行株PRRSV进行全基因组测序，已完成了对疫苗株PRRSV的全基因组测序，以及流行毒株的结构蛋白编码区的序列测定。构建了表达PRRSV主要中和表位与M蛋白的重组质料DNA疫苗。成功地克隆了合作猪和商品化白猪SLA Ⅰ类（SLA-1、-2和-3）和Ⅱ类（DRA、DRB、DQA和DQB）分子的功能基因及其相应的基因组序列。通过该项研究建立了宿主动物免疫相关多态性分子家族基因的扩增和鉴定技术平台；分析了猪MHC-Ⅰ、Ⅱ类分子各自的多态性，明确了其多态性主要与识别、结合抗原表位多样性密切相关，为猪免疫机理研究奠定了基础。从临床发病猪中分离到52株副猪嗜血杆菌，利用KRG方法对52株副猪嗜血杆菌进行了血清学分型，筛选出了我国副猪嗜血杆菌流行优势血清型为4、5、12型。建立了制苗菌株的原始种子批、基础种子批，明确了基础种子的最高代次为21代。实验室试制了疫苗3批，并对3批疫苗的安全性和免疫原性进行了试验，结果3批疫苗对试验仔猪均安全，免疫保护效率达80%以上。本项目共发表SCI论文 3 篇，中文文章 17 篇，申请了国家发明专利 1 项，培养研究生 5 名。

十六、四种重要畜禽传染病快速诊断新技术研究

项目编号：BRF080305　　　　　　　　　**起止年月：**2008.01—2010.12
资助经费：36 万元
主 持 人：张　强　副研究员
参 加 人：张　杰　林　彤　颜新敏　郑福英　董建斌
项目摘要：

禽流感、口蹄疫、羊痘、牛流行热病毒可造成巨大经济损失。实验室快速、准确的诊断技术对于禽流感的预防、控制起着至关重要的作用。针对我国严重的疫情，建立一系列生物学检测方法，为防治该病提供新技术。这些方法包括：（1）建立 H9 亚型禽流感病毒的环介导等温扩增检测技术，建立能区分 H9 亚型和 H5 亚型禽流感病毒的多重 RT-PCR 方法。（2）研发适用于野外和现场检测的口蹄疫新型胶体金快速检测试剂。（3）建立羊痘分子生物学检测方法，建立以羊痘病毒 P32 蛋白为基础的检测羊痘病原和抗体的高效敏感的血清学方法。（4）用表达和纯化的牛流行热 G1 蛋白为抗原，建立检测牛流行热病毒抗体的间接 ELISA 方法，开发试剂盒，为该病的快速诊断和免疫抗体水平监测提供技术支持。

项目执行情况：

完成低致病性 H9 亚型禽流感病毒毒株的的序列分析与部分序列测定；针对低致病性 H9 亚型禽流感病毒毒株的序列保守区分别设计相应引物；完成口蹄疫主要抗原基因的克隆与表达，重组蛋白抗原的生物活性鉴定；完成羊痘病毒的细胞分离，培养体系建立，羊痘病毒 P32 基因的克隆、表达和纯化；完成牛流行热检测方法的建立。建立并优化低致病性 H9 亚型禽流感病毒 RT-LAMP 诊断方法；建立能鉴别低致病性 H9 亚型和高致病性 H5 亚型禽流感病毒的多重 PCR 诊断方法；制备口蹄疫单抗前 Balb/C 小鼠的免疫，免疫细胞融合以及杂交瘤细胞株的筛选、克隆、鉴定和生物学特性研究；建立检测羊痘抗体的 P32-ELISA 技术和检测病毒核酸的 PCR 技术；完成牛流行热检测试剂盒保存条件、保存期、敏感性、特异性、符合性、批内和批间的稳定性检测。完成快速定型诊断试剂盒的研制，包括敏感性和特异性评价，重复性、质控标准建立等；试制 P32-ELISA 试剂盒；大范围使用试验，并在此基础上向全国推广。整理材料，撰写总结报告、申请专利、申报新兽药证书。

创新点及成果：

建立了低致病性 H9 亚型禽流感病毒的 RT-LAMP 诊断方法，建立了能鉴别低致病性 H9 亚型、高致病性 H5 亚型禽流感病毒和新城疫病毒这三种病毒的多重 RT-PCR 诊断方法。建立的这两种检测技术处于国内领先地位，填补了 H9 亚型、H5 亚型禽流感病毒和新城疫病毒诊断技术的空白。建立了 FMDV 的单克隆抗体 ELISA 诊断方法和胶体金标记试纸条快速检测方法，丰富了口蹄疫系列检测诊断技术。建立了羊痘病毒 P32-ELISA 方法，建立了检测羊痘病毒的 PCR 方法，研制了试剂盒。为羊痘实验室诊断提供了新技术

方法，检测技术处于国内领先。建立检测 BEFV 血清抗体的间接 G1-ELISA 方法，并进行了田间试验。培养博士研究生 2 名，硕士研究生 10 名。发表 SCI 收录论文 4 篇，中文核心期刊 4 篇。申请发明专利 2 项。

十七、口蹄疫病毒分子变异及新型疫苗研究

项目编号：BRF080306　　　　　　　　　**起止年月**：2008.01—2010.12
资助经费：27 万元
主 持 人：尚佑军　副研究员
参 加 人：杨 彬　刘力宽　兰 喜　吴锦艳
项目摘要：

近年接连出现的 Ebola 热、SARS、禽流感和猪链球菌病表明，动物源性传染病的跨种间感染对公众健康和社会经济危害巨大。口蹄疫由于其变异快速、宿主宽泛、传染性强、致病率高，且对人有感染性，被联合国生物武器公约履约议定书列为生物武器。因此，有学者预测，口蹄疫病毒完全有可能衍生出一种对人类有高致病力的病毒变种。针对这一状况，研究 FMDV 致病力和宿主嗜性的分子基础，揭示跨种间感染的发生机制，进而预测 FMDV 的变异趋势和开发新型分子疫苗在口蹄疫防控中具有重要意义。本课题拟在构建多个可高效表达口蹄疫病毒抗原基因的转染细胞系以及基因工程嵌合病毒的基础上，通过实验室人工易主传代的方法研究口蹄疫病毒在跨种感染过程中基因的变异规律，揭示 FMDV 毒力和宿主嗜性的分子基础，研制口蹄疫新型分子疫苗。

项目执行情况：

完成 FMDV 细胞受体亚单位编码基因的克隆、表达以及受体亚单位编码基因转染细胞系的建立；完成受体亚单位抗体的制备。完成抗原基因诱变、拼接接头等分子技术操作，修饰和改造不同免疫基因作为目的基因。利用受体亚单位抗体封闭特定受体的方法研究不同血清型病毒对 FMDV 不同细胞受体的利用效率；研究 FMDV 在自然宿主动物以及在其钝感动物体上适应传代过程中，特定细胞受体在宿主动物体内的表达水平及分布；平行研究传代毒基因组的适应性变异情况。设计 FMDV siRNA，并进行筛选，完成双效疫苗载体的构建及其在真核细胞中的表达等工作。完成多个基因工程嵌合病毒的构建，通过对其相关生物学特性的测定，研究病毒的基因功能。在疫苗研究方面，筛选稳定克隆，大量扩繁后试制疫苗，进行疫苗的安全性、免疫效力、疫苗保存期、免疫持续期等试验。

创新点及成果：

克隆获得了口蹄疫病毒牛型和猪型受体整联蛋白的 αv、β1、β3 和 β6 亚基基因，通过对其进行同源性和进化树分析，发现偶蹄动物对 FMDV 的易感性可能与病毒受体的基因序列差异有关；通过荧光定量 PCR 证实宿主不同组织部位的易感性与其受体表达丰度密切相关。成功制备出针对牛型受体 β1、β6 和猪型受体 β6 亚基配体结合域的单克隆抗体，通过免疫学试验证明，αv、β6 受体可能决定着 FMDV 的组织嗜性。成功构建了携带有牛型受体 β6 亚基和猪型受体 β6 亚基配体结合域的 CHO 转基因细胞系，为今后进行 FMDV 跨种感染过程中的变异规律研究奠定了基础。成功构建了携带有 FMDV siRNA 及免疫组合

基因的双效疫苗载体，并经免疫学实验和动物试验证明有效。本项目新型疫苗研究中，首次将干扰 RNA 技术与核酸疫苗技术相结合。发表研究论文 3 篇，其中 SCI 文章 1 篇；申获专利 1 项，公开 1 项。培养博士 3，硕士 7 名。

十八、喹乙醇残留 ELISA 快速检测技术

项目编号：BRF090303　　　　　　　　　　**起止年月**：2009.01—2011.12
资助经费：40 万元
主 持 人：张　凯　研究实习员
参 加 人：张景艳　李建喜　孟嘉仁
项目摘要：

喹烯酮是由中国农业科学院兰州畜牧与兽药研究所研制的一种畜禽抗菌、止泻、促生长新型药物性饲料添加剂，属喹恶啉类结构衍生物。前期毒理学研究表明，该化合物毒性较小，属高效、安全的饲料添加剂，但该药物作为兽药使用，仍需要考虑动物食品中残留对人体产生的不良影响，因此残留检测技术尤为重要。目前主要的检测方法为高效液相色谱法，但该法设备昂贵，前处理复杂，难以广泛推广。药物残留 ELISA 快速检测技术可以弥补其不足。本项目拟设计合成喹烯酮全抗原及喹烯酮残留标识物 MQCA 全抗原，并优化免疫抗原和检测抗原合成工艺，免疫动物、制备高效价抗体，利用单克隆抗体制备技术，初步建立动物组织中喹烯酮残留标识物以及饲料添加剂中喹烯酮的 ELISA 检测技术，旨在为我国检验和监督喹烯酮残留及含量提供低成本、简便、特异性强、灵敏度好的新型检测方法。

项目执行情况：

初步确定了几种可能的半抗原—喹烯酮结构改造合成路线。采用高效液相色谱法对已合成的 MQCA、QCA 全抗原进行定性及定量评价，测得标准品 MQCA 和 QCA 的保留时间分别为 2.451 和 2.449，测得标准曲线分别为 $y = 17526x + 4648$、$r2 = 1$，$y = 25972x + 5987$、$r2 = 1$。摸索并确定了全抗原合成方法中的最佳配比。与同类试剂盒做比较，发现市售同类试剂盒的检测灵敏度及特异性优于自制的喹乙醇试剂盒，方法也较稳定，所以考虑在后期的实验中优化全抗原合成方法、免疫方案，采用单克隆抗体技术以提高抗体的特异性及稳定性。通过琥珀酸酐法合成喹乙醇结构衍生物 OLA-HA，采用活泼酯化法将合成的 OLA-HS 与载体蛋白 BSA 和 OVA 分别结合，制成人工免疫原 OLA-BSA 和包被原 OLA-OVA；使用腹腔和背部多点注射免疫 Balb/C 小鼠，通过不同反应条件的优化建立检测血清效价的间接 ELISA 测定方法，三免后效价可达 1∶16 000 以上、最高效价达（1∶32 000）～（1∶64 000）；使用 PEG 诱导杂交瘤技术制备喹乙醇单克隆抗体，选择效价最高的免疫小鼠制备脾细胞在 PEG1000 作用下和骨髓瘤细胞 SP2/0 进行融合，通过摸索 PEG 作用浓度、作用时间、pH 值和骨髓瘤细胞的培养条件、传代次数、8-杂鸟嘌呤处理及融合时脾细胞与骨髓瘤细胞的比例等条件对细胞融合率和克隆细胞生长的影响，筛选最佳的反应条件，提高细胞融合率、促进克隆细胞的生长；通过间接 ELISA 法和间接竞争 ELISA 法筛选阳性杂交瘤细胞。对阳性杂交瘤细胞进行亚克隆，并经 3 次阳性率 100%

的克隆后获得了 6 株抗喹乙醇衍生物 OLA-HS、喹乙醇残留标示物 MQCA 的杂交瘤细胞株 68、5B10、3F12、8B6、6C8、2G8。对阳性杂交瘤细胞进行扩大培养，检测细胞上清效价最高可达 1∶256；最终获得 3 株 IgM 类抗喹乙醇的腹水型单克隆抗体，3 株 IgM 类抗喹乙醇残留标示物 MQCA 的腹水型单克隆抗体。

创新点及成果：

初步设计出半抗原—喹烯酮的结构改造合成路线；采用高效液相法（定量）筛选出全抗原合成方法中的最佳配比；建立了细胞实验室。项目已申请专利 1 项，发表论文 4 篇。

十九、口蹄疫及副猪嗜血杆菌疫苗的研制

项目编号： BRF090304　　　　　　　　　　**起止年月：** 2009. 01—2009. 12
资助经费： 16 万元
主 持 人： 杨　彬　副研究员
项目摘要：

通过分子技术操作，修饰和改造候选组合基因作为目的基因，构建一系列带有 FMDV siRNA 及免疫组合基因的双效疫苗载体，并进行筛选；转化敏感细胞，实现特定病毒的双效质粒在真核细胞中的表达，对表达产物的表达量、免疫活性、免疫效力等进行测定，并筛选出稳定克隆。试制疫苗，并进行一系列的动物试验，对疫苗的安全性、疫苗免疫效力等进行试验，初步研制出一种有效的口蹄疫疫苗。

项目执行情况：

先后建立了副猪嗜血杆菌豚鼠感染实验动物模型，通过豚鼠感染试验和仔猪免疫试验评价了制苗菌株 H45（hps0910）、H25（hps0814）和 H32（hps0709）的毒力和免疫原性；建立了 3 个制苗菌株的原始种子批和基础种子批各 1 批，并通过病原生物特性试验鉴定了种子批，明确了基础种子的最高代次为 21 代；试制了 3 批实验室疫苗产品，并对 3 批疫苗的安全性和免疫原性进行了试验，结果 3 批疫苗对试验仔猪均安全，免疫保护效率达 80% 以上。另外，还建立了检测 HPS 抗体的间接 ELISA 和 IHA 方法，并利用建立的方法对安徽、江西、湖北、青海、福建等地猪场进行了 HPS 的流行病学调查，明确了我国 HPS 现阶段的流行形势，对我国养猪业的危害评估提供了参考资料。

创新点及成果：

本研究旨在探索研制具有基因治疗及基因免疫作用的口蹄疫双效疫苗，以期解决动物疫苗免疫空白期及动物隐性感染期疫苗接种的副反应问题。这一理念是国内外首次提出的双效疫苗的理念，具有有一定的现实意义和应用前景，为新型分子疫苗的研究提供新的研究思路。明确了我国现阶段流行 HPS 的优势血清型并筛选出了用于三价灭活疫苗研究的 3 株制苗菌株；国内首次将 3 种优势血清型联合进行 HPS 三价灭活疫苗的研究。发表文章 13 篇，其中 SCI 论文 1 篇。培养研究生 3 名。已获得国家发明专利 1 项，申请国际 PCT 专利 1 项。

二十、口蹄疫防控技术的研究

项目编号：BRF090305　　　　　　　　**起止年月：**2009.01—2009.12
资助经费：59 万元
主 持 人：冯　霞　助理研究员
项目摘要：

口蹄疫病毒分子流行病学的研究对我国的口蹄疫监控具有指导意义，而新疫苗种毒的筛选使我们在使用疫苗时更有针对性。发现与 FMDV 宿主嗜性相关基因，对研究 FMDV 及小 RNA 病毒疫病预防、遗传衍化及疫情预报具有重要意义。本项目拟建立的几种口蹄疫检测技术成熟程度不同：亚洲 1 型单抗竞争 ELISA 和纳米金介导的免疫 PCR 技术还在初步探索阶段，若要走向市场，还需做更多的工作；而斑点免疫印迹技术（Dot-blot）则已经比较成熟，它与 OIE 指南中推荐的 EITB 方法具有类同之处，但是操作更为方便，更宜实现诊断试剂的规模化生产。还有检测非结构蛋白抗体的 2C3AB-ELISA 方法，该方法与以前建立的 3ABC-ELISA 方法配合使用，可以提高诊断的准确性。

项目执行情况：

采集、分离 FMD 流行毒株，并进行测序，通过分析比对田间野毒的基因序列，以监测流行毒株的变异动态。通过对流行毒株、细胞传代毒株的相关基因或全基因组序列进行测定和分析，比较口蹄疫病毒基因序列和各基因变异类型、变异区域及位置分布特点，分析病毒分子进化规律。通过 VP1 抗原表位序列分析和表达，以及利用生物信息学技术，寻找与宿主嗜性相关的细胞因子，证明 VP1 对 FMDV 宿主嗜性有一定的影响。分别表达和纯化 NSP 3A、3B、2C、3D 和 3ABC。使用纯化的抗原建立 EITB 方法，定量五种蛋白的最佳使用量，以获得最佳的检测效果。通过检测背景清楚的不同动物血清，优化 EITB 的各项参数，使其达到重复性好，技术稳定，易于产品化的目的。通过测定大量的田间血清，评估 3ABC-ELISA 与 EITB 联合使用的效果。用纯化口蹄疫亚洲 1 型病毒免疫鼠，取其脾细胞提取总 RNA，反转录合成 cDNA 第一链，PCR 分别扩增抗体重链可变区 VH 和 VL 基因，经重叠延伸拼接法（SOE）组成 ScFV 基因并将其转化相应的载体连接，转化大肠杆菌，加入辅助噬菌体援救，构建病原特异性可变区单链抗体（ScFV）库。携带有特异性寡核苷酸的纳米金颗粒与纯化的抗 O 型 MAb 结合形成检测性探针，当探针与 O 型抗原发生特异性结合后，利用 PCR 检测手段可级联扩增寡核苷酸片段，从而实现对痕量级的 FMDV 抗原的检测。克隆、表达亚洲 1 型口蹄疫病毒 VP1 蛋白，用其免疫 BABL/c 小鼠，取免疫鼠的脾细胞与骨髓瘤细胞加 PEG 融合，筛选，纯化抗亚洲 1 型 FMDV 单抗。然后，以亚洲 1 型口蹄疫病毒 VP1 蛋白作为抗原，单抗作为竞争抗体和兔抗亚洲 1 型口蹄疫病毒 IgG 作为竞争抗体建立单抗竞争 ELISA，通过对已知血清样品的测定，评估其特异性、敏感性。对口蹄疫疫苗免疫猪和感染猪瘟或猪瘟免疫后进行口蹄疫免疫猪，用 ELISA、中和试验对体液免疫应答进行监测，采取外周血液和猪淋巴组织 T 淋巴细胞，进行细胞免疫监测，以酸性 a-醋酸萘酸酶法进行 T 细胞 E 玫瑰花环试验，以 MTT 法进行 T 细胞转化功能试验，用实时定量 PCR 检测 T 淋巴细胞 IL-2 IL-4 IFN-γIL-10 细胞因子，用流式细胞仪技术检测抗猪 CD4-FITC 、抗猪 CD8- Biotin 、抗猪 CD3-PE 藻红蛋白。

创新点及成果：

了解了我国境内口蹄疫病毒的变异与分子进化规律；建立了三种口蹄疫检测技术：非结构蛋白抗体的酶联免疫电转印技术、亚洲 1 型单抗竞争 ELISA，以及检测 O 型抗原的纳米金介导的免疫 PCR 技术，构建了一种亚洲 1 型单链抗体，探索了免疫抑制病毒（如猪瘟）对口蹄疫的免疫效果的影响的研究。发表论文 7 篇，培养研究生 7 名。正在申报新兽药 1 项。

二十一、几种寄生虫病重要功能基因的研究

项目编号：BRF090306　　　　　　　　　　　起止年月：2009.01—2009.12
资助经费：26 万元
主　持　人：田占成 助理研究员

项目摘要：

驽巴贝斯虫和马泰勒虫、羊泰勒虫（尤氏泰勒虫和吕氏泰勒虫）及兔豆状囊尾蚴给养殖业造成巨大的经济损失，因此，建立上述三种重要寄生虫病的诊断方法及免疫控制方案迫在眉睫。本项目依据上述三种重要寄生虫病的已知功能基因，如驽巴贝斯虫和马泰勒虫的 EMA1、EMA2、Bc48 和兔豆状囊尾蚴的半胱氨酸蛋白酶及羊泰勒虫的主要表面蛋白（P32、P33）为研究靶目标，分别将其在原核表达载体和真核表达载体上进行表达，纯化抗原初步鉴定上述重要功能蛋白的生物学活性及免疫原性，建立各自的诊断方法及分析上述重要功能蛋白的动物免疫保护性，为我国的养殖业保驾护航。

项目执行情况：

克隆马属动物梨形虫的 EMA1、EMA2、Bc48 和兔豆状囊尾蚴的半胱氨酸蛋白酶及羊泰勒虫的主要表面抗原 P32、P33 等重要功能基因。将上述几种寄生虫的重要功能基因分别亚克隆到原核表达载体和真核表达载体；表达蛋白的生物学活性和免疫原性的分析，大量制备诊断及免疫动物用抗原；建立 ELISA 诊断方法及分析其动物免疫保护性。

创新点及成果：

本项目利用 race 技术成功获得了豆状囊尾蚴半胱氨酸蛋白酶 CP 全长基因，并对豆状囊尾蚴 CP 编码基因进行了原核和真核表达。真核表达的 CP 蛋白活性较高，可有效降解 BSA 及 IgG，利用 E64、PMSF 等抑制剂可明显抑制 CP 活性。另外成功建立了针对马梨形虫的 ELISA、PCR、RLB 检测方法，现已申报专利 3 项（处于实质审查阶段），2 项专利准备申报。发表相关论文 4 篇。

二十二、重要人畜共患病病原体 PCR 检测技术和宿主 MHC 分子多态性研究

项目编号：BRF090307　　　　　　　　　　　起止年月：2009.01—2009.12
资助经费：16 万元

主　持　人：闫鸿斌　助理研究员

项目摘要：

建立多种重要人畜共患病病原体简易、快速、特异的 PCR 诊断方法；重点克隆鉴定绵羊的 MHC-Ⅰ、Ⅱ类分子的基因家族成员，利用生物信息学技术和基因组公共资源库，分析其基因结构和多态性，初步建立绵羊 MHC 多态性数据库；建立布鲁氏菌、衣原体和胎儿弯杆菌多重 PCR 检测方法，一次可检测 3 种病原。

项目执行情况：

建立了犬带科绦虫感染粪 DNA-PCR 检测方法。对收集的羊多头蚴各分离株 NADH 脱氢酶Ⅰ（ND1）和细胞色素 C 亚单位 1（CO1）基因进行克隆与序列测定，应用生物信息学技术对序列进行分析，确定多头带绦虫的分类地位及种内变异。参考 OIE 推荐的目标基因或自选合适的基因，设计几套特异性引物，分别和联合扩增检测靶标基因，筛选获取一套扩增良好、特异性强、敏感性高的引物。同时开展其特异性试验，即选择同源基因的细菌病原和相同发病症状的细菌疾病病原，提取 DNA，进行 PCR 反应。采集、检测大量田间样品，并进行本检测方法与传统血清学方法的比较研究。开展了绵羊 MHC-Ⅰ、Ⅱ类分子的基因家族的克隆及鉴定，MHC-Ⅰ、Ⅱ类分子的多态性与抗病性关系的分析。

创新点及成果：

国内首次克隆测定了甘肃省景泰和平凉地区多个绵羊源脑多头蚴线粒体 DNA 中的细胞色素 c 氧化酶亚基Ⅰ（CO1）基因和 NADH 脱氢酶亚基Ⅰ（ND1）基因。首次应用 OIE 手册中推荐的 PCR 方法检测了甘肃省包虫病流行区的犬粪样品，结果发现 OIE 手册中提供的细粒棘球绦虫种特异引物与多房棘球绦虫间存在交叉反应，并设计了无种间交叉反应的特异引物。本项目建立的 OmpA-ELISA 方法具有良好的特异性、敏感性和稳定性，可为牛衣原体病的诊断及流行病学调查提供有效工具。本项目建立的牛布鲁氏菌间接 ELISA 诊断方法，可作为一种有效的牛布氏杆菌病血清学诊断的备用方法。国内首次成功克隆了绵羊 MHC-Ⅱ类分子的 DQA1、DQA2、DRA 和 DRB 4 个基因，并构建了 pIRES2-EGFP-attB-DQA1、pIRES2-EGFP-attB-DRA、pIRES2-EGFP-attB-DRB 和 PEGFP-N1-DRA 等真核表达载体，其中 DQA1 基因已在 CHO 细胞和绵羊成纤维细胞中成功表达，为后期抗病育种转基因动物研究和绵羊 MHC 分子的相关功能研究奠定了基础。通过项目的实施，在国内核心期刊发表学术论文 5 篇，申请专利 1 项，初步研制检测试剂盒 2 个，培养研究生 4 名，其中博士 1 名，硕士 3 名。

二十三、奶牛蹄叶炎发病机制的蛋白质组学研究

项目编号：BRF100301　　　　　　　　　　**起止年月：**2010.01—2012.12

资助经费：28 万元

主　持　人：董书伟　助理研究员

参　加　人：荔霞　高昭辉

项目摘要：

蹄叶炎是危害奶牛的重大疾病之一，严重影响奶牛的综合生产性能和经济效益，是近

年来国内外奶牛疾病研究的焦点。然而，至今奶牛蹄叶炎的病因及发病机理尚不清楚，也没有早期诊断的方法，给本病的防治造成很大困难。本项目利用蛋白质组学技术，在蛋白水平上研究奶牛蹄叶炎；通过分析蹄叶炎奶牛和健康奶牛血清的蛋白表达图谱，并鉴定两者间的差异表达蛋白的功能和分类，阐明本病的发生机理，为寻找蹄叶炎的特异性生物标志物和早期诊断指标提出了线索，同时，也为该病防治药物筛选提供新的靶标，为预防和治疗奶牛蹄叶炎开辟新途径。

项目执行情况：

在甘肃省荷斯坦奶牛繁育中心、秦王川奶牛场和兰州市城关区奶牛场采集了 15 个健康泌乳牛血浆样品，23 例患蹄叶炎病牛的血浆样品，比较了奶牛血浆蛋白样品的制备方法、胶条的蛋白上样量、白蛋白和 IgG 去除效果等因素对双向电泳效果的影响，优化了 IEF 和 SDS-PAGE 的技术参数，建立了奶牛血浆蛋白质组学技术体系。采用 2-DE 和 MALDI-TOF-TOF MS/MS 技术获得了奶牛蹄叶炎和健康牛血浆的蛋白质组学图谱，比较了病牛和健康牛血浆蛋白质的变化，结合生物信息学分析，对差异蛋白进行了质谱鉴定和功能分析，结果发现了共有 17 种差异蛋白，其中 5 种蛋白表达明显上调，12 种蛋白表达明显下调。奶牛蹄叶炎与血浆中矿物元素和血液生理生化指标的相关性分析可知，奶牛血浆中 Zn 缺乏和脂质代谢紊乱与奶牛蹄叶炎发生有密切关系，结合蹄叶炎奶牛血浆中差异蛋白分析结果，可推测：奶牛血浆中 Zn 含量、TC 和 HDL-C 水平可作为蹄叶炎的监测指标，HMGR 是脂质代谢通路中的关键酶，可作为治疗该病的药物靶标，脂质代谢和能量代谢紊乱与奶牛蹄叶炎发生有密切关系，进一步阐明了奶牛蹄叶炎的发病机制，也进一步验证了"蹄叶炎是奶牛全身代谢紊乱的局部表现"的理论。

创新点及成果：

首次应用双向凝胶电泳技术（2-DE）、MALDI-TOF-TOF MS/MS 技术和生物信息学方法等蛋白质组学技术，在蛋白质水平上比较了蹄叶炎奶牛和健康奶牛的血浆蛋白质表达图谱，共发现和鉴定了 17 种差异表达蛋白，并进行了生物信息学分析，为奶牛蹄叶炎的早期监测提供新的指标，为该病的治疗提供了新的药物作用靶点，有利于进一步阐明蹄叶炎的发病机理。发表论文 18 篇，申请专利 5 项，其中 3 项已获授权。

二十四、针刺镇痛对中枢 Fos 与 Jun 蛋白表达的影响

项目编号： BRF100302　　　　　　　　　**起止年月：** 2010.01—2012.12
资助经费： 31 万元
主　持　人： 王贵波　助理研究员
参　加　人： 罗超应　李锦宇　郑继方　罗永江　辛蕊华　谢家声　王东升
项目摘要：

针刺镇痛是重要的外科技术之一，是我国传统医学的瑰宝，是 20 世纪针灸科学中最重要的原创性成果。本实验采用电针刺激犬百会和寰枢穴位，以钾离子透入法测定痛阈，采集各生理指标说明电针麻醉的优势，经组织切片、免疫组化染色测定脑中 c-fos 与 c-jun 基因的表达，以了解电针对麻醉犬的痛阈、生理指标与中枢 Fos 和 Jun 蛋白含量及分布的

相关性，初步阐明动物电针镇痛的分子机理，促进电针镇痛在兽医临床上的应用。

项目执行情况：

选取犬的"百会""囊枢"组穴，采用SB71-2麻醉治疗兽用综合电疗机进行电刺激。应用动物心电监护仪对体温、呼吸频率、心率、血氧饱和度等生理指标进行检测，同时以DL-ZⅡ直流感应电疗机测定犬的左胻部中部痛阈值，以痛阈变化率标识麻醉对痛阈变化的影响。对实验前后的血细胞变化、血气变化进行检测，实验结果表明，电针后犬的痛阈值显著升高（$P<0.05$），而体温、呼吸频率、心率、血氧饱和度实验过程中差异不显著（$P>0.05$）。同时对血细胞值的影响不显著，对血气相关检测指标的影响也呈现不显著差异。以上结果表明，电针的"百会""囊枢"组穴对犬较好的镇痛效果而对犬机体的生理、血气和血细胞指标影响不显著，是一种适合于配合药物麻醉的有效的辅助手法。对脑组织进行剥离，制片后进行显微镜检。实验结果表明，电针穴位可以有效的对抗由麻醉药引起的IL-8的极显著降低，而IL-1β和TNF-α差异不显著（$P>0.05$）。免疫组化的实验统计结果表明，电针可显著引起中枢神经系统内缰核、下丘脑室旁核、下丘脑弓状核、中脑导水管周围灰质、中缝背核、蓝斑、臂旁核、巨细胞网状核和中缝大核等脑核团的Fos蛋白表达的极显著升高；Jun蛋白的表达有待进一步优化后统计分析。

创新点及成果：

创造性的将直流感应电疗机用于痛阈测定，为大、中型动物的痛阈测定提供了一种可资借鉴的新方式。以犬脑内Fos与Jun蛋白表达为研究对象，来说明针刺镇痛的分子生物学机制，尚属首次。发表论文7篇。

二十五、治疗犊牛泄泻中兽药苍朴口服液的研制

项目编号：1610322011006　　　　　　起止年月：2011.01—2012.12
资助经费：22万元
主　持　人：王胜义　助理研究员
参　加　人：荔　霞　董书伟　刘世祥
项目摘要：

本项目是在前期研究的基础上，针对犊牛寒泻病，在中兽医学理论指导下和中药现代研究成果的基础上，通过对犊牛寒泻的病因、发病机理、病理、诊断治疗的研究，经辨证施治和临床疗效筛选试验，确定治疗犊牛寒泻病的有效组方、剂型和剂量；在剂型确定的基础上，运用正交试验开展生产工艺研究，确定最佳生产工艺，并应用薄层色谱法和高效液相色谱法制定制剂的质量标准草案；应用现代药理学、药效学和毒理学的研究方法开展制剂的药效学、毒理学和稳定性试验研究，阐明制剂的安全性、稳定性和作用机制；委托中试生产，开展临床疗效验证试验和临床扩大试验，最终完成新型安全纯中药制剂"苍朴口服液"的研制。

项目执行情况：

先后在甘肃省内选择四家较大的奶牛养殖场，开展犊牛虚寒泄泻病的流行病学和病因学调查；在甘肃省荷斯坦奶牛繁育示范中心、甘肃省秦王川奶牛试验场、兰州市城关奶牛

场、临洮兴达乳业奶牛场、甘肃定西奶牛场、宁夏夏进乳业奶牛场、青海天露奶牛场、陕西草滩奶牛场、白银天鹭奶牛场建立试验示范点。调查得知，犊牛腹泻病发病率为20%～35%，其中犊牛虚寒泄泻的发病占60%～70%；发病原因主要是气候变化引起的外感湿邪、因及脾胃，纳运失常而引起。依据传统中兽医学理论，组合出犊牛寒泄Ⅰ号、犊牛寒泄Ⅱ号和犊牛寒泄Ⅲ号三个预选方。生产"苍朴口服液"制剂2 800支，在甘肃、宁夏、陕西等地奶牛场应用腹泻犊牛505头，有效率达96%，治愈率达到90%以上。研究发现"苍朴口服液"能显著抑制碳末在小肠内的推动（$P<0.05$）和明显减少番泻叶引起的小鼠腹泻次数（$P<0.05$），说明其具有涩肠止泻作用；能显著抑制二甲苯引起的小鼠耳廓肿胀（$P<0.01$），说明具有较强的抗炎作用；能显著延长热板刺激导致的小鼠舔足反应时间（$P<0.01$），说明具有较强的镇痛作用。对复方中各药材进行了鉴别，各药材均符合处方要求；对制剂中的主要药材黄连、厚朴、陈皮、补骨脂进行薄层色谱法定性鉴别，结果色谱斑点清晰，重现性好，阴性无干扰；建立测量黄连中主要成分盐酸小檗碱及厚朴中主要成分厚朴酚积及和厚朴酚含量的高效液相测定方法，初步确定了其含量限度。

创新点及成果：

针对犊牛寒泻病的发病特点和制剂中药物的性质，进行制剂的药效学和毒理学研究，为药物的申报奠定理论基础。申请国家发明专利1项，发表论文1篇。

二十六、转化黄芪多糖菌种基因组改组方法建立

项目编号：1610322011007　　　　　　　　起止年月：2011.01—2014.12

资助经费：40万元

主 持 人：张景艳 助理研究员

参 加 人：张　凯　孟嘉仁　李建喜　胡振英

项目摘要：

本项目拟研究菌种传统理化诱变特性，原生质制备条件，原生质灭活、再生条件，原生质体融合条件和三轮基因组改组融合子筛选，来建立一套转化黄芪多糖菌种基因组改组方法，筛选出原生质体正突变融合子，改善菌种转化黄芪多糖性能。旨在为我国中草药资源的开发利用提供新技术，为健康养殖业的动物保健和疾病预防提供低毒、低残留和不产生抗药性的新型兽用中药产品，并为推动我国畜牧养殖业健康、持续、协调发展，推动我国中兽药现代化进程，以及为改善畜产品品质、增强市场竞争力提供技术保障。

项目执行情况：

试验通过紫外线、甲基磺酸乙酯、亚硝基胍对LZMYFGM9和芽孢杆菌进行诱变，发酵试验初步筛选正突变菌株。挑选发酵优势菌株制备原生质体，正交试验设计，利用单因子方差分析进行原生质体制备条件和多母体原生质体递进融合条件的筛选与优化，得到原生质体制备条件：甘氨酸添加0.4%，溶菌酶浓度为0.5mg/mL，酶解30min，紫外灭活标记为300s，热灭火温度为50℃ 25min；原生质体融合条件：PEG分子量选择为6 000，浓度为40%，融合温度为37℃，融合时间为2min。初步建立起了转化黄芪多糖菌种基因组改组的方法。采用同源克隆法首次克隆α-半乳糖苷酶（aga2）、UDP-葡萄糖 4-差向异构

酶（galE）和葡聚-1，6-α-葡萄糖苷酶（dexB）基因部分核苷酸序列，并运用SYBR Green I 实时荧光定量 PCR 检测各个基因在黄芪发酵不同阶段的表达水平变化。实验结果表明，非解乳糖链球菌所产 α-半乳糖苷酶（aga2）、UDP-葡萄糖 4-差向异构酶（galE）和葡聚-1，6-α-葡萄糖苷酶（dexB）对黄芪发酵后的多糖得率有很大影响。开展了发酵菌种及发酵液的安全性评价。将小鼠随机分为 6 组，包括 UN10-1 发酵液组、C8GF20-06 菌液组、FGM9 菌液组、UN10-1 菌液组合 FGM9 发酵液组及阴性对照组，每组 10 只，雌雄各半。禁食 12h 称体重后，灌胃组剂量为每只小鼠每次灌胃 0.5mL 相应菌悬液/发酵液，上午和下午各一次，连续 3d，观察 7d；阴性对照组用等量生理盐水。观察期间，记录小鼠的中毒表现和死亡情况，对于死亡小鼠，解剖观察心、肝、脾、肺、肾和胃等主要器官的异常变化。同时观察小鼠日常状态表现，依据相关评判标准进行记录。结果显示无明显病变。

创新点及成果：

将不同菌种正突变株融合，用于转化黄芪多糖；筛选出 2 株转化黄芪多糖高产菌株 UN10-1、C8GF20-2，其中 UN10-1 较之 FGM9，糖增量可达 94.99 %；初步建立了一套菌种基因组改组方法。授权专利 4 项，发表论文 7 篇，培育硕士研究生 4 名。

二十七、传统藏兽药药方整理、验证与标本制作

项目编号：1610322011009　　　　　　　　起止年月：2011.01—2013.12
资助经费：32 万元
主　持　人：尚小飞　研究实习员
参　加　人：王　瑜　苗小楼　王东升　陈化琦　汪晓斌　潘　虎

项目摘要：

在藏区收集、整理防治畜禽各类疾病且具有良好疗效的藏兽药组方、验方，经临床验证试验，建立藏兽药库；收集和采集藏兽药药材和炮制品，应用生物学分类法分类，进行药材的来源、性状、生态环境、显微结构及功能主治等药材特征的研究，初步建立藏兽药药材质量鉴定标准，建立藏兽药标本库；两者结合起来，建立藏兽药研制开发平台。对筛选验证出的、对某一动物疾病有良好疗效的藏兽药进行新兽药开发，按照中兽药、天然产物类新兽药注册资料要求，开展新兽药申报前的研究工作，为藏兽药的现代化研究与应用提供技术支持。

项目执行情况：

课题组从四川省若尔盖红星乡及周边地区、青海省大通县及甘肃省河西地区采集到药用植物标本 330 种，其中传统藏药 120 种，药用植物标本全部经过鉴定；收集购买药材（饮片）38 个，藏兽药器械 24 件套。并对水母雪莲花、唐古特大黄、螃蟹甲及秦艽等四种藏兽药开展了横切面及粉末显微性状观察工作。建立并完善了藏兽药数据库，包括藏兽药数据检索平台和动物疾病处方检索平台，已录入藏兽药 42 种，录入藏兽药处方 300 余个，对应动物疾病 119 种，涉及动物的普通病、内外科疾病、寄生虫病及传染性疾病的防治。从若尔盖县红星乡畜牧兽医站收集到临床疗效显著的处方 3 个，包括用于治疗牦牛犊牛腹泻及羔羊痢疾的处方 1 个，治疗牦畜肺丝虫病处方 1 个，治疗牛羊疥癣的处方 1 个，

现已开展了基础研究。开展了用于防治牛羊螨病藏兽药蓝花侧金盏和藏兽药红花绿绒蒿的基础研究工作，发现藏兽药蓝花侧金盏能够抑制螨虫主要酶系的生物活性（SOD，POD，CAT，AchE，GST-ST 等），且药物处理时间越长抑制作用就越显著。

创新点及成果：

初步建立了藏兽药数据库，包括藏兽药数据检索平台和动物疾病处方检索平台，为今后开展藏兽药研究奠定基础。发表论文 5 篇，其中 4 篇 SCI 论文；申请国家专利 2 项。

二十八、中兽药制剂新技术及产品开发

项目编号：1610322011012　　　　　　　　起止年月：2011.01—2011.12
资助经费：30 万元
主　持　人：郑继方　研究员
参　加　人：李建喜　罗超应　李锦宇　胡振英　谢家声　罗永江　王贵波　辛蕊华
　　　　　　张　凯　张景艳　孟嘉仁　王旭荣

项目摘要：

通过整合甘肃省中兽药研发力量，联合具有成熟中兽药防治动物疾病技术的优势单位，以前期已有的研究平台为载体，结合甘肃省丰富的中草药资源，根据甘肃省乃至我国畜牧养殖业中动物疾病防治需求和企业产业化开发的需要，对前期研究技术和产品进行集成、组装和改进，形成配套技术；以企业为主体，建立试验示范基地，创制中兽药新产品，解决影响中兽药产业发展的共性关键技术问题，搭建甘肃省中兽药工程研究与开发的创新技术平台，进行研究成果及技术的转化与孵化；通过人才培养和技术的转移与推广、辐射，促进中兽药产业升级，推动中兽药产业发展，从而为畜牧业进步服务，为食品安全生产服务，为人类健康保证服务。

项目执行情况：

根据甘肃省养殖业中动物疾病防治需求和企业产业化开发的需要，结合本省丰富的中草药资源，创制中兽药新品种，为产业的跨越式发展搭建原始创新平台；在已有的研究平台上，对已有产品进行工艺优化、技术集成和产业开发，建立试验基地，进行集成示范；攻克关键共性技术，破解产业发展难题，为产业持续发展提供有力的技术支撑；孵化培育中兽药研发人才，为本省中兽药产业化发展培养优秀人才。

创新点及成果：

目前，创制新兽药 3 个，获得新兽药证书 1 项，其余 2 项均正在进行前期试验，以完成新药的申报工作；已发表论文 10 篇；培养硕士研究生 1 名，形成示范基地 1 个。

二十九、抗炎中药高通量筛选细胞模型的构建与应用

项目编号：1610322012004　　　　　　　　起止年月：2012.01—2012.12
资助经费：12 万元
主　持　人：张世栋　助理研究员

参 加 人：王东升　王旭荣　严作廷　潘　虎

项目摘要：

本研究以筛选治疗奶牛子宫内膜炎中药为目标，通过体外培养奶牛子宫内膜细胞，以致炎因子 LPS 诱导出炎症细胞模型，并以细胞生长状态和炎性细胞因子的水平作为模型标准评价，利用该模型建立快速可靠的中药活性筛选模型，并实现药物高通量筛选、药物组合使用合理优化等，预期可筛选出具有显著抗炎活性的中药及组方，同时为治疗奶牛子宫内膜炎相关药物的临床前疗效评价及药理学研究奠定基础。

项目执行情况：

本项目利用组织块培养法和酶消化法相结合的方法成功体外培养了奶牛子宫内膜细胞，并以差时酶消化法纯化分离了子宫内膜上皮细胞。呈铺路石状的上皮细胞，其特异性的角蛋白表达呈阳性，细胞纯度较高，群体稳定，第 2~8 代的传代细胞基本保持着原代细胞的生物学特性。此外，以 LPS 作为致炎因子，研究了 LPS 对奶牛子宫内膜上皮细胞的活力和增殖影响，评价了奶牛子宫内膜上皮细胞的体外细胞炎症模型，结果表明，剂量为 5~10μg/mL 的 LPS 可诱发奶牛子宫内膜上皮细胞的炎症反应，并能在 48h 内保持稳定。项目初步建立了奶牛子宫内膜上皮细胞的体外培养体系，形成了完整的奶牛子宫内膜上皮细胞炎症模型建立的技术路线，为继续展开利用细胞模型进行抗炎中药体外筛选、疾病模型和机制的体外研究奠定了良好的基础。

创新点及成果：

原代分离以组织块培养法和胶原酶消化法相结合，成功分离培养出大量奶牛子宫内膜原代细胞，具有时间短、效率高的意义。纯化培养了奶牛子宫内膜上皮细胞，并利用该细胞建立了炎症细胞模型。

三十、奶牛主要疾病诊断和防治技术研究

项目编号：1610322012016　　　　　　　　　　**起止年月**：2012.01—2012.12

资助经费：15 万元

主 持 人：杨志强 研究员

参 加 人：刘永明　严作廷　李宏胜　潘　虎　苗小楼　齐志明　李新圃　罗金印
　　　　　　王东升　王旭荣　董书伟　荔　霞　李世宏　王胜义　尚小飞　张世栋
　　　　　　杨　峰　王　慧

项目摘要：

通过本项目，进一步研究开发奶牛用新型疫苗、新型药物，建立一套重大疫病的病原学检测方法；制订防治奶牛重要疫病的综合防治体系，为奶牛业的顺利发展保驾护航；开展乳房炎的预防和治疗的新途径研究，探索新药物的疗效；开发奶牛乳房炎高效疫苗；应用先进的中药有效成分提取分离技术和制剂新工艺研制新型中草药制剂，形成高效、无抗生素残留的治疗奶牛子宫内膜炎、乳房炎、犊牛腹泻的新型中兽药专用药剂。开展奶牛乳房炎诊断液的研究；查明引起我国奶牛乳房炎、子宫内膜炎的主要病原菌血清型分布和优势血清型情况，建立我国奶牛乳房炎、子宫内膜炎主要病原菌数据库。

项目执行情况：

研制出治疗犊牛寒性腹泻中药 1 个，完成了药理学、毒理学、质量标准制定等相关试验。完成了治疗奶牛不发情药物的药理学、毒理学、质量标准制定等相关试验，筛选出治疗子宫内膜炎的中药 1 个，进行了临床试验。开展中药制剂"产复康"的质量标准的制定，建立了薄层鉴别方法。开展了奶牛乳房炎无乳链球菌血清型分布研究，确定了无乳链球菌主要有两个血清型为 II 型和 I a 型。开展了 II 型无乳链球菌和 8 株 I a 型无乳链球菌地方菌株的 Sip 基因序列和遗传进化分析。完善了奶牛乳房炎制苗生产工艺，开展了乳房炎多联苗免疫后人工抗感染试验，表明该多联苗有比较好的人工抗感染效果，用小白鼠和奶牛进行了乳房炎多联苗效力检验平行试验。运用 2-DE、MALDI-TOF-TOF MS/MS 和生物信息学等技术研究了蹄叶炎奶牛血浆蛋白质组学的变化情况，共发现蹄叶炎奶牛血浆差异表达蛋白 16 种。研制了牛羊微量元素舔砖专用模具，优化牛羊微量元素缓释剂和牛羊微量元素舔砖生产工艺，建立预混料添加剂生产线 1 条，获得 5 个品种预混料添加剂生产批号。开展了预防奶牛子宫内膜炎的灭活疫苗的研究，筛选出了 6 株毒力和生产性能优异的化脓隐秘杆菌和金黄色葡萄球菌的制苗菌株，初步制备出了灭活疫苗。

创新点及成果：

获得授权专利 13 个，其中实用新型专利 10 个，外观设计专利 1 个、发明专利 2 个。申报专利 2 个。发表论文 42 篇，出版著作 1 部。

三十一、中兽医药学继承与创新研究

项目编号： 1610322012017　　　　　　　　**起止年月：** 2012.01—2012.12
资助经费： 15 万元
主 持 人： 郑继方 研究员
参 加 人： 辛蕊华　王贵波　谢家声　罗超应　罗永江　李锦宇　李建喜

项目摘要：

以中兽药复方分散片与中兽药生物转化技术及经穴生物学机制研究为依托，通过多学科的交叉渗透，整合中兽医药优势资源和集成高新技术，以搭建一个中兽医药创新的共性、关键技术平台，为开展中兽医药学新技术与中兽医基础研究，继承和发扬中兽医诊治动物疾病的优势和特色，人才培养和国际学术交流提供技术支撑。

项目执行情况：

围绕着新兽药申报的有关要求与规定，分别对研究开发中的中兽药复方"射干地龙颗粒""根黄分散片"与"桑杏平喘颗粒"进行了有关研究，并取得了重要进展。

（1）"射干地龙颗粒"，在前期工作基础上，已完成剩余的所有新兽药申报材料的试验与资料总结工作，经过多方征求意见与反复修改，形成了比较完整的新药申报材料，并已上报农业部新兽药审评中心。

（2）"根黄分散片"除长期稳定性研究还在继续观察统计之中外，新药申报所需要的毒理学研究、制剂工艺研究、临床药效、靶动物安全性试验、大鼠的亚慢性毒性试验、安全药理学研究等内容与材料整理工作已基本完成，目前正在完善资料与准备申报当中。

（3）"桑杏平喘颗粒"是根据猪气喘病病证在古方麻杏石甘汤的基础上加减而形成的复方制剂。为对该复方进行系统研究，完成了处方筛选、药效学、药理学等研究工作，临床控制试验、本体动物的耐受性试验及临床药效学试验均委托重庆市畜牧科学院进行，已签订委托合同，且正在进行中。

创新点及成果：

获得2项国家发明专利，出版《兽医中药学》专著1部（120万字），发表论文7篇。

三十二、发酵黄芪多糖对树突状细胞成熟和功能的调节作用研究

项目编号：1610322013001　　　　　　　起止年月：2013.01—2013.12

资助经费：10万元

主 持 人：秦　哲　助理研究员

参 加 人：张景艳　张　凯　王　磊　孟嘉仁

项目摘要：

黄芪多糖是一种常用的免疫增强药物，能作用于多种免疫活性细胞，促进细胞因子分泌和抗体生成，从不同方面发挥免疫调节作用。实验室前期研究发现，生药黄芪经FGM-9菌株发酵后，发酵产物中多糖得率及含量显著提高，同时该多糖对肉仔鸡的生产性能和健康状况有明显提高作用，但其增强机体免疫机能的机制尚不清楚。为了解发酵黄芪多糖增强机体免疫力的分子机制，本项目拟采用体内、体外结合研究的方法，应用DC体外分离培养技术、流式细胞仪检测技术、扫描电镜技术、酶联免疫吸附试验检测DC表型和功能的各种指标，研究发酵黄芪多糖及黄芪多糖对DC功能调节的机制。旨在为阐明发酵黄芪多糖的免疫学活性提供科学依据，通过比较两种多糖作用效果，为发酵产品的进一步开发和应用提供理论支撑。

项目执行情况：

利用两步柱层析法分离纯化后的发酵黄芪多糖（FAPS）和生药黄芪多糖（APS）不同组分；利用含GM-CSF（20ng/mL）、IL-4（20ng/mL）和10%胎牛血清的RPMI 1640培养基从Bab/C小鼠的骨髓前体细胞中诱生树突状细胞（DCs）。在培养的第5d，用Mini MACS免疫磁珠法分选CD11c+ DCs，并将DCs等分成8组，分别加入FAPS（50、100、200μg/mL）、APS（50、100、200μg/mL）、RPMI 1640、LPS（1μg/mL）继续培养24h。于第6d收获DCs。利用流式细胞术分析DCs表面分子的表达、ELISA法检测细胞培养液中细胞因子分泌水平、扫描电镜法测定DCs形态并对各组DCs计数，以分析比较FAPS和APS组DCs的成熟度和免疫功能水平。结果表明，利用两种多糖进行药物干预不影响DCs细胞的正常生长，且均能够有效刺激DCs表面产生典型的棘状突起，增强其抗原摄取和提呈能力。与阴性对照组比较，FAPS各剂量组的DCs MHCⅡ、CD86和CD80三种分子的表达均显著升高，说明FAPS具有促进T细胞克隆增殖活化及诱导CTL分化的作用，进而激活B细胞分泌产生抗体。IFN-γ、IL-12、TNFα和IL-6可由多种免疫细胞分泌，在机体免疫功能发挥的过程中互相协调，激活巨噬细胞、NK细胞发挥清除病原的作用，FAPS各剂量组均能不同程度升高细胞因子的表达，并显著高于阴性对照组（$P<0.05$），尤其

FAPS 100μg/mL 组 TNFα 显著高于阳性对照组（$P<0.01$）。结论：FAPS 和 APS 均能有效刺激 DCs 表面分子的表达，提高细胞因子的分泌水平。多糖组可促进 DCs 表型成熟和提高其免疫功能。综合比较除 MHCⅡ分子外，其余各项指标 FAPS 均不同程度优于 APS，具体机制有待进一步试验验证。

创新点及成果：

首次比较了黄芪发酵前后多糖对小鼠骨髓源 DCs 的成熟和免疫功能的作用，研究发现 FAPS 在提高 CD86、CD80 的表达和促进 IL-12 和 TNFα 分泌的能力均优于 APS 组。授权专利 1 项。

三十三、奶牛乳房炎无乳链球菌比较蛋白组学研究

项目编号：1610322013002　　　　　　　　**起止年月：**2013.01—2013.12
资助经费：10 万元
主 持 人：杨　峰　研究实习员
参 加 人：王旭荣　李宏胜　王　玲　李新圃　罗金印
项目摘要：

无乳链球菌是引起奶牛乳房炎的重要病原菌之一，根据其细胞壁多糖及表面蛋白不同，可将其分为 10 个血清型。最新研究结果表明，不同血清型菌株之间交叉反应性差或无交叉免疫性，成为奶牛乳房炎疫苗研制的瓶颈。目前，奶牛乳房炎无乳链球菌不同血清型菌株的蛋白差异尚不清楚。本项研究拟采用双向电泳、生物质谱技术和生物信息学结合的蛋白组学技术，以奶牛乳房炎无乳链球菌优势血清型菌株的分泌蛋白和外膜蛋白为研究对象，研究不同血清型菌株之间共性蛋白和差异蛋白的特点，同时用 PCR 进行验证。该项研究的完成为全面了解奶牛乳房炎无乳链球菌免疫蛋白抗原特点，深入探讨其免疫机制和耐药机理提供坚实的基础，同时为奶牛乳房炎有效抗原的筛选和疫苗的研制，保障乳品卫生和安全，有效的预防和控制奶牛乳房炎提供可靠的科学依据。

项目执行情况：

先后从宁夏和甘肃 6 个不同规模的牛场共采集临床型乳房炎奶样 122 份，其中分离得到无乳链球菌菌株 23 株。通过提取细菌 DNA，多重 PCR 扩增，最终的电泳结果显示宁夏牛场分离的无乳链球菌菌株均为Ⅰa 型，甘肃牛场分离的无乳链球菌菌株均为Ⅱ型。对分离得到的无乳链球菌进行药敏试验结果显示，分离得到的无乳链球菌对新霉素、强力霉素、复方新诺明和四环素比较敏感，对万古霉素、氟苯尼考、红霉素、恩诺沙星、培氟沙星、青霉素、阿莫西林和环丙氟哌酸表现为耐药。同时，研究了 N-乙酰-L-半胱氨酸对Ⅰa型牛源无乳链球菌诱导的小鼠肝脏氧化损伤的保护作用；采用 TCA 的丙酮溶液沉淀蛋白的方法提取了细菌分泌蛋白，通过细胞破碎仪对无乳链球菌外膜蛋白进行了提取，并通过双向电泳、胶图扫描对无乳链球菌不同血清型的分泌蛋白和外膜蛋白进行了初步的分离。为后续的筛选分离不同血清型无乳链球菌疫苗候选蛋白奠定了基础。

创新点及成果：

本项目首次将蛋白组学技术用于奶牛乳房炎无乳链球菌蛋白组的研究，初步研究了无

乳链球菌全菌蛋白组成及菌间差异，在国内期刊上发表核心论文2篇，获得实用新型专利1项。

三十四、祁连山草原土壤—牧草—羊毛微量元素含量的相关性分析及补饲技术研究

项目编号：1610322013003　　　　　　　　起止年月：2013.01—2015.12
资助经费：40万元
主　持　人：王　慧　助理研究员
参　加　人：王胜义　董书伟　王晓力　朱新强　荔　霞
项目摘要：

本项目采用地统计学及统计学的方法，研究祁连山草原土壤铜、锰、铁、锌、硒5种微量元素的分布特征及土壤—牧草—羊毛微量元素含量之间的相关性，同时，对土壤微量元素之间相关性进行分析，为科学评价土壤的理化环境、提高牧草的营养水平及制订针对性补饲提供科学依据。同时，对该地区发生的疑似"白肌病"进行调查研究，统计发病羊与羊毛微量元素含量之间的相关性，采集病料，从病理组织学等方面探讨发病原因。根据土壤、牧草、羊毛中微量元素的含量，初步制订绵羊微量元素补饲措施。

项目执行情况：

研究了祁连山草原土壤铜、锰、铁、锌4种微量元素的分布特征及土壤—牧草—羊毛微量元素含量之间的相关性，采用地统计学方法绘制了祁连山地区放牧表层土壤铜、锰、铁、锌、硒5种微量元素的分布图，为科学评价土壤的理化环境、提高牧草的营养水平及制订针对性补饲提供科学依据。同时，对该地区的羔羊进行了病理组织学分析，探讨发病原因；对羊肉进行了脂肪酸及氨基酸组成分析。根据土、草、畜微量元素检测结果及乳成分检测结果，初步制定了适用于该地区的羔羊代乳粉配方。同时，应用复合微量元素营养舔砖对该地区的藏羊进行补饲，结果表明，复合微量元素营养舔砖极显著提高了羔羊的成活率；平均每只羊每天消耗舔砖13.09g；舔砖可显著提高血清中Mn、Fe、Se的水平（$P<0.01$），降低MDA含量（$P<0.05$），增加GSH活性（$P<0.05$）；可显著提高T－AOC、T－SOD、MAO活力（$P<0.01$及$P<0.05$）；另外，可显著提高IgA、IgM、IGF－1的水平（$P<0.01$及$P<0.05$）。病理组织学分析表明，长期补饲营养舔砖无毒性作用。对奶牛血液中及牛奶中微量元素水平进行了检测分析，结果表明，在不同泌乳期血液和牛奶中微量元素的含量也不同，且二者之间，Mn的含量呈极显著的相关性，相关系数为0.388。利用蛋白质组学技术，初步研究了大鼠饲喂药理剂量硫酸锰日粮后十二指肠黏膜蛋白组的差异表达，经质谱共鉴定到蛋白质3 020个，其中各通道标记标签皆有定量信息的蛋白质有3 012个；与对照组相比实验组中有67个蛋白点表达量上调；同时有108个蛋白点表达量下调，分子量分布在1.7~212.1kD，等电点分布在4.2~11.84。采用基于HSS T3 UH-PLC-Q-TOF MS技术的代谢组学方法对2组大鼠血浆样本进行了代谢轮廓变化分析。质量控制实验表明，本次试验的仪器分析系统稳定性较好，试验数据稳定可靠。在试验中获得的代谢谱差异能反映样本间自身的生物学差异。PCA和PLS-DA分析结果表明，与C组相

比，T组血清代谢谱没发生明显改变。以 $VIP>1$、$P<0.05$ 为筛选标准，筛选两组间显著性差异代谢物，$VIP>1$ 且 $0.05<P<0.1$ 的代谢物为有差异的代谢物，随后对差异代谢物进行了聚类分析和KEGG代谢通路分析。

创新点及成果：

采用GPS定位，测定祁连山草原放牧土壤微量元素的含量，利用地统计学绘制土壤微量元素分布图；应用蛋白质组学方法对Mn离子的肠道吸收转运机制进行初步研究。发表科技论文13篇，其中SCI论文9篇，授权专利5项。

三十五、防治猪气喘病中药可溶性颗粒剂的研究

项目编号：1610322013015　　　　　　　　　　**起止年月：**2013.01—2013.12

资助经费：20万元

主 持 人：辛蕊华 助理研究员

参 加 人：郑继方　罗永江　谢家声　王贵波　罗超应　李锦宇

项目摘要：

本项目旨在研制防治猪气喘病的中药可溶性颗粒剂。依据中兽医药学君、臣、佐、使的配伍原则，本项目拟通过对传统方例进行辨证加减，选用射干、苦杏仁等中药，依据药效学试验结果筛选出对猪气喘病疗效显著的中兽药复方；通过毒理试验及药理学试验考察其组方的安全性和有效性；借鉴药物新制剂的研究方法，研制出防治猪气喘病的中药可溶性颗粒剂，考察可溶性颗粒的成型工艺，得到优化处方；利用现代仪器检测方法，鉴定复方中的中药组分、测定该制剂中标示性成分的含量，建立该制剂的质量标准（草案）；通过临床试验研究该制剂对猪气喘病的临床控制及治疗效果。

项目执行情况：

根据君、臣、佐、使的配伍原则，将紫菀、百部等6味药材组合成5个不同中药组方，通过猪气喘病的临床病例比较各个组方的治疗效果，筛选疗效最佳的组合为组方3；根据小鼠的急性毒性试验的结果，经过Bliss方法计算出方3对小鼠的LD50为319.16g/kg bw，95%的可信限为270.31~363.68g/kg bw，根据标准判定可视为实际无毒产品；通过Wistar大鼠的亚慢性毒性试验结果，表明组方3在实验动物进食量、饮水量、精神状态、呼吸情况、被毛光泽度以及体温等方面均无异常变化，各脏器指数与对照组相比均无显著性差异（$P>0.05$），实验动物的血液生理生化指标及病理组织方面与对照组相比无显著性差异（$P>0.05$）；通过大鼠祛痰试验、小鼠镇咳试验及豚鼠平喘试验结果表明，中、高剂量的紫菀百部颗粒具有明显的祛痰、镇咳及平喘的效果；采用正交试验筛选出该组方的提取方法为优化条件为A3B3C1；建立该组方中紫菀酮的HPLC含量测定方法：采用C18反相柱，以乙腈—水为流动相，检测波长为200nm，回归方程为 $A=11\,481C+36\,617$（$R2=1$，$n=6$），其线性范围为 $10.2~510.0\mu g/mL$；建立对组方中紫菀、百部等药味的薄层鉴别方法，供试品色谱中，在与对照品色谱相应的位置上显示相同颜色的斑点，阴性对照液无相应斑点，本试验所建立的方法简便、准确、专属性强、重复性好，可有效地控制颗粒的质量。

创新点及成果：

利用中药有效成分研制出高效速释、稳定性高、使用方便、安全低毒、质量可控的防治猪气喘病颗粒剂。发表科技论文 7 篇，申请专利 11 项，培育硕士研究生 1 名。

三十六、奶牛子宫内膜炎相关差异蛋白的筛选研究

项目编号：1610322014001　　　　　　　　　起止年月：2014.01—2014.12
资助经费：10 万元
主　持　人：张世栋　助理研究员
参　加　人：严作廷　王东升　董书伟　杨　峰

项目摘要：

子宫内膜炎是奶牛重要的常见多发病，严重影响了奶牛的繁殖性能，给奶业造成了巨大的经济损失。目前，奶牛患子宫内膜炎后，其血浆蛋白组和子宫内膜组织蛋白组发生了怎样的变化，尚未见类似报道。本项目拟采取蛋白质组学技术，结合分子生物学、病理学和生物信息学等学科，通过比较健康和患病奶牛子宫组织和血浆蛋白质组学的表达变化，筛选疾病相关的差异表达蛋白，通过生物信息学分析构建差异蛋白相互作用网络，寻找在子宫内膜炎发生中的关键节点蛋白；揭示差异蛋白在子宫内膜炎发生中的作用，为筛选防治奶牛子宫内膜炎潜在的药物靶标，以及在蛋白水平阐明奶牛子宫内膜炎的发病机理提供科学依据。

项目执行情况：

以 iTRAQ 技术筛选了子宫内膜炎患病牛与未患病牛的子宫组织与血浆中差异表达蛋白组，并对差异表达蛋白进行了生物信息学分析。结果显示，子宫组织中共有 159 个差异蛋白，其中表达上调的有 109 个，下调的有 50 个；血浆中差异表达蛋白共有 137 个，其中表达上调的有 49 个，下调的有 88 个。子宫组织和血浆中共有的差异表达蛋白有 9 个。分别对子宫组织和血浆中的差异蛋白进行了聚类分析、基因本体论和信号通路的注释与富集分析，以及差异蛋白的相互作用网络模型。结果显示：组织中涉及最多差异蛋白的信号通路主要包括代谢途径、次生代谢产物的生物合成、黏着斑、细胞骨架调节、剪接体、内吞作用等；血浆中的主要的信号通路包括：补体系统、葡萄球菌感染、胞吞作用、慢性炎症。组织和血浆中共有的主要生物过程包括：炎症、生物粘连、代谢过程、生物过程调节、刺激应答等。最后，在相应的子宫组织中，以 qRT-PCR 技术检测了 10 个基因，作为蛋白组学检测的分子表达验证依据。

创新点及成果：

首次以 iTRAQ 技术研究中国荷斯坦奶牛子宫组织中蛋白表达，揭示蛋白表达水平变化与子宫内膜炎发病机制之间的相关性。授权专利 4 项，撰写 SCI 论文 1 篇。

三十七、药用植物精油对子宫内膜炎的作用机理研究

项目编号：1610322014004　　　　　　　　　起止年月：2014.01—2015.12

资助经费：30 万元

主 持 人：王 磊 研究实习员

参 加 人：崔东安 王旭荣 张景艳 李建喜

项目摘要：

本研究拟选用活血化瘀、清热解毒中药材，采用水蒸气蒸馏法提取精油；并利用气相色谱—质谱联用技术测定其有效成分含量。采用脂多糖子宫灌注技术，建立大鼠子宫内膜炎动物模型，并从临床症状、病理学变化、炎症因子、激素调节、血小板聚集、胶原蛋白降解等方面综合评价该模型用于研究精油对子宫局部微循环影响的可行性。传代培养奶牛子宫内膜上皮细胞，并用脂多糖刺激奶牛子宫内膜上皮细胞，通过 MTT 法筛选最佳刺激浓度；从激素调节、炎症因子和细胞核因子 κB 表达等方面考察其与子宫内膜上皮细胞损伤的相关性。

项目执行情况：

采用水蒸气蒸馏法和挥发油提取装置分别提取刘寄奴挥发油，得率分别为 0.0054%和 0.0073%。在甘肃、山西、陕西、青海 4 省 7 个奶牛场共采集临床型奶牛子宫内膜炎病料 67 份，分离出 19 种类型 104 株细菌，大肠杆菌为主要病原菌，分离率为 64.18%，其次是化脓隐秘杆菌（22.39%）、短小芽孢杆菌（17.91%）、地衣芽孢杆菌（14.93%）；分离出的大肠杆菌对抗生素的敏感性试验结果显示，对氨苄西林、阿莫西林/棒酸、杆菌肽和头孢噻吩耐药，对阿米卡星、美罗培南、头孢噻肟、诺氟沙星、氧氟沙星、环丙沙星等敏感；分离出的化脓隐秘杆菌对杆菌肽、红霉素、林可霉素耐药，对头孢哌酮、氧氟沙星、甲氧苄啶、头孢噻肟棒酸、氟苯尼考、氧氟头孢等敏感。通过体外抑菌试验，评价了 14 种精油对子宫内膜炎主要致病菌的抑菌效果，筛选出 6 种杀菌效果良好的精油，分别为百里香油、樟脑油、香樟油、茶树油、薰衣草油和金银花油。采用琼脂扩散法和微量稀释法，通过利用金黄色葡萄球菌、白色假丝酵母菌和枯草芽孢杆菌对初步筛选出的 6 种精油进行二次筛选，结果显示百里香油、樟脑油和香樟油作用最强。采用棋盘滴定法考察了百里香油、香樟油的协同作用，确定使用剂量。建立致病菌诱导的大鼠子宫内膜炎模型，考察了复方精油对大鼠子宫内膜炎的治疗效果，结果显示中剂量组疗效最佳，可显著降低炎症因子 IFN-r、IL-1a、IL-1b、TNF-a、IL-6 等水平，提高子宫组织中 MMP-2 和 MMP-9 含量，显著改善子宫炎症状况；且与模型组相比，中剂量药物组大鼠子宫组织中 NF-κB P65、P38 含量明显降低，IKB、JNK 和 ERK1/2 含量变化不显著，表明精油复方可通过 NF-κB、MAKs 信号通路起到抗炎性损伤的作用。开展局部刺激性试验，结果显示复方精油对子宫内膜无刺激性。

创新点及成果：

筛选出对奶牛子宫内膜炎病原菌具有良好杀菌作用的精油 6 个，建立了大鼠子宫内膜炎动物模型，为防治奶牛子宫内膜炎药物的优选奠定了基础。发表 SCI 论文 2 篇；申报专利 7 项，已授权 2 项。

三十八、防治猪气喘病紫菀百部颗粒的研制

项目编号：1610322014005　　　　　　　　**起止年月**：2014.01—2014.12
资助经费：10 万元
主　持　人：辛蕊华 助理研究员
参　加　人：郑继方　谢家声　王贵波　罗永江　罗超应　李锦宇
项目摘要：

本项目依据中兽药学君、臣、佐、使的配伍原则，拟通过对传统方例进行辨证加减，选用紫菀及百部等中药，依据药效学试验结果筛选出对猪气喘病疗效显著的中兽药复方；通过毒理试验及药理学试验考察其组方的安全性和有效性；借鉴药物新制剂的研究方法，研制出防治猪气喘病的中药颗粒剂，考察该制剂的成型工艺并优化处方；利用现代仪器检测方法，鉴定复方中的中药组分、测定该制剂中标示性成分的含量，建立该制剂的质量标准（草案）；通过临床试验研究该制剂对猪气喘病的临床验证及扩大试验。本项目的实施，将研制出治疗猪气喘病的新药制剂，为其今后进入市场应用奠定基础。

项目执行情况：

将紫菀、百部等 6 味药材组合成多个不同的中药组方，通过猪气喘病的临床病例比较各个组方的治疗效果，筛选出疗效最佳的药物组合；根据小鼠的急性毒性试验的结果，通过 Bliss 方法计算出本组方对小鼠的 LD50 为 319.16g/kg bw，95% 的可信限为 270.31～363.68g/kg bw；通过 Wistar 大鼠的亚慢性毒性试验结果，表明本组方在实验动物进食量、饮水量、精神状态、呼吸情况、被毛光泽度以及体温等方面均无异常变化，各脏器指数与对照组相比均无显著性差异（$P > 0.05$），实验动物的血液生理指标、生化指标及病理组织方面与对照组相比无显著性差异（$P > 0.05$）；采用正交试验筛选出本组方提取方法的优化条件为 A3B3C1；建立该组方中紫菀酮的 HPLC 含量测定方法：采用 C18 反相柱，以乙腈—水为流动相，检测波长为 200nm，回归方程为 $A = 11\,481C + 36\,617$（$R2 = 1$，$n = 6$），其线性范围为 10.2～510.0μg/mL；考察该制剂的稳定性。建立对组方中紫菀、百部等药味的薄层鉴别方法，供试品色谱中，在与对照品色谱相应的位置上显示相同颜色的斑点，阴性对照液无相应斑点。本试验所建立的方法简便、准确、专属性强、重复性好，可有效地控制颗粒的质量。通过大鼠祛痰试验、小鼠镇咳试验及豚鼠平喘试验结果表明，中、高剂量的紫菀百部颗粒具有明显的祛痰、镇咳及平喘的效果。通过稳定性试验，结果表明在加速试验条件下紫菀百部颗粒稳定性良好。

创新点及成果：

利用中药有效成分研制出高效速释、稳定性高、使用方便、安全低毒、质量可控的防治猪气喘病颗粒剂。发表科技论文 3 篇，获得发明专利 1 项及实用新型专利 1 项，培养硕士研究生 1 名。

三十九、藏药蓝花侧金盏有效部位杀螨作用机理研究

项目编号：1610322014011　　　　　　　　　　起止年月：2014.01—2015.12

资助经费：16 万元

主 持 人：尚小飞 助理研究员

参 加 人：潘　虎　王东升　董书伟　苗小楼

项目摘要：

动物螨病是导致动物生产性能及畜产品质量下降甚至死亡的一种体外寄生虫病。现有抗生素、化学药物虽能够有效控制螨病的发生，但长期大量使用产生药物残留、抗药性及其环境危害。目前，从传统药用植物中筛选、研发安全高效的杀螨药物已成为新的研究热点。前期研究中发现藏药蓝花侧金盏提取物具有良好的杀兔痒螨作用，能有效控制兔螨病的发生。本项目借助现代药物研究技术，在对蓝花侧金盏杀螨有效部位研究的基础上，采用生化分析方法测定给药前及给药后不同时期，与兔痒螨代谢相关的酶活性变化（SOD、CAT、POD、CarE、GSTs、MAO、AchE、Ca+-ATP）；利用 2-DE 和 MS 等差异蛋白质组学研究方法研究药物有效部位对兔痒螨差异蛋白的影响；利用 RT-PCR 验证 RNA 水平差异蛋白的表达，采用生物信息学方法对差异蛋白的结构、功能进行分析。探讨蓝花侧金盏杀螨作用机理，为杀螨作用靶点的筛选和新兽药的研制提供理论依据。

项目执行情况：

应用生化分析法初步研究兔螨病的发病机理和蓝花侧金盏有效部位对螨虫代谢酶影响的研究，利用差异蛋白质组学研究方法，寻找和评价药物处理前后及不同时期螨虫的差异蛋白和其生物功能；应用 HPLC-MS 对蓝花侧金盏的化学成分进行了初步分析，对药物有效成分的研究提供一定数据。由于螨虫之前研究较少，缺少参考基因组学数据，MRM 验证不能进行。因此，现已开展转录组学研究，以期对其研究进行补充。在对四川省若尔盖县、甘肃甘南地区和西藏等地藏兽医药资源调查的基础上，完成《中国藏兽医药数据库》的建设。

创新点及成果：

首次研究了藏药蓝花侧金盏杀螨活性，并采用差异蛋白组和转录组相关技术对其作用机理开展研究。建设了我国首个《中国藏兽医药数据库》。发表 SCI 论文 3 篇，主编出版《若尔盖高原常用藏兽药与器械图谱》。

四十、基于蛋白质组学和血液流变学研究奶牛蹄叶炎的发病机制

项目编号：1610322014012　　　　　　　　　　起止年月：2014.01—2015.12

资助经费：20 万元

主 持 人：董书伟 助理研究员

参 加 人：严作廷　张世栋　王东升

项目摘要：

蹄叶炎是常见的奶牛多发病，严重影响了奶牛生产性能发挥和动物福利，给奶业造成了巨大的经济损失。但是，蹄叶炎的发病机制尚不明确，奶牛蹄叶炎发生发展过程中，血液流变学性质和血浆蛋白质组表达发生了怎样的变化？目前在国内外尚未见到报道。本项目在前期初步研究奶牛蹄叶炎发生后血浆蛋白组差异表达的基础上，采用比较蛋白质组学、血液流变学、生物信息学和病理学等多学科交叉策略，通过比较健康奶牛和急性蹄叶炎奶牛不同发展时期的血液流变学、血浆蛋白组学和生理生化指标变化，筛选疾病发生发展过程中生物标志物，揭示其与蹄叶炎发生发展的内在联系，筛选早期诊断或监测指标和潜在的药物靶标，为进一步阐明蹄叶炎发生发展的分子机制提供科学依据。

项目执行情况：

全面检索相关学术文献，完善试验方案，并请相关领域的专家对本试验的方案进行了论证，对可行性和新颖性做了评价。调查奶牛蹄叶炎的病因和发病情况，选择甘肃省荷斯坦奶牛繁育示范中心作为本实验的合作基地，并签订合作协议。收集奶牛血样，其中蹄叶炎患病奶牛 20 头，健康奶牛 14 头，每隔 10d 定期采集样品，分别采集 4 次，在采集后 4h 内检测血常规和血液流变学指标的，录入试验数据，进行统计分析。对前期采集的样品进行了蛋白质组学分析，利用 ITRAQ 同位素标记技术对鉴定的蛋白定量，筛选奶牛蹄叶炎不同发生发展阶段的差异蛋白，并利用生物信息学手段对差异蛋白进行 GO 富集分析和 Pathway 代谢通路的富集分析，对差异蛋白的表达模式做了富集分析，发现奶牛蹄叶炎不同发展过程中多种代谢通路发生了显著的变化，为进一步解释奶牛蹄叶炎的发病奠定理论基础。

创新点及成果：

首次将蛋白质组学技术引入到奶牛蹄叶炎的研究中，筛选奶牛蹄叶炎不同发展时期血浆中的差异蛋白，并利用生物信息学构建差异蛋白的相互作用网络，探索奶牛蹄叶炎发展过程中差异蛋白与血液流变学改变的内在联系，揭示其在蹄叶炎发生发展中的作用。发表科技论文 4 篇，其中 SCI 论文 1 篇；申请专利 4 项，授权 1 项。

四十一、发酵黄芪多糖对病原侵袭树突状细胞的作用机制研究

项目编号： 1610322014019　　　　　　　　**起止年月：** 2014.01—2014.12
资助经费： 16.3 万元
主 持 人： 秦　哲　助理研究员
参 加 人： 张景艳　王旭荣　王　磊　孔晓军　李建喜　孟嘉仁
项目摘要：

黄芪多糖是一种常用的免疫增强药物，能作用于多种免疫活性细胞，促进细胞因子分泌和抗体生成，从不同方面发挥免疫调节作用。生药黄芪经 FGM-9 菌株发酵后，发酵产物中多糖得率及含量显著提高，同时该多糖对肉仔鸡的生产性能和健康状况有明显提高作用，但其增强机体免疫机能的机制尚不清楚。树突状细胞（DCs）是机体免疫系统中一组形态和功能异质性的专职抗原递呈细胞，具有强大的抗原递呈以及免疫调节能力，在体液

免疫和细胞免疫过程中都发挥重要的作用。前期研究发现，发酵黄芪多糖（FAPS）和生药黄芪多糖能够刺激骨髓源 DCs 表型成熟及增强免疫调控作用。本项目拟采用体外研究的方法，体外分离培养 DCs，将发 FAPS 给予病原侵袭 DCs，借助流式细胞仪检测技术、qRT-PCR 技术、Western Blot 技术及酶联免疫吸附试验检测，研究 FAPS 对病原侵袭的 DCs 的影响及作用机制。旨在为阐明 FAPS 的免疫学活性提供科学依据，通过比较两种多糖作用效果，为发酵产品免疫增强剂的进一步开发和应用提供理论支撑。

项目执行情况：

利用两步柱层析法分离纯化后的发酵黄芪多糖（FAPS）和生药黄芪多糖（APS）的中性多糖组分分子量分别为 1.836×10^5 Dal 和 $6.386 \times 10^4 \sim 1.008 \times 10^5$ Dal。进一步优化了小鼠骨髓源树突状细胞体外培养条件，对小鼠进行腹腔注射 OVA，收获致敏脾细胞，分别通过 MTS 法检测骨髓源树突状细胞的抗原递呈能力，并采用 ELISA 法检测 IL-2 和 IFN-γ 的浓度，试验结果表明，经发酵黄芪多糖药物刺激后，DCs 进一步活化其抗原提成能力明显升高。小鼠心脏采血分离外周血单核细胞，培养 5d 后利用流式细胞术分析单核细胞和 DCs 表面分子的表达、显微镜和扫描电镜法观察 DCs 形态，建立由单核细胞分化树突状细胞的试验技术体系。研究结果表明，LPS 能够刺激外周血树突状细胞的成熟和吞噬能力的增强，但是经诱导后的 DCs 的表面分子标志可能发生了变化，需要进一步研究。

创新点及成果：

成功建立了本实验室小鼠外周血单核细胞向树突状细胞诱导分化的技术体系。获得甘肃省科技进步三等奖 1 项，发表科技论文 1 篇，授权实用新型专利 2 项。

四十二、益生菌发酵对黄芪有效成分变化的影响研究

项目编号：1610322014020　　　　　　**起止年月：**2014.01—2014.12
资助经费：17 万元
主　持　人：孔晓军　研究实习员
参　加　人：秦　哲　张景艳　王旭荣　王　磊　李建喜　孟嘉仁

项目摘要：

黄芪是一种临床常用中药，具有提高免疫力、抗病毒、抗菌、抗氧化、调节血糖、保肝护肾等多种药效作用。其主要有效成分为黄芪多糖、黄芪皂苷及黄芪异黄酮。然而，由于生药黄芪中有效成分提取得率较低而限制了其广泛应用。前期研究表明，生药黄芪经 FGM9 菌株发酵后，发酵产物中粗多糖得率显著提高，毛蕊异黄酮葡萄糖苷含量变化不显著，而黄芪甲苷含量有所降低。但发酵黄芪的质量控制，药效成分的含量变化有待研究。本研究通过超滤分离不同分子量多糖，大孔树脂纯化分离皂苷和异黄酮，借助高效液相色谱、气相色谱、质谱、红外、紫外光谱及核磁共振等检测手段，首次对发酵黄芪中主要有效成分的综合提取、含量测定及结构分析进行系统研究，制定发酵黄芪产品的质量标准。比较黄芪生物转化前后有效成分的变化，为阐明黄芪生物转化机制提供理论依据。

项目执行情况：

采取综合提取黄芪皂苷和多糖的提取方法，即先醇提皂苷部位再水提多糖。对于黄芪

皂苷的提取分离研究，首先通过不同化学物质定性显色反应预测醇提部位中的物质种类。另外，采用柱层析法比较两种大孔吸附树脂对皂苷的富集作用，考察不同浓度乙醇的洗脱能力，并计算了黄芪皂苷粗品得率和皂苷含量。对于多糖的提取工艺研究，通过对传统水煎法、纤维素酶辅助提取法、生石灰水提取法、温浸法的比较优选出最佳提取方法，用苯酚—硫酸法测定多糖含量。用 DEAE-52 和 Sephadex G100 对粗多糖进行进一步纯化分离，再采用高效凝胶渗透色谱—蒸发光散射检测法（HPGPC-ELSD）测定纯化多糖的分子量。采用高效液相色谱—蒸发光散射检测器法（HPLC-ELSD）及高效液相色谱法—紫外检测器法（HPLC-UV）分别对黄芪生药及黄芪发酵粉中的黄芪甲苷和毛蕊异黄酮葡萄糖苷进行含量测定，旨在通过对比发酵前后黄芪有效成分的变化并为发酵黄芪产品的质量评价提供依据。

创新点及成果：

首次开展了发酵黄芪中毛蕊异黄酮葡萄糖苷和黄芪甲苷的含量测定，发酵黄芪和生药黄芪中黄芪多糖和皂苷的提取分离及含量测定。授权专利 1 项。

四十三、电针对犬痛阈及中枢强啡肽基因表达水平的研究

项目编号：1610322014021　　　　　　　　**起止年月：**2014.01—2014.12
资助经费：16.7 万元
主 持 人：王贵波 助理研究员
参 加 人：辛蕊华 罗永江 罗超应 李锦宇
项目摘要：

针刺镇痛是重要的外科技术之一，是我国传统医学的瑰宝，是 20 世纪针灸科学中最重要的原创性成果。本实验采用电针刺激犬天门和百会穴位，以钾离子透入法测定痛阈，采集各生理指标说明电针麻醉的优势，应用实时荧光定量 PCR 技术检测强啡肽原 mRNA 的表达情况，以了解电针对麻醉犬的痛阈、生理指标与中枢强啡肽含量及分布的相关性，初步阐明动物电针镇痛的分子机理，促进电针镇痛在兽医临床上的应用。

项目执行情况：

选取犬的"百会""寰枢"，"百会""天门"与"足三里""阳陵"三组组穴，采用 SB71-2 麻醉治疗兽用综合电疗机进行电刺激。以 DL-Z Ⅱ 直流感应电疗机测定犬的左胁部中部痛阈值，以痛阈变化率表示麻醉对痛阈变化的影响。实验结果表明，电针"百会""寰枢"后犬的痛阈值升高最为明显（$P<0.05$），同时对血细胞值的影响不显著，对血气相关检测指标的影响也呈现不显著差异，针刺"百会""寰枢"组穴可有效引起白介素 1β、白介素 2 和白介素 8 的含量升高。以上结果表明，电针的"百会""寰枢"组穴对犬较好的镇痛效果而对犬机体的生理和血细胞指标影响不显著，是一种适合于配合药物麻醉的有效的辅助手法。同时还利用预实验的部分兔和犬的脑进行了病理组织切片和染色。摸索了适宜于脑组织的合适的 H.E 染色条件。还完成了部分免疫组化的预试工作。

创新点及成果：

根据针刺镇痛的中枢机理，采用免疫组化技术，弄清针刺镇痛与强啡肽基因表达水平的相关性及其与痛阈的关系，对针刺镇痛中枢体液调节机制的阐明以及兽医针刺镇痛的临床应用均起着重要作用。获得专利 5 项，其中发明专利 1 项；发表科技论文 1 篇。

四十四、奶牛主要疾病诊断及防治技术研究

项目编号：1610322014028　　　　　　　**起止年月：**2014. 01—2014. 12
资助经费：35 万元
主 持 人：杨志强 研究员
参 加 人：刘永明　严作廷　李宏胜　潘　虎　罗金印　李新圃　苗小楼　王东升
　　　　　　董书伟　张世栋　王胜义　尚小飞　杨　峰　王　慧

项目摘要：

本研究根据我国奶牛养殖中疾病防治现状，拟开展奶牛乳房炎无乳链球菌不同血清型差异蛋白筛选研究，筛选无乳链球菌优势抗原，研制无乳链球菌快速诊断试剂盒；开展奶牛乳房炎灭活多联疫苗，开展疫苗中试生产工艺研究，申报临床试验批件，为新兽药注册奠定基础；研制防治奶牛乳房炎、子宫内膜炎和犊牛腹泻高效安全防治药物，申报新兽药证书 1~2 种；通过对奶牛隐性子宫内膜炎血液学、生理生化、免疫学、激素、急性期蛋白、基质金属蛋白酶和抑制物等指标检测，经统计学分析，筛选出隐性子宫内膜炎候选生物标志物，建立隐性子宫内膜炎的诊断技术；开展奶牛子宫内膜炎蛋白质组学研究，筛选标志性蛋白；调查我国奶牛乳房炎、子宫内膜炎的主要病原菌血清型分布和优势血清型情况，为建立我国奶牛乳房炎、子宫内膜炎主要病原菌数据库奠定基础。

项目执行情况：

开展了中国西部地区奶牛乳房炎主要病原菌区系分布及抗生素耐药情况，建立无乳链球菌生化鉴定和血清分型的分子鉴定方法；开展了奶牛乳房炎多联苗佐剂筛选，建立了小鼠的疫苗评价方法；建立中试发酵生产工艺，中试生产乳房炎灭活多联苗 15 000mL，完成临床扩大试验。开展了治疗奶牛乏情中药制剂藿芪灌注液的中试生产、加速稳定性和长期稳定性试验，并委托西北民族大学完成了治疗奶牛卵巢静止和持久黄体中兽药藿芪灌注液的临床试验，撰写了新兽药申报材料。对治疗奶牛子宫内膜炎的药物丹翘灌注液进行了加速稳定性试验、长期稳定性试验和抗炎、镇痛药理试验。制备丹翘灌注液，在甘肃荷斯坦奶牛繁育示范中心奶牛场、吴忠市小西牛养殖有限公司等奶牛场进行了临床试验。开展了治疗犊牛腹泻"苍朴口服液"的新药申报工作，已进入质量复核阶段；研究了犊牛对犊牛增重的影响，为研制犊牛营养舔砖打下基础；开展了奶牛子宫内膜炎的蛋白质组学研究，筛选出子宫内膜炎发病相关差异蛋白；开展了奶牛蹄叶炎不同发病阶段血液生理、生化指标和血液流变学的检测，为进一步研究蹄叶炎发病机制奠定了坚实基础。

创新点及成果：

研制了防治奶牛乳房炎的多联苗、防治奶牛繁殖障碍性疾病的"藿芪灌注液"、防治犊牛腹泻症的"苍朴口服液"等药物，授权专利 4 项，发表论文 14 篇，其中 SCI 论文

3 篇。

四十五、SIgA 在产后奶牛子宫抗细菌感染免疫中的作用机制研究

项目编号：1610322015003　　　　　　起止年月：2015. 01—2015. 12

资助经费：20 万元

主 持 人：王东升　助理研究员

参 加 人：严作廷　张世栋　董书伟

项目摘要：

奶牛产后子宫感染十分普遍，尤其是细菌感染，在临床上主要表现为子宫内膜炎和子宫炎，常造成巨大的经济损失。产后初期奶牛子宫的污染率达 90%~100%，但发病率仅为 20%~50%。为什么大多数奶牛产后子宫被细菌污染而不发生感染，而同群中另一些奶牛却发生该病？研究表明，奶牛免疫系统的功能差异可能是最主要的原因。子宫中的分泌型免疫球蛋白 A（SIgA）对抵御病原微生物的入侵具有重要作用，它是奶牛子宫黏膜免疫的一道屏障，但它是如何应对外来细菌入侵的作用机制并不清楚。为此，本项目在前期对奶牛子宫内膜炎多年研究的基础上，拟利用 ELISA、免疫共沉淀和 Western blot 等技术，研究奶牛子宫黏液中 SIgA 含量与子宫感染发生的关系，探讨 SIgA 抗大肠杆菌和化脓隐秘杆菌感染的特异性，揭示 SIgA 和细菌蛋白相互识别和作用的机制，为从分子水平上阐明 SIgA 抗奶牛子宫感染的作用机制提供依据。

项目执行情况：

建立了奶牛子宫黏液中 SIgA 测定特异性强的 ELISA 方法，确定了最佳抗体包被浓度和酶标抗体工作浓度、最佳样品稀释度、最低检测限，进行了重复性、准确性和特异性检测。完成分娩后奶牛子宫黏液中 SIgA、IgA、IgG 和 IgM 含量的测定，测定了血液中 IgA、IgG、IgM 的含量，分析了这些指标的变化规律；进行了健康牛和子宫内膜炎奶牛分娩后 2~42d 子宫黏液和血液中炎症因子 TNF-α、IL-2 和 IFN-γ 的测定。测定了健康牛和子宫内膜炎奶牛分娩后 2~42d 子宫黏液和血液中 T-SOD、TAOC、MDA、CAT、NO、NOS、CO、VE 等指标的含量。初步测定并分析了奶牛分娩后 2~42d 子宫黏液中的菌群变化。

创新点及成果：

利用 SIgA 特异表位的抗 SIgA 分泌片抗体，建立奶牛子宫黏液中 SIgA 测定特异性强的 ELISA 方法。该方法具有特异性强，敏感性高，操作简便的特点，可避免黏液中非 SIgA 成分的干扰。获得专利 5 项，发表科技论文 2 篇。

四十六、奶牛胎衣不下血瘀证代谢组学研究

项目编号：1610322015006　　　　　　起止年月：2015. 01—2015. 12

资助经费：15 万元

主 持 人：崔东安　助理研究员

参 加 人：王胜义　王　慧　刘永明

项目摘要：

证候是中兽医学理论体系中的重要概念，是辨证论治的起点和基石。但由于证候的系统性、整体性和动态性特征，证候诊断标准的客观界定以及证候的实质研究，一直是困扰中兽医药研究应用与发展的难题。本项目基于系统生物学观点，拟采用代谢物组学的理论及方法，以胎衣不下奶牛血瘀证为研究切入点，建立血瘀证证候的代谢组学研究方法，为中兽医证候本质的研究进行方法探索。项目首先参考中兽医经典论著和相关文献，建立胎衣不下奶牛血瘀证的诊断标准和纳入标准。以临床自然病例为受试对象，采集血液和尿液，运用高效液相色谱—质谱联用、核磁共振现代分析技术手段，建立患血瘀证的胎衣不下奶牛血清、尿液中内源性小分子代谢物谱，通过代谢组学模式识别分析，筛选出胎衣不下奶牛血瘀证特异性关联的生物标记物，尝试建立胎衣不下奶牛血瘀证的在代谢层面的识别模式。本研究结果将为中兽医证候的诊断客观化和中兽医证候本质的认识进行方法探索。

项目执行情况：

本研究运用基于 LC-MS/MS 技术的非靶性代谢组学方法，研究了胎衣不下奶牛的血浆代谢组学特点，通过模式识别分析方法和差异性代谢产物鉴定，建立其基本病机"血瘀"相对应的代谢组图谱，筛选出潜在生物标志物 30 个，包括氨基酸类（丙氨酸、谷氨酸、精氨酸）、胆汁代谢（去氧胆酸-3-葡糖醛酸、胆红素、硫代石胆酸等）、三羧酸循环（乌头酸、柠檬酸）、脂类（溶血卵磷脂等）、脂肪酸（十四烷酸、十七烷酸）等。基于奶牛胎衣不下基本病机"血瘀"，建立以"活血化瘀"为主要治则，研制出一种有效防治奶牛胎衣不下的中兽药制剂"归芎益母散"，总治愈率为 88.6%（39/44），其中一次用药治愈率为 56.4%（22/39），用药后滞留胎衣排出的平均时间为 31.5h。

创新点及成果：

辨析并确证了奶牛胎衣不下基本病机——"血瘀"。建立胎衣不下奶牛的血浆 LC-MS/MS 代谢组图谱，筛选出潜在代谢产物 30 余个。申报专利 3 项，发表 SCI 论文 2 篇。

四十七、抗氧化剂介导的牛源金黄色葡萄球菌青霉素敏感性的调节

项目编号：1610322015007　　　　　　　**起止年月：**2015.01—2015.12
资助经费：15 万元
主 持 人：杨　峰　助理研究员
参 加 人：王旭荣　李宏胜　张世栋　罗金印　李新圃
项目摘要：

金黄色葡萄球菌是引起奶牛乳房炎的主要病原菌，在世界范围内造成了巨大的经济损失。目前，奶牛乳房炎的治疗主要依赖于抗生素，然而，由于金黄色葡萄球菌对抗生素耐药性的逐渐增强，使得其引发的奶牛乳房炎的治疗陷入困境。N-乙酰半胱氨酸（NAC）是一种非抗生素类药物，因具有较好的抗菌活性，被广泛用于细菌感染性疾病的治疗。本项目应用微生物的理论和方法，从耐药基因角度出发，研究 NAC 存在的情况下，金黄色葡萄球菌对青霉素的敏感性变化及其机制。研究 NAC 对青霉素耐药基因 blaZ 表达的影

响，探讨 NAC 在金黄色葡萄球菌青霉素敏感性调节中的重要意义，试图通过调节金黄色葡萄球菌对青霉素的敏感性，有效地预防和治疗金黄色葡萄球菌引发的奶牛乳房炎。

项目执行情况：

通过纸片扩散法从本课题组常年来保存的菌种中筛选了对青霉素耐药和敏感的金黄色葡萄球菌菌株各两株，采用 Etest 试条法测定 NAC 对金黄色葡萄球菌青霉素最低抑菌浓度的影响，同时采用 RT-PCR 法和酶标法分别检测了 NAC 对金黄色葡萄球菌青霉素耐药基因表达的影响及对不同金黄色葡萄球菌生物被膜形成的影响。结果显示，在培养基中加入 10mM 的 NAC 会显著降低青霉素对金黄色葡萄球菌的最低抑菌浓度；NAC 对青霉素耐药基因 blaZ 的表达没有影响，而对菌株生物被膜的形成有较大的影响，但作用结果不同，NAC 机制了有些菌株生物被膜的形成，同时也强化了一些菌株生物被膜的形成能力。研究结果表明，NAC 是金黄色葡萄球菌青霉素的一个重要调节因子，同时也是该菌种生物被膜形成的调节因子，但两者之间并无关联。

创新点及成果：

将 N-乙酰半胱氨酸与抗生素共同作用，试图从调节金黄色葡萄球菌对抗生素的敏感性角度出发，以最小剂量使用抗生素为前提，治疗金黄色葡萄球菌性奶牛乳房炎。申请获得实用新型专利 10 项；发表论文 2 篇，其中 SCI 论文 1 篇。

四十八、发酵黄芪多糖对小鼠外周血树突状细胞体外诱导影响

项目编号：1610322015010　　　　　　　　起止年月：2015. 01—2015. 12
资助经费：10 万元
主　持　人：李建喜　研究员
参　加　人：张景艳　秦　哲　王　磊

项目摘要：

外周血树突状细胞（DCs）在数量少不足外周血单个核细胞的 1%，但在免疫应答的首要环节—抗原提呈中发挥着重要作用。课题组已建立了小鼠骨髓源 DCs 的培养技术，发现发酵黄芪多糖可诱导小鼠骨髓源 DCs 成熟。本项目拟通过摸索小鼠外周血树突状细胞体外培养、诱导的方法，建立成熟小鼠外周血树突状细胞培养与鉴定技术；利用流式细胞术、电镜分析技术探究发酵黄芪多糖对小鼠外周血树突状细胞体外诱导成熟、细胞形态及生物学功能的影响，为中药多糖免疫增强机制的阐述提供科学依据。

项目执行情况：

通过反复摸索，建立了小鼠外周血单核细胞体外分离、培养，脂多糖、发酵黄芪多糖诱导其分化小鼠外周血成熟树突状细胞的技术体系，采用显微观察、流式细胞术、扫描电镜、MTT 等方法分析、鉴定小鼠外周血单核细胞及其诱导分化的成熟外周血树突状细胞。在前期研究基础上，进一步优化发酵黄芪多糖、黄芪多糖的提取、纯化工艺，制备细胞试验用多糖。采用腹腔注射 OVA，收获小鼠致敏脾细胞，并通过 MTS、ELISA 检测方法评价发酵黄芪多糖对小鼠骨髓源树突状细胞抗原递呈能力的影响。结果表明：从培养第 1d 到第 5d 细胞体积逐渐增大、形态由圆形分化至不规则，大部分单核细胞逐渐向树突状细

胞分化，少部分分化为巨噬细胞；培养第 5d 时，单核细胞浓度为 77.3%，10ng/mL LPS 作用 24h，可诱导小鼠外周血单核细胞成功分化出表面可见较长突起的成熟树突状细胞；确定 FAPS 诱导分化小鼠外周学树突状细胞的最佳作用浓度和时间为 100μg/mL，24h；采用石油醚加热回流黄芪、发酵黄芪产物可有效去除脂类物质，提取后生药黄芪多糖、发酵黄芪多糖的纯度分别为 79.8、83.5%；发酵黄芪多糖添加浓度为 50~100μg/mL，可以明显促进小鼠 DC 细胞的成熟，提高其抗原递呈能力。

创新点及成果：

建立小鼠外周血单核细胞体外培养的技术体系。申请专利 2 项，发表论文 5 篇。

四十九、基于方证相关理论的气分证家兔肝脏差异蛋白组学研究

项目编号：1610322015012　　　　　　　　**起止年月：**2015.01—2015.12
资助经费：10 万元
主　持　人：张世栋　助理研究员
参　加　人：严作廷　王东升　董书伟　杨　峰
项目摘要：

气分证是典型的温病证候之一，出现在很多动物感染或传染性疾病中。气分证的深入研究对畜禽疾病防治和药物研发具有重要的指导价值。目前，单系统、单层次的实验指标研究已难以全面揭示证候的科学内涵，而蛋白组学研究对证候本质揭示的可行性更高。课题组对家兔气分证的前期研究表明，肝脏的结构功能和基因表达谱的变化与气分证证候显著相关。为此，本项目拟采用基于串联质谱的 iTRAQ 技术，研究家兔气分证模型和经方白虎汤干预下动物肝组织中蛋白质组的差异表达，并结合生物信息学分析解析关键节点蛋白，并用免疫印迹和 qRT-PCR 进行分子表达验证。通过分析以方证对应的思路在蛋白水平阐明气分证证候本质和证候形成的分子机制。项目研究成果对深入理解气分证的现代科学内涵具有重要的理论意义。

项目执行情况：

本项目开展了家兔气分证模型及白虎汤干预模型后动物肝组织中差异表达蛋白（DEPs）的研究。实验分为对照组（CN）、模型组（LPS）、白虎汤治疗组（LPS+BHT/LB）和白虎汤组（BHT）。使用 iTRAQ 技术在肝脏组织中共鉴定到 2798 个蛋白。利用生物信息学对蛋白定量结果分析显示，与对照组比较，各组 DEPs 分别为 63、109、38（表达倍数>1.5 或<0.5）。对各组动物差异表达蛋白的生物信息学分析结果表明，核糖体通路是差异表达蛋白主要涉及的生物学信号通路。对各组动物外周血血清细胞因子含量检测结果显示，模型组动物血清 CRP、C3、S100、IL-6、TNF-α、IL-1β、IgG、IgM、IgA 水平显著升高，白虎汤的干预可显著降低这些蛋白因子的含量；而 C4 和 IL-13 的血清水平在各组动物中没有显著变化。差异蛋白相互作用网络构建比较结果显示，白虎汤干预模型组中涉及到最多通路，其主要的节点蛋白有 LYZ，LTF，LCN2。

创新点及成果：

首次以 iTRAQ 技术研究了家兔气分证模型及经方白虎汤干预后动物肝组织中差异表

达蛋白，并进行了生物信息学分析。研究结果为深入认识温病学证候本质奠定了先进的现代生物学理论基础。发表科技论文 2 篇，其中 SCI 论文 1 篇。

五十、猪病毒性腹泻分子鉴别诊断方法的建立

项目编号：1610322015020　　　　　　　　起止年月：2015.01—2015.12
资助经费：30 万元
主　持　人：刘光亮　研究员
参　加　人：付钰广　陈佳宁　李宝玉

项目摘要：

猪病毒性腹泻是严重危害养猪业的重要传染病之一，造成猪病毒性腹泻的最主要病原有猪传染性胃肠炎病毒（TGEV）、猪流行性腹泻病毒（PEDV）、猪轮状病毒（RV）等。近年来，札幌病毒、库布病毒以及诺如病毒等也分别在腹泻猪及健康猪群中分别检测到。这些病毒是引起猪群或猪场发生病毒性腹泻主要病原，危害重大，每年对养猪业造成极大的经济损失。然而，腹泻病的病因复杂以及现有诊断方法的局限性，导致基层兽医和养殖场对腹泻病的确诊很困难，使腹泻病的防控不能做到有的放矢、对症下药。导致该现象发生的最根本原因是现地缺少可应用的快速、准确、方便的商品化诊断方法。而以上几种病毒引起的病毒性腹泻的临床症状、病理变化、流行特点极其相似，仅凭印象诊断很难进行鉴别诊断，因而常导致误诊，因此该病的防控及其早期诊断及鉴别诊断显得尤为重要。基于此，本研究拟设计针对引起猪消化道病毒病主要病原的保守基因的高度保守高度保守区的特异性引物，并采用不同病原 PCR 扩增产物长度不同的策略，优化出简洁高效的步骤一次性检测并鉴别出生产实践过程中现地或疫区样品引起猪病毒性腹泻的病原，为及时治疗和防控疫情提供最直接的依据，为养猪业的健康发展保驾护航。

项目执行情况：

首先设计了针对猪传染性胃肠炎病毒、流行性腹泻病毒、轮状病毒、札幌病毒、嵴病毒和丁型冠状病毒的特异性引物，并建立了以上 6 种病毒的单一 RT-PCR 检测方法；在此基础上组合在一起、经条件优化获得了该 6 种病毒的多重 RT-PCR 检测方法，此外，验证了该六重 RT-PCR 方法的敏感性和特异性，结果显示所有指标均符合试剂盒组装要求。同时，从黑龙江、辽宁、河南、陕西、甘肃、宁夏、重庆等地收集了近 400 份仔猪腹泻样品，然后采用该六重 RT-PCR 试剂盒全面分析了目前我国仔猪病毒性腹泻的主要病原，为我国今后仔猪腹泻疫情的防控提供了最直接、有效的科学依据。

创新点及成果：

通过对检测样品一次性扩增检测，既能检测诱发猪病毒性腹泻的病因，又能鉴别诊断出发病猪只的腹泻是由传染性胃肠炎病毒、猪流行性腹泻、猪轮状病毒、札幌病毒、嵴病毒或丁型冠状病毒中的哪一种致病或者几种病毒混合感染所致，从而实现一步检测同时做到诊断及鉴别诊断，既节约了临床诊断时间，又节约了成本。顺利组装 6 重 RT-PCR 检测试剂盒 1 个；发表论文 1 篇，申请专利 1 项。

五十一、猪口蹄疫 A 型标记疫苗的研制

项目编号：1610322015021　　　　　　　　起止年月：2015.01—2015.12
资助经费：50 万元
主 持 人：李平花 助理研究员
参 加 人：刘在新　李　冬　卢曾军　陈应理　孙　普　白兴文

项目摘要：

口蹄疫（Foot-and-mouth disease，FMD）是严重威胁我国畜牧业发展的重大动物疫病。疫苗免疫和精准区分免疫与自然感染动物，筛查并淘汰染毒家畜，是预防和控制口蹄疫的关键措施，也是我国口蹄疫防控的主要策略。针对近几年来 A 型口蹄疫在我国呈现出流行暴发，以及以检测口蹄疫病毒非结构蛋白抗体为金标准的鉴别诊断方法难以精准区分免疫动物与自然感染动物的现状，本项目旨在利用反向遗传技术，构建 A 型口蹄疫流行毒株的全长感染性克隆和口蹄疫病毒非结构蛋白 3A 和/或 3B 优势表位缺失的重组病毒，进而发展一种既能有效免疫预防，又能精确地区分自然感染和疫苗免疫动物的 A 型 FMD 标记疫苗，从而全面提升我国 FMD 防控的技术水平，满足 FMD 净化需求。

项目执行情况：

筛选了 2 株当前流行的、复制水平较好的 A 型口蹄疫病毒，并构建了这 2 株 A 型口蹄疫病毒的全长感染性克隆和数个 3A 缺失的 A 型标记病毒。其中一株复制水平较好的标记病毒制备的疫苗免疫动物后，动物 PD50 比较低，达不到 OIE 推荐的标准。另外构建了 3A 或 3B 蛋白优势表位缺失的 2 株含 2009 年武汉 A 型口蹄疫病毒结构蛋白的嵌合口蹄疫病毒，目前正在做免疫效力实验。已经完成了 A 型标记病毒和 A 型野毒的动物感染实验，并建立了 3A 单抗阻断 ELISA 检测方法，目前正在进行方法的优化。

创新点及成果：

筛选了 2 株复制滴度高的当前流行的 A 型口蹄疫病毒，建立了 3A 单抗阻断 ELISA 方法，申请专利 2 项，发表论文 4 篇。

第四节　草业学科

一、美国杂交早熟禾引进驯化及种子繁育技术研究

项目编号：BRF060203　　　　　　　　　　起止年月：2007.01—2009.12
资助经费：44 万元
主 持 人：路　远 研究实习员
参 加 人：常根柱　周学辉　苗小林　杨红善

项目摘要：

从美国 LANDMARK SEED COMPANY 引进草坪草新品种—"杂交早熟禾"原种，在我国中温带半干旱地区（兰州）进行栽培驯化，对其农艺经济性状、生态适应性和坪用性状试验研究后开展种子繁育技术研究。通过小区品种比较试验、区域试验和生产试验，中试、推广建植草坪面积 13 万 m²，生产合格种 5 000kg，达到"引进品种"申报的标准和质量要求，通过国家"引进品种"审定登记。本项目的实施，对于加快我国草坪草种国产化进程具有重要意义，成功培育的我国第一个节水抗旱、低成本养护的引进早熟禾品种，可使建植和养护成本降低 30%~50%。

项目执行情况：

在半湿润区（天水甘谷）和半干旱区（兰州）开展品比试验、区域试验和生产试验。品比试验的主试品种为兰牧（引）1 号早熟禾，参试品种为公园早熟禾、萨伯早熟禾、橄榄球早熟禾、猎狗高羊茅、球道多年生黑麦草和传奇紫羊茅。区域试验选点在天水市农科所甘谷试验站，为黄土高原半湿润气候区；兰州大洼山基地，为半干旱气候区。测量并记录了试验品种出苗情况、株高、生长情况，并对试验区的各种牧草（草坪草）进行适应性观察并拍照，经观察，试验品种可以越冬，同时开展了生产试验和种子繁育。通过品比试验、区域试验和生产试验以及推广应用表明，该品种生长速度缓慢，可降低修剪成本 40%；青绿期长，分蘖多；坪用性状良好，尤其抗旱性好，可节约浇水量 50%；种子自繁，可降低建植成本 45%。在完成干旱、半干旱区的区域、品比试验的基础上，开展了美国杂交早熟禾与常规进口草坪草种比较试验、不同气候带之间的区域试验、生产试验、坪用性状研究、田间观察记载和实验室抗性分析、品种的抗旱性研究等，进行了品种的分子遗传性状测定。试验研究结果表明，该品种遗传性状稳定，综合性状优良，经驯化后，能够适应中国北方干旱、半干旱及半湿润地区的气候环境条件，可安全越冬并正常繁育种子（828.9kg/hm²）。完成"引进品种"审定登记工作。

创新点及成果：

成功引进美国最新育成的具有节水抗旱、低成本养护管理特点的新一代草坪草"兰德马克草地早熟禾原种"。该品种的成功引进及繁种，首次突破了国外引进早熟禾草坪草在我国不能生产种子的现状，对草坪草种的国产化具有重要的学术意义和现实意义，是我国引进的草坪草品种中一个宝贵的种质资源。课题组结合项目实施，编著出版我国首部高速公路绿化专著《高速公路绿化》，初步创建了我国高速公路绿化的理论体系和工程技术标准，填补了我国高速公路绿化没有学术专著的空白。

二、黄土高原耐旱苜蓿新品种培育研究

项目编号：BRF060202　　　　　　　　　　　　**起止年月：**2007.01—2009.12

资助经费：60 万元

主 持 人：张怀山 助理研究员　　田福平 助理研究员

参 加 人：李锦华　师尚礼　陈积山

项目摘要：

本项目利用苜蓿遗传资源的多样性，通过甘肃地方旱作品种中自选的抗旱材料与高产种质杂交，以提高当地旱作品种对水分的敏感性和再生速率，达到育成综合新品种的目的。研究内容包括：育种中杂交亲本选择性状研究、现代生物技术辅助育种的应用、苜蓿生长方式和生长速率与抗旱性的关系、苜蓿根系构型与抗旱性的关系、作物"理想株型"育种理论在苜蓿育种中的应用等。在三年内研究解决苜蓿耐旱育种理论和技术问题的同时，选育出适宜在黄土高原半干旱和半湿润易旱区栽培的耐旱丰产苜蓿新品种（系）1~2个，产草量比当地主要推广品种提高15%以上。

项目执行情况：

建立苜蓿育种试验圃4亩，其中，品种资源圃2亩，品比鉴定圃2亩。对91个苜蓿品种（系）进行了的生产性能、抗旱性初步鉴定、排序。制定了苜蓿有限、亚有限和无限型的分类原则、标准，探讨了苜蓿有限、亚有限、无限型的分型特征以及苜蓿不同分型的生物学意义，并对91种苜蓿品种（系）进行了有限、亚有限与无限型分类。筛选出了3项反映苜蓿基于根系形态结构的抗旱能力上最具代表性的指标根夹角、根干重、根颈新枝高度，并应用隶属函数值法对供试苜蓿品种的抗旱性进行了排序。根据育种路线要求，以区域试验苜蓿材料为研究对象，进行了苜蓿茎的有限生长型和无限生长型与抗旱性的关系、苜蓿根系构型与抗旱性的关系等方面的研究，构建新品种选育过程中苜蓿生长型和根系构型指标参数。按照国家草品种区域试验要求，在兰州大洼山试验点、甘农大试验点、天水试验点、定西试验点观测参试苜蓿品种的生育期、生长速度、茎叶比、种子产量和草产量等指标。完成品比试验苜蓿株高观察、生育期观测、叶/茎比测定、产草量及鲜干比等的测定；完成牧草抗旱指标的测定，完成了苜蓿形态指标叶面积比、叶夹角及种子产量的测定；完成了苜蓿生态指标叶片持水力、叶相对含水量和水分饱和亏缺及土壤水分含量的测定；完成了苜蓿代谢指标、SOD、CAT和POD的测定；进行了生化指标脯氨酸和理化指标细胞膜透性及其他如分顶枝比例、生殖器官和营养器官比例、根系直径等的测定。对选育出的品系进行了隔离收种，并完成了生产试验的种植。完善了申报新品种所需研究资料。

创新点及成果：

本项目育成的新品系已进入区域试验和生产试验阶段。（1）初步选出适于甘肃旱农区栽培的耐旱高产苜蓿新品系。（2）发现并研究了苜蓿茎生长的有限无限习性，研究结果应用于育种。（3）初步研究了苜蓿品种的根系类型及与抗旱性的关系，研究结果应用于新品系根系类型的选择。发表学术论文12篇。

三、沙拐枣、冰草等旱生牧草种子繁育与利用技术研究

项目编号：BRF060201　　　　　　　　　　起止年月：2007.01—2009.12
资助经费：170万元
主　持　人：田福平　助理研究员
参　加　人：时永杰　杨世柱　白学仁　宋　青

项目摘要：

采集、收集、征集我国西部地区半干旱、干旱和极干旱地区的旱生超旱生牧草种质资源实物种子 50~100 份；对所收集的旱生超旱生牧草种质资源进行分析、鉴定、整理与评价，给出每一种牧草种质资源的评价意见；对沙拐枣、冰草等为主的 16 个旱生草种，在兰州和张掖进行种子繁育和其生态适应性和农艺经济性状的测定，所引进（种）的 16 个旱生草种经过 3 年的试验和繁育后，筛选确定出几种有推广应用前景，进行种子繁育，并研究提出栽培技术规范。

计划执行情况：

（1）旱生超旱生牧草种质资源的收集：利用采集、收集与征集等多种方法收集我国西部地区半干旱、干旱地区不同地域、不同生境的旱生超旱生牧草种质资源实物种子约 50~100 份；（2）筛选引种的旱生、超旱生牧草 16 个品种。3 种冰草：沙生冰草、蒙古冰草、扁穗冰草；4 种苜蓿、中兰 1 号苜蓿原种、甘农 1 号苜蓿、陇东苜蓿、陇中苜蓿；超旱生牧草植物 2 种：沙拐枣、柠条；其他旱生牧草 4 种：扁蓿豆、小冠花、沙打旺、红豆草。通过 3 年引种栽培，繁育种子，对种子标准化生产技术进行研究，对沙拐枣在黄土高原的种植在引种驯化、繁殖技术方面深入研究，在引种成功的基础上提出栽培技术规范。（3）旱生超旱生牧草种质资源的整理与数据库建设：根据旱生超旱生牧草种质资源的分析及其评价意见，在按照科学整理排序的基础上进行计算机录入，建立我国首个旱生超旱生牧草种质资源数据库。

创新点及成果：

对冰草、苜蓿、红豆草、小冠花等 12 个草种进行了农艺性状的观查和记载，完成了图片和数据的收集与整理。采集、收集和征集干旱和极干旱地区的旱生、超旱生牧草种质资源-青海鹅观草、白刺、扁蕾、草玉梅、沙蒿、蒙古扁桃等实物种子 30 多份。引进毛苕子、高粱等牧草种子 100 多份。采集、处理、分析土壤样品 500 多个指标。繁殖沙蒿等野生牧草种质资源 40 多千克。采集牧草种质的植株、花、种子和特异性状等照片 200 多张。完成了旱生牧草种质资源数据库框架的建设。发表论文 2 篇。

四、野生狼尾草引种驯化与新品种选育

项目编号：BRF090103　　　　　　　　　**起止年月：**2009.01—2011.12
资助经费：34 万元
主　持　人：张怀山　助理研究员
参　加　人：常根柱　周学辉　王春梅　张　茜　杨红善
项目摘要：

本项目拟通过对国产野生狼尾草优良品种的引种栽培和多代强化适应性人工驯化，选育出适合甘肃本地气候条件和实际生产需要的高产优质狼尾草新品种，实现狼尾草属优良草种在我国西部地区的推广利用。研究内容包括：野生狼尾草优良草种的引种驯化，品种形态特征和生物学特性鉴定，品种丰产性、适应性、抗逆性、抗病虫性、适口性、饲用品质等生理生态指标测定，表型选择与分子标记选择辅助育种，品比试验、区域试验、生产

试验以及配套栽培技术研究等。在 3 年内选育出狼尾草野生栽培品种 1 个，干草产量达到 $1.2×10^4kg/hm^2$，粗蛋白含量在 18 %以上。

项目执行情况：

先后两次赴云南昆明等地采集狼尾草野生种质材料 5 种 100 余份，分别在兰州、秦王川和天水建立狼尾草试验示范田 8 亩，开展了野生狼尾草引种材料的栽培与鉴定研究，包括引种材料的形态特征和生物学特性观测鉴定，引种材料在甘肃中部地区的适应性、抗逆性、抗病虫性等级评定，狼尾草在甘肃中部地区的高产栽培技术试验，提高狼尾草种子产量及越冬率的技术方法试验，狼尾草结实率低的生理机制研究，以及引种驯化新品种的品种比较试验。筛选出狼尾草 1 号、2 号、3 号、4 号 4 个高产优质狼尾草驯化种。其中，狼尾草 1 号、2 号是新品种选育的目标品种。由兰州本地收获的狼尾草种子播种后表现良好，株高、产量、整齐度均延续了原种的优良特性，达到了驯化种栽培的试验目的。区域试验选择在甘肃兰州、天水和秦王川三地，分别代表黄土高原半干旱、半湿润和灌溉农业区三个不同生态类型区，测产结果显示平均干草产量分别达到 $1.65×10^4kg/hm^2$、$0.96×10^4kg/hm^2$、$1.47×10^4kg/hm^2$，分别比对照中亚狼尾草提高 71.3%、72.0%、70.9%。初步提出了在黄土高原地区提高狼尾草种子产量与越冬率的技术方法，筛选出的多穗狼尾草驯化种，种子产量提高 3~4 倍；采用高留茬、覆土、覆盖保护等技术手段，使各试验小区越冬率提高到90%以上。结合狼尾草野生种的补充采集，进行了狼尾草引种驯化的生态适应性环境因素分析。

创新点及成果：

经过多年栽培驯化及种质鉴定，筛选出适合甘肃黄土高原地区生长的性状差异显著的多年生高产狼尾草驯化种 4 个，其中"中型 1 号"狼尾草具有早熟、高产、适应性强、适口性好、无病虫害、结实率、越冬率高等优良特性，是新品种选育的重点目标品种。课题执行期间发表研究论文 19 篇，会议论文 2 篇，出版专著 2 部，申报国家发明专利 3 项。

五、ZxVP1 基因的遗传转化

项目编号： BRF090203　　　　　　　　　　　**起止年月：** 2009.01—2011.12
资助经费： 40 万元
主 持 人： 王春梅 研究实习员
参 加 人： 张　茜　常根柱　周学辉　张怀山　路　远
项目摘要：

我国盐碱和荒漠化土地占国土面积的近1/3，种植抗旱耐盐碱牧草是改良和利用此类土地的有效途径。然而大多数牧草耐盐抗旱能力较弱，难以在盐碱和荒漠土地上生长。V-H+-PPase 的超表达能促进液泡 Na^+ 区隔化以提高细胞渗透势，目前已使多种植物的耐盐/抗旱性得到了提高。但其所用基因多是从拟南芥等 Na^+ 区隔化能力有限的甜土植物中获得的，在一定程度上限制了转基因植物抗性的提高。而霸王等多浆旱生植物具有很强的 Na^+ 区隔化能力。目前将霸王的抗旱/耐盐 V-H+-PPase 基因（ZxVP1）转入牧草的文献还未见报道。本研究首次利用霸王的 ZxVP1 基因转入耐盐抗旱性较差的中兰 1 号苜蓿，以获得具有抗病、抗旱、耐盐碱的优质多抗转基因苜蓿，为下一步培育我国自主知识产权的多抗牧草新品种打下基础。

项目执行情况：

获得包括中兰 1 号苜蓿在内的 5 个苜蓿品种种子。发现 70% 乙醇，0.1% 升汞，1/2MS 培养基结合的种子萌发消毒法最佳，获得中兰 1 号无菌实生苗的萌发率为 92%，污染率为 5%；组织出愈率为：叶片 < 子叶 < 叶柄 < 胚轴，3 种愈伤诱导培养基中 1/2MS + 2，4-D2. 5mg/L+KT 0. 5mg/L 的配比获得下胚轴的培养基愈伤诱导率最高，为 94%，而且所形成愈伤绝大多数为黏性、白色或浅黄绿色；比较 MS、MSO3d、Boi2Y 和 SH 培养基对胚性愈伤体胚形成率，发现 SH 培养基对体胚的诱导率最高，为 66%；确定 Lsucrose 浓度在胚性愈伤和体胚的诱导中以 30g/L 和 20g/L 最佳，生根培养基中 10g/L 最佳。在前期实验基础上，以中兰 1 号苜蓿 5d 龄幼苗下胚轴为外植体，MS+2，4-D5. 0mg/L+KT1. 0mg/L 为愈伤诱导培养基，得到黏性浅黄绿色愈伤组织，出愈率 ≥95%，以 SH 为体胚诱导培养基，得到绿色体胚和幼芽，体胚诱导率 ≥56%。对中兰 1 号紫花苜蓿体细胞胚高频再生体系进行了完善：确定了最佳胚轴出愈率、体胚分化率、小苗成活率、植株生根率下的 Kan 选择压和最佳生根培养基，完成了中兰 1 号紫花苜蓿的体细胞配高频再生体系的建设。之后利用农杆菌菌株 GV3101 介导的 ZxVP1 基因对中兰 1 号紫花苜蓿进行了基因转化：确定了最佳预培养时间、菌液浓度、侵染时间、负压处理、共培养时间，成功获得了抗 Kan 阳性了转基因体胚和幼苗；共得到 2 批 Kan 阳性的转 ZxVP1 基因幼苗 13 株。同时进行了中兰 1 号苜蓿品质研究，初步的实验结果表明中兰 1 号苜蓿品质优于一般品种，是转化推广的优质背景材料。

创新点及成果：

本研究首次利用霸王的 ZxVP1 基因转入耐盐抗旱性较差的中兰 1 号苜蓿，以获得具有抗病、抗旱、耐盐碱的优质多抗转基因苜蓿，为下一步培育我国自主知识产权的多抗牧草新品种打下基础。发表科技论文 9 篇。

六、旱生牧草沙拐枣优质种源的分子选育和引种驯化

项目编号：BRF100201　　　　　　　　　　　　**起止年月：**2010. 01—2012. 12

资助经费：34 万元

主　持　人：张　茜　助理研究员

参　加　人：常根柱　王春梅　路　远　杨红善

项目摘要：

本项目利用蒙古沙拐枣（*Calligonum mongolicum* Turz.）微卫星位点开发、叶绿体基因（cpDNA）片段标记和 SSR 分子标记，进行分子标记辅助育种和遗传多样性保护研究。筛选出抗逆性强品质优良沙拐枣品种的特征性分子碱基位点和基因片段，以内切酶和特异性基因片段设计分子鉴定试剂盒，对其种子和品种进行快速的分子鉴别；构建分子标记遗传图谱，对不同品种进行遗传结构和遗传多样性分析，以特征性基因片段快速选出抗逆性强的品种 2~3 个，进行多样性保护及引种驯化、生产基地建设及推广。本研究为早期选

育优良的沙拐枣品种提供材料和新的思路；对沙拐枣种质资源的科学收集、有效保护和利用和优质种源的选择提供技术指导。

项目执行情况：

查阅了 CNKI、Web of Science、Springerlink 等数据库沙拐枣相关的多篇资料，以及标本馆馆存和网上的所有沙拐枣标本，对其形态有了更直观深刻的认识了解，并记录了采集地；采集了新疆、青海、甘肃、宁夏、内蒙等处的野生沙拐枣不同种类，共天然野生居群53个，600多个个体的新鲜叶片材料及种子，并进行了种类鉴定和标本制作；通过已经自行开发的 SSR 引物，对沙拐枣11个居群的 SSR 群体遗传多样性研究；用筛选出的5对叶绿体基因片段引物进行扩增、测序3 000多条序列，实验结果表明 psbA-trnH 共有7种单倍型（400bp），trnD-T 共有三种单倍型（678bp），trnL-F 共有5种单倍型（678bp），trnV-M 共有两种单倍型（838bp），trnS-G 共有8种单倍型（1 048bp）；所有种测序结果单倍型多样性分析表明，单倍型丰富、遗传多样性较高的种主要有阿拉善沙拐枣、塔里木沙拐枣、沙拐枣。不同叶绿体基因片段提供的遗传变异，可以界定沙拐枣属不同种之间的亲缘关系。由于蒙古沙拐枣和阿拉善沙拐枣扩增基因片段长度不同，可进行不同种特征性分子片段和遗传变异位点的寻找，开发快速鉴定优质种质资源的 PCR 分子试剂盒。实验结果表明，塔里木沙拐枣和蒙古沙拐枣遗传多样性高，且分布地域广，为该属植物的2个优质引种种源。对大洼山黄土高原野外观测台站的沙拐枣引种资源圃进行了田间管理；进行了引种沙拐枣基本形状的数据测量，包括物候期的观察、根系的观察、株高、地下地上生物量、青干草及种子产量等的测量，总结了近十年的试验数据，掌握了沙拐枣的栽培技术，为今后工作稳定快速的开展打下了坚实的基础。

创新点及成果：

首次分离、克隆出蒙古沙拐枣含有微卫星位点的基因序列，将自主开发的 SSR 引物用于沙拐枣 SSR 分子标记研究辅助育种，筛选出遗传多样性高、性状优良的种。对沙拐枣13个种在实验室进行种子萌发实验，经过一系列不同的实验手段催芽、萌发、种植，对沙漠植物引种、栽培提供科学的实验依据，对沙拐枣进行引种驯化栽培试验，对该物种的人工驯化栽培取得成功，尤其是在黄土高原西部干旱地区取得了阶段性的研究成果。发表论文6篇。

七、抑制瘤胃甲烷排放的奶牛中草药饲料添加剂的研制

项目编号： BRF100203　　　　　　　　　　　　**起止年月：** 2010.01—2012.12

资助经费： 32万元

主 持 人： 乔国华 助理研究员

参 加 人： 周学辉　杨　晓　朱新强　路　远

项目摘要：

中草药及其提取物可以作用于微生物细胞膜并抑制很多革兰氏阳性和阴性菌，从而抑制甲烷合成和去氨基作用，降低氨氮、降低甲烷和乙酸的产量，提高丙酸和丁酸的产量。因为植物提取物可能作用在不同的碳水化合物和蛋白质降解的路径上，所以对中草药及其

提取物的选择和搭配可能成为奶牛瘤胃调控的强有力的工具。本课题的研究内容为：（1）抑制奶牛瘤胃甲烷排放的中草药添加剂的研制及机理研究；（2）中草药对瘤胃内环境影响的评价；（3）中草药对瘤胃微生物蛋白十二指肠供给量影响的研究；（4）中草药对营养物质消化代谢及生产性能影响机理研究；（5）中草药对相关血液免疫生化指标的影响研究。

本研究的目标：（1）筛选出可以抑制瘤胃发酵产生甲烷的中草药提取物 1~2 种；（2）筛选出可以抑制瘤胃发酵脱氨作用的中草药提取物 1~2 种；（3）鉴定有效中草药的活性成分的种类和化学结构；提出加工工艺参数 1 套；（4）研制出可抑制奶牛瘤胃甲烷排放的中草药饲料添加剂并确定其适宜的添加剂量。

项目执行情况：

在大洼山试验基地饲养了道赛特和小尾寒羊杂交绵羊 20 只，进行了两个品种的饲喂代谢试验。开展了党参、黄芪、甘草对绵羊瘤胃发酵及生产性能的影响，确定了几种中草药原粉对瘤胃主要发酵指标（pH 值、VFA、AN）的具体作用程度，研究了日粮添加所研究中草药添加剂后，营养物质在瘤胃内的动态降解率的变化规律、瘤胃发酵参数的变化规律和血液生化指标（尿素氮、MDA、SOD 和 GSH-PX 等），为合理利用日粮及饲料配方的制作提供必要的理论技术和数据支持。开展了女贞子提取物对绵羊瘤胃发酵指标及营养物质消化率影响研究，结果显示女贞子提取物对绵羊瘤胃内主要产甲烷菌（黄色瘤胃球菌、白色瘤胃球菌、溶纤维丁酸弧菌、产琥珀酸丝状杆菌等）有明显的抑制作用，女贞子提取物能够改善绵羊血液抗氧化功能，提高瘤胃淀粉降解率，对日粮营养成分消化率和胴体屠宰率有提高作用。进行了党参、黄芪、甘草和女贞子提取物对绵羊瘤胃甲烷产量影响的体外研究，结果表明党参和女贞子提取物能够在短期（24h）内抑制瘤胃发酵的甲烷产量。

创新点及成果：

（1）体外产气技术研究发现女贞子提取物短期内（24h）抑制了瘤胃发酵的甲烷产量与氨态氮的浓度，可以在数量上抑制瘤胃内的主要产甲烷菌。（2）确定了女贞子提取物绵羊日粮的适宜添加剂量为 300mg/kg 干物质。（3）根据试验结果，女贞子提取物可以提高绵羊胴体屠宰率和经济回报。发表 SCI 论文 2 篇，中文核心期刊论文 4 篇。

八、高寒地区抗逆苜蓿新品系培育

项目编号：1610322012008　　　　　　　**起止年月**：2012.01—2012.12
资助经费：12 万元
主　持　人：杨　晓　研究实习员
参　加　人：李锦华　朱新强　乔国华　王春梅
项目摘要：

通过前期高抗霜霉病苜蓿品种"中兰 1 号"积累的经验基础上，本项目针对西藏高寒地区的独特环境条件，培育适应于青藏高原"一江两河"地区种植的耐寒、耐旱或耐瘠苜蓿新品系，产草量拟比当地正在推广的苜蓿王、金皇后提高 20% 以上。在西藏山南地区种植苜蓿种质 100 余份以上，形成苜蓿种质田间保存和研究基地，为选育西藏苜蓿当家品种打下基础。

项目执行情况：

课题组通过和西藏地区单位合作，在西藏达孜生态站和山南草原站建立了包含有国内育成品种、地方品种以及国外品种所组成的 100 多份苜蓿品种的种质资源圃，对这些苜蓿品种进行了越冬率、株高、叶面积、产草量等生长习性的观测，从中初步筛选出适宜当地气候条件的苜蓿品种 21 种，并从塔城苜蓿中筛选出一株变异株进行扦插使其无性繁殖；同时对另外已有的 25 个杂花苜蓿品种进行了正在习性的观测，对其进行单株筛选，采样，进行了 MDA、CAT、POD、游离 Pro 含量的测定。

创新点及成果：

根据西藏当地条件，建立苜蓿种质资源圃，进行优异苜蓿筛选。通过变异株的扦插等，建立的苜蓿无性繁殖系。发表论文 2 篇。

九、苜蓿航天诱变新品种选育

项目编号： BRF100202　　　　　　　　　**起止年月：** 2010.01—2013.12
资助经费： 44 万元
主 持 人： 杨红善 助理研究员
参 加 人： 常根柱　周学辉　路　远　张　茜
项目摘要：

紫花苜蓿是世界上最重要的栽培牧草，在我国分布最广，历史最久，经济价值最高，素有"牧草之王"的美称。航天育种，目前在农作物上，国内已审定通过多个新品种或新组合，苜蓿航天育种研究，在国内未见相关报道。本项目将从以下三方面开展研究：（1）采用枝条扦插和种子种植两种技术，分别在天水市农业科学研究所实验基地、兰州大洼山试验站建立航天苜蓿原始圃；（2）在天水市农业科学研究所研究基础上采用一次单株选择法，进行航天诱变—多叶型苜蓿选育研究，最终确定 1 个多叶型苜蓿新品种，报请全国草品种审定委员会备案，纳入国家统一区域试验范围；（3）在大洼山试验站原始圃内，通过 27 项田间观测指标记载、7 项抗旱性指标、3 项抗寒性指标测定分析，综合评价各项指标，选择 1~2 个抗逆性苜蓿亲本材料，为下一步苜蓿新品种选育打下基础。

项目执行情况：

在兰州西果园建立了"苜蓿航天育种兰州原始资源圃"；在兰州大洼山建立了"苜蓿航天育种试验区"。连续几年观测记载，初步确定了突变类型并进行了集团分类，大致分为 8 种类型：多叶单株（6 株）、大叶单株（11 株）、速生、高产单株（14 株）、白花单株（1 株）、抗病单株（7 株）、早熟单株（7 株）、矮生、分蘖性强单株（2 株）、三子叶单株（2 株）。其中：白花突变体苜蓿是诱变单株中发现一株花色为纯白，叶片狭小，叶片数多，抗旱性强的突变单株；多叶突变体苜蓿由三初复叶变异为多叶，以 5 叶居多，其中 2 株为 7 叶，最多叶片数达 9 叶；大叶突变体苜蓿的诱变单株最长达叶长 5.2cm，叶宽 3.0cm，叶面积最大为 10.76cm²，比对照增大 409.9%（约 5 倍）。白花苜蓿和三子叶突变单株已分别在隔离区种植，将作为目标品种进行选育。选育的目标品种"航苜1号紫花苜蓿"原种扩繁在兰州西果园种植原种田1.5亩，生长正常，秋季收获种子5kg，在天水甘谷种植原种田2.5亩，生长正常，秋季收获种子10kg，共收获原种15kg。完成新品系的多叶率、草产量、种子产量检测、常规营养成分、18种必需氨基酸、常见微量元素的测定分析，完成"航苜1号紫花苜蓿"新品系连续4代遗传稳定性SRAP分子标记检测，至目前已完成该品系选育的各项研究，正在组织材料申报甘肃省牧草新品种和组织成果鉴定。品比试验在兰州黄土高原半干旱区和天水黄土高原半湿润区两个地区进行，以未搭载三得利、中兰1号和加拿大多叶苜蓿先行者为对照品种开展品种比较试验，经专家现场测产，兰航1号紫花苜蓿，鲜草产量较对照品种平均高产16.9%；营养丰富，干草粗蛋白质含量达20.08%。

创新点及成果：

首次在兰州创建了我国第一个"牧草航天育种资源圃"，入圃种植的有紫花苜蓿（8种）、燕麦（2种）、红三叶（1种）、猫尾草（1种）、沙拐枣（1种）、黄花矶松（1）等6类牧草的14个航天搭载材料。该资源圃的建立，为我国牧草航天育种工程构建了重要的科研基础平台。

十、黄花矶松驯化栽培及园林绿化开发应用研究

项目编号：1610322011001　　　　　　　　　起止年月：2011.01—2013.12
资助经费：32万元
主 持 人：路　远　助理研究员
参 加 人：杨　晓　常根柱　张　茜　王春梅

项目摘要：

黄花矶松是蓝雪科补血草属多年生草本植物，在我国华北、西北及四川等省均有分布。由于其独特的生物学特征，具有很高的开发利用价值，必须重视对补血草种质资源的保护，在补血草产业化种植还没有形成之前，对其利用走开发与保护相结合的道路。本研究以黄花矶松为主要研究对象，进行种质资源采集、驯化栽培、抗旱性研究及建立其高频再生体系，并对其再生植株过程进行系统研究，从而为合理地利用补血草属植物资源提供科学的理论指导。

项目执行情况：

收集到黄花补血草、二色补血草、中华补血草、耳叶补血草、大叶补血草、情人草、勿忘我等补血草种子，开展了黄花补血草的驯化栽培试验以及组培试验，确定了黄花补血草发芽和移植成活的最佳土壤含水量；并筛选出外植体，确定了诱导愈伤组织的最佳激素浓度，并进行了胚性愈伤组织诱导、增殖及分化。确定了能诱导不定芽、繁殖系数最高的培养基；确定能诱导生根的最佳培养基；对生成的组培苗进行炼苗和移栽，确定炼苗时间及移栽基质。在兰州大洼山基地开展了驯化栽培及生产试验与示范，在甘谷和天水开展了区域试验；按照品种申报的要求进行了各个指标的田间观测与记载。

创新点及成果：

授权发明专利 1 项，发表论文 1 篇。

十一、钾素对黄土高原常见牧草产量及环境的影响

项目编号： 1610322012019 　　　　　　**起止年月：** 2012.01—2012.12
资助经费： 15 万元
主 持 人： 时永杰　研究员
参 加 人： 常根柱　李锦华　杨世柱　周学辉　田福平　张怀山　张　茜　路　远
　　　　　　杨红善　王春梅　胡　宇　李润林　朱新强　王晓力　乔国华　杨　晓

项目摘要：

本研究依托农业部兰州黄土高原重点野外科学观测试验站，选择黄土高原广泛种植栽培牧草为研究对象，通过不同钾源、施钾浓度以及施钾时期的途径，对实际生产模式下的种植单元进行试验研究，通过定位定量观测，并对植物器官根、茎、叶、花、果、种子、土壤及土壤水分中进行钾素测定，研究不同施钾量、钾源以及施钾时期对植物生长发育及产量的影响，探讨施钾对生态环境中钾素迁移规律，提供牧草优质高产及钾素的合理利用的理论依据，从而实现精确农业的发展，提高农业生产效益和减少农业生态环境污染。

项目执行情况：

（1）不同施钾量对兰州黄土高原栽培牧草产量的影响：研究了常见栽培牧草在不同施钾水平产量的变化，初步分析了不同施钾水平下牧草产量的变化特征，试验证明在一定水平钾肥施用量条件下，能够提高牧草的光合作用，增加蛋白合成而最终导致牧草产量增加，但超过一定量的时候起牧草产量并不因施钾量的增加而增加。（2）不同钾源对兰州黄土高原栽培牧草产量的影响：试验采用了叶面喷施、不施用钾肥即仅利用土壤肥力和施用钾肥三种状况进行比较研究发现，在不同生育期叶面喷施液态钾肥对于黑麦草生长效果最好，而施用钾肥同即利用土壤肥力黑麦草产量无显著差异。（3）不同施钾时期对兰州黄土高原栽培牧草产量的影响：研究分别于初苗期、分蘖期、抽穗期、初花期及乳熟期内，对植株对进行追肥试验，经过试验研究表明于抽穗期、初花期进行追肥后黑麦草叶片增大，长势良好，且最终产量较出苗期、分蘖期及乳熟期追肥效果要好。（4）研究植物—土壤环境界面钾素迁移规律：对植物器官根，茎、叶、花、果、种子、土壤及土壤水分中进行钾素测定，探讨施氮对生态环境中钾素迁移规律，初步总结了钾素对兰州黄土高原主要栽培牧草生产系统的规律，得出钾素在根、茎中存在的量要远大于种子、花及果实中的含量，而土壤中的钾素含量最高，但存在于层状硅酸盐矿物层间和颗粒边缘，不能被中性盐在短时间内浸提出的钾，占土壤全钾的 8% 左右，因此寻找可以利用缓效钾的途径是今后研究的重点。

创新点及成果：

探索黄土高原地区植物—土壤钾素的迁移规律，提出黄土高原区域生态安全暨高产生产模式。发表科技论文 3 篇。

十二、牧草生态系统气象环境监测与研究

项目编号：1610322012020　　　　　　**起止年月**：2012.01—2012.12
资助经费：62万元
主　持　人：胡　宇　研究实习员
参　加　人：时永杰　田福平　李润林　朱新强
项目摘要：

本研究以探索牧草生态环境为宗旨，通过气象环境监测、土壤性质监测及管理措施等手段，综合研究牧草生态系统中因子相互关系的影响，探索气象环境变化对牧草生态系统的影响，并讨论牧草生态系统对气候变化的相互关系，为气候变化下牧草生态系统的高效利用和生态环境改善提供系统支持。

项目执行情况：

研究在农业部兰州黄土高原环境生态重点野外观测试验站进行，对牧草生态系统气象环境各个因子进行科学的有效的监测，同时研究从生态系统气象环境监测入手，模拟由气候、土壤特性、管理措施综合影响的牧草生态系统变化，把大气、土壤、植被、地下水作为一个系统，利用稳定气象监测设备及技术进行监测，探索牧草生态系统气象环境的动态变化，为研究牧草生态系统气象环境资源提供重要数据支持。

创新点及成果：

系统的研究了牧草生态系统气象环境变化，通过详细的野外监测，分析，为黄土高原气候变化对牧草生态系统影响的研究提供有效的基础数据支持。发表论文2篇。

十三、耐寒丰产苜蓿新品种选育研究

项目编号：1610322012009　　　　　　**起止年月**：2012.01—2013.12
资助经费：22万元
主　持　人：田福平　助理研究员
参　加　人：时永杰　李锦华　胡　宇　张　茜　李润林　朱新强
项目摘要：

在前期耐旱苜蓿新品种选育研究的基础上，开展品种比较试验、区域试验的补充研究，进行苜蓿品种的干旱选择的处理试验，繁育苜蓿新品系种子，研究有关抗旱育种理论及方法，申报国家草品种区域试验，最终培育出适宜于黄土高原半干旱区旱作栽培的苜蓿丰产品种。产草量超过当地农家品种15%以上，超过当地推广的育成品种和国外引进品种10%以上。

项目执行情况：

进行了品比试验的补充研究，进一步测定了产草量、株高、生育期、茎叶比等指标。结合田间试验、盆栽试验，对苜蓿生化指标、形态指标、生产性能等与抗旱性相关联的指标进行测定，对参试材料的抗旱性进行了综合评价，根据育成种子繁育的要求和条件，对

苜蓿新品系种子在定西和天水进行了繁育，为申报品种和推广应用奠定基础。完成了中兰2号（杂选1号）苜蓿新品系品比试验报告、区域试验报告、生产试验报告及苜蓿新品系抗旱性评价报告。根据甘肃省草品种审定委员会要求，结合多年来的田间试验、盆栽试验及实验室试验的结果，撰写甘肃省草品种申报材料，完成了甘肃省苜蓿新品种的申报工作，中兰2号紫花苜蓿通过了甘肃省草品种审定委员会的审定；根据全国草品种审定委员会的要求及建议，补充完善所需申报新品种的根、茎、叶、花、种子的形态学描述及采集实物标本。成功申报了国家草品种区域试验。

创新点及成果：

中兰2号紫花苜蓿通过甘肃省草品种委员会的审定，并成功申报2014年国家草品种区域试验。发表论文7篇，其中SCI论文1篇。

十四、国内外优质苜蓿种质资源圃建立及利用

项目编号：1610322013009　　　　　　　　起止年月：2013.01—2013.12
资助经费：10万元
主　持　人：朱新强　研究实习员
参　加　人：王晓力　王春梅　李锦华　汪晓斌　周学辉　张　茜

项目摘要：

优质牧草种质资源是人类用以选育牧草新品种和发展畜牧业生产的物质基础。苜蓿的营养价值很高，是全国乃至世界种植最多的牧草品种。本项目拟通过收集国内外优质的苜蓿品种和具有西部特色的牧草种质120~150份，在我国黄土高原典型半干旱生态区——农业部兰州黄土高原生态环境重点野外观测试验站建立"国内外优质苜蓿种质资源圃"。对资源圃进行严格的种植、管理，并对牧草品种各生育期的生长特性进行观察记录，为选育适合西部地区的优质抗旱牧草打下坚实基础。通过该资源圃的建立，有效保存这些优秀苜蓿品种的遗传资源，为其进一步开发利用奠定基础。

项目执行情况：

本年度共收集到牧草种质200余份，其中品种110份，包括禾本科牧草30个品种，豆科牧草76个品种（苜蓿65个品种、其他豆科11个品种），其他科牧草品种5个（菊苣、补血草等）；种子资源90余份。种植60个牧草品种，每个品种15m^2；以锄头开沟的方式进行条播，播种深度约3~5cm。资源圃以收种为主，故以收种行间距50cm进行播种。对种植的品种进行精细管理，并观察出苗期、出苗率等情况。研究发现大多数品种发芽率达80%以上，个别品种发芽率较低。种质的60个品种，发芽率在60%~80%，有10个品种；发芽率在80%~90%，有20个品种；发芽率在90%~100%，有30个品种。对资源圃内2012年种植的苜蓿进行株高、产量的测定，发现内蒙杂交、陇中苜蓿、朝阳苜蓿等品种倒伏严重；在土地水分比较充足的条件下，一些品种如WL-323、草原2号等长势很好，草较高。共测量37苜蓿品种，长度在100cm以上的，有11个品种；长度在100~70cm，有21个品种；长度在70~50cm，有5个品种。秋季对种植小区进行刈割、补种等工作。

创新点及成果：

在黄土高原典型半干旱区建立具有西部特色的牧草种质资源圃，可有效保存这些优秀品种和野生种的遗传资源。参编著作 1 部、教材 2 本，申请专利 2 项，撰写科技论文 3 篇。

十五、CO_2 浓度升高对一年生黑麦草光合作用的影响及其氮素调控

项目编号：1610322013010　　　　　　　起止年月：2013.01—2014.12
资助经费：20 万元
主 持 人：胡　宇　研究实习员
参 加 人：时永杰　田福平　李润林　路　远　张小甫
项目摘要：

牧草的叶氮含量与其净光合速率有着很强的相关性，供氮水平可通过影响叶氮含量而直接影响牧草的光合能力。本项目旨在全球季候变暖，CO_2 浓度升高背景下，采用盆栽及人工气候控制条件，通过比较不同大气 CO_2 浓度对一年生黑麦草不同生育时期叶片光合作用的影响，分析 CO_2 浓度升高与一年生黑麦草叶片光合作用及氮素累积之间的关系，探索氮素对其调控作用机理，研究对旱作农业可持续发展将具有一定的理论价值和实践指导作用。

项目执行情况：

在一年生黑麦草苗期选择晴天，用 CI-340 型光合作用测定系统于早晨 8：30～11：30 选择完全展开第三片叶片进行光合速率的测定。试验中，富加 CO_2 处理和正常 CO_2 处理的小麦叶片 Pn 均随施 N 量的升高而升高，富加 CO_2 处理的小麦叶片 Pn 在低中氮水平出现光合作用的适应性下调，而在高氮水平下不明显，说明 N 素缺乏可能是造成光合下调的原因之一。正常 CO_2 处理的一年生黑麦草叶片 Gs 和 Tr 均高于 ET 处理，说明高 CO_2 浓度可以降低叶片的气孔导度，减弱蒸腾作用，从而提高一年生黑麦草的水分利用效率，而气孔导度的降低也可能是引起光合下调的原因之一。采用冰盒采集一年生黑麦草植物叶片鲜样，测定叶片中叶绿素 a、b 的含量。研究结果显示，CO_2 浓度升高后叶绿素 a/b 比值下降，叶片捕捉光能的能力降低，这可能是导致光合作用下降的一个诱因，而增施氮素后叶绿素 a/b 比值无明显变化，说明施氮不仅能够提高叶片叶绿素含量，而且可改善叶绿体叶绿素 a 和叶绿体 b 的比例关系，增强叶绿体对光能的利用效率。

创新点及成果：

授权专利 1 项，发表科技论文 1 篇。

十六、耐盐牧草野大麦拒 Na^+ 机制研究

项目编号：1610322013011　　　　　　　起止年月：2013.01—2014.12
资助经费：19 万元
主 持 人：王春梅　助理研究员

参 加 人：王晓力　张　茜　朱新强　张怀山　李锦华　路　远　杨　晓

项目摘要：

野大麦是禾本科盐生植物中少数与小麦亲缘关系较近的野生牧草，是小麦族耐盐性最强的物种之一。野大麦的拒盐机制尚不清楚。本项目以 NaCl 为盐胁迫，精确测定盐胁迫下 Na^+ 进入野大麦根系后在植株内的流动大小、方向和分布，探讨整株水平野大麦 Na^+ 净积累的模式；同时分析不同 NaCl 浓度下 K^+ 与 Na^+ 在吸收、积累上的相互作用，明确野大麦整株水平 K^+ 对 Na^+ 净积累的影响，揭示禾谷类作物耐盐野生近缘种适应盐渍环境的生理机制。研究结果将为野大麦耐盐分子机理研究和耐盐基因的挖掘提供理论依据，对小麦等农作物耐盐性的遗传改良、盐碱地的有效利用和粮食增产具有重要意义。

项目执行情况：

确定了野大麦室内溶液培养的最佳条件为 Hoagland 溶液，光照度 7 500lx（昼 16h/夜 8h），温度昼 24℃/夜 16℃；筛选出野大麦最佳 NaCl 处理浓度为 100mmol/L，最佳处理苗龄为 4 叶期。明确了野大麦在盐胁迫下整株控制 Na^+ 净积累的模式是，0~6h Na^+ 在地上部的快速积累，表现为根 Na^+ 净吸收速率的快速增加；6~12h 地上部 Na^+ 积累减缓而 K^+ 开始增加，表现为根 Na^+ 净吸收速率迅速降低而 K^+ 净吸收速率迅速增加，且在 12~24h 时达到最大；24~168h K^+ 净吸收速率减弱，Na^+ 恢复向地上部的转运积累，至 168h 时，地上部 Na^+ 浓度达到最大，显著高于小麦。整个过程，野大麦根部 Na^+ 浓度变化差异不显著。发现 100mM NaCl 处理下，随着盐胁迫时间的延长，组织 Na^+ 积累呈先上升后下降的变化趋势。其地上部、根中的 Na^+ 含量分别在盐处理 7、14d 达到峰值，且在 0~7d 时地上部 Na^+ 浓度均高于根部，14~60d 时地上部 Na^+ 浓度明显低于根部；而 K^+ 浓度随着盐胁迫时间的延长整体表现为先上升、后下降再增大的趋势，且 0~60d 内地上部 K^+ 浓度一直明显高于根部，且均在处理 14d 时达到最大值，总体上野大麦根中始终维持了相对稳定的 K^+/Na^+ 比。发现野大麦叶片 Na 泌盐量仅占植株体内 Na^+ 的 2.6%，叶分泌 Na^+ 不是野大麦适应盐逆境的有效策略。100mM NaCl 处理 7 d 后，野大麦根系表现为明显的 Na^+ 外排，且随着盐胁迫时间的延长而逐渐增大；虽然野大麦根系 K^+ 也外流，但随着胁迫时间的延长，K^+ 流速明显减小。这与整株水平的 Na^+、K^+ 含量变化一致，说明长时间胁迫下，增大 Na^+ 的同时减少 K^+ 的外流是野大麦根系耐盐的主要机制之一。100mM NaCl 胁迫条件下，随着介质中 K^+ 浓度的增加（5~50mM），其根中 Na^+ 浓度逐渐下降，但差异不显著；且 50mM K^+ 处理植株地上部 Na^+ 浓度却显著上升了 37.0%；野大麦体内 K^+ 浓度随着介质中 K^+ 含量的增加不断上升，在 50mM K^+ 处理时达到最大。说明即使介质中 K^+ 浓度充足饱和也不会引起 Na^+ 浓度的显著下降，野大麦并不能通过大量积累 K^+ 来降低 Na^+ 的积累，而只能通过减少 K^+ 外排来保持相对稳定的 K^+/Na^+ 比。

创新点及成果：

发现叶分泌 Na^+ 不是野大麦适应盐逆境的有效策略。获得实用新型专利 7 项，申请发明专利 1 项，发表科技论文 6 篇，其中 SCI 论文 1 篇。

十七、气候变化对甘南牧区草畜平衡的影响机理研究

项目编号：1610322013016　　　　　　　　　　　　**起止年月**：2013.01—2013.12

资助经费：30 万元

主 持 人：李润林 研究实习员

参 加 人：时永杰 田福平 胡 宇 路 远

项目摘要：

气候变化已成为普遍关注的话题，特别是牧民尤为关注，关于气候变化对牧区生态环境是好是坏，目前，还不清楚。草畜平衡是反映牧区生态环境状况的一个重要标志。本研究利用 CASA 模型反演植被初级净生产力，通过时间序列方式分析草地植被初级净生产力的时空变化，分析气候变化对牧区草畜平衡的影响，寻找气候变化背景下影响甘南牧区草畜平衡的影响因子，以及建立不同气候变化条件下草畜平衡的长效监测机制。

项目执行情况：

以甘南牧区为研究对象，以 CASA 模型为基础，建立了适应于甘南牧区的草地生物量反演模型，通过 MODIS 数据反演出了甘南牧区的草地生物量。以问卷调查的方式调查了甘南牧区家畜养殖情况，建立了家畜生产模型。通过草地生物量和家畜生产力调查表，分析发现畜群结构是影响甘南牧区草畜平衡的重要影响因子。此研究为牧区草畜平提供重要的数据支持，为建立不同气候变化条件下草畜平衡的长效监测机制提供基础。

创新点及成果：

以气候变化为背景，采用遥感时间序列数据研究甘南草畜平衡，在时间尺度（2001—2011 年）上研究气候变化对甘南草地的影响，为分析气候变化对牧区草畜平衡影响提供参考。发表科技论文 1 篇。

十八、甘南州优质高效牧草新品种推广应用研究

项目编号：1610322013021　　　　　　　　起止年月：2013.01—2013.12

资助经费：16 万元

主 持 人：张小甫 助理研究员

参 加 人：杨志强 杨耀光 赵朝忠 高雅琴 李世宏 符金钟

项目摘要：

随着我国草地畜牧业的发展、农业产业结构的调整，以及生态环境建设的需要，人工草地的种植面积愈来愈大，对牧草种类的要求越来越广泛。推动人工草地建设，推广具有高产、优质的草畜新品种及繁育、加工及储藏技术，不但实现了甘南州草畜产业健康、稳定、均衡发展，也是发展甘南州草地畜牧业的可持续发展的根本保证。

项目执行情况：

课题组多次赴甘南州临潭县等调研牧草生产实际情况和草畜品种过程中的技术需求，选择临潭县红崖村、肖家沟村、南门河村为本项目的试验示范基地，通过对优质新品种牧草品种间植株发育过程和能力的研究，综合评定牧草的适应性。研究了牧草新品种的适应性，并筛选出了适宜当地种植的牧草及其品种，推广了家畜生产适度规模化快速育肥模式。举办了"奶牛健康养殖综合技术培训班""肉牛疾病防治培训班""藏羊选育技术培训班""细毛羊育种方法培训与研讨会""藏区畜牧养殖和藏区医药技术知识培训""牧草丰产栽培技术"

专题培训班、"草产品生产、加工与贮运关键技术"专题培训班等。

创新点及成果：

推广新品种 6 个、实用技术 8 个，培训人员 300 多人次。

十九、干旱环境下沙拐枣功能基因的适应性进化

项目编号：1610322014007　　　　　　　**起止年月：**2014.01—2014.12
资助经费：10 万元
主 持 人：张　茜　助理研究员
参 加 人：贺洞杰　路　远　王春梅　杨红善　王晓力　田福平
项目摘要：

沙拐枣属植物为西北干旱荒漠地区灌木，耐寒耐旱抗逆性强，有重要的水土保持和防风固沙能力。分子群体遗传方面研究较少，耐旱功能基因方面的研究更是空白，目前将群体遗传学与多基因结合的研究是国际发展的主流。本项目拟通过不同核基因功能基因位点对沙拐枣个体进行基因序列分析，找出其耐旱功能基因，全面追述现代分布种群的进化历程，研究功能基因核苷酸多态性的差异、群体水平上的适应性进化遗传机制，以及物种分化后功能基因对环境的群体适应性进化，为抗逆基因的研究和开发打下有用的基础。

项目执行情况：

课题组人员跟踪旱生灌草相关的国内外最新研究进展，收集多篇相关资料；详细查阅并记录了沙拐枣不同品种的生长地，共采集野生沙拐枣不同种类的 15 个居群近三百个个体的新鲜叶片材料及种子同时设计出了实用新型发明专利；提取材料 DNA，从（Chs、Pgi、CC2241、HemA、Myb、LHCA4、Maldehy、CC1333 等）核基因组片段中广泛筛选，进行扩增纯化、序列测定，找出遗传变异位点和特征性片段，进行了初步的数据分析处理，筛选出变异较多的具有抗逆功能的核基因片段—Myb、Pgi 和 HemA，并进行了初步的该三个基因片段的群体功能研究。

创新点及成果：

授权实用新型专利 10 项。

二十、苜蓿碳储量年际变化及固碳机制的研究

项目编号：1610322014009　　　　　　　**起止年月：**2014.01—2015.12
资助经费：20 万元
主 持 人：田福平　副研究员
参 加 人：时永杰　胡　宇　路　远　张　茜　贺洞杰　张小甫　杨　晓　李润林
项目摘要：

该项目以生长 1 年至 3 年的苜蓿为研究对象，采用 ACE 土壤碳通量监测系统、CL-340 光合测定仪和叶绿素荧光仪 MINI-PAM 等仪器，结合实验室分析，研究苜蓿生物量碳储量、土壤碳储量、光合作用及其与环境因子之间的联动过程。以期阐明苜蓿碳储量的年际

变化规律和固碳效应，揭示不同生长年限苜蓿的固碳机制。同时补充"中兰2号"苜蓿在申报国家草品种及推广过程中的技术内容，解决"中兰2号"苜蓿在申报国家新品种和推广过程中种子不足的问题。

项目执行情况：

研究了1~3年苜蓿草地地上生物量、地下生物量和凋落物的碳储量年际变化规律和固碳效应，获取苜蓿草地土壤0~150cm根样365份，土壤样品1 260份，测定了苜蓿草地土壤N、P、K、有机碳（SOC）、轻组有机碳（LFOC）和重组有机碳（HFOC）的变化规律。配合国家牧草区域试验，在定西、天水试验点繁育"中兰2号"苜蓿种子并开展推广技术研究。测定了红草等7种牧草的地上生物量、植物样品有机碳含量、土壤有机碳含量、土壤硝化—反硝化作用、土壤呼吸及不同单播人工草地生态系统5年的平均固碳速率。研究表明不同单播人工草地生态系统平均固碳速率从高到低依次为：苜蓿草地（13.04t/hm² · a>红豆草草地（10.87t/hm² · a>早熟禾草地（5.17t/hm² · a>冰草草地（4.79t/hm² · a>撂荒地（2.46t/hm² · a。不同单播人工草地的土壤速效氮含量均显著高于撂荒地。其中，苜蓿和红豆草草地1年龄至5年龄的土壤速效氮含量显著高于冰草和早熟禾草地（$P<0.05$）。随着生长年限的增加，冰草草地、早熟禾草地和撂荒地的土壤速效磷、速效钾含量增加，红豆草和苜蓿草地的土壤速效磷、速效钾含量降低。随着生长年限的增加，不同单播人工草地的土壤有效铁、有效锰、有效铜、有效锌含量降低，其中，豆科牧草紫花苜蓿和红豆草草地降低的幅度均大于禾本科牧草冰草草地和早熟禾草地。撂荒地的土壤有效铁、有效锰、有效铜、有效锌含量随着撂荒年限的增加缓慢升高，但撂荒地土壤速效养分的绝对增加量比较小。

创新点及成果：

明确了1~3年苜蓿草地的固碳效应，繁育"中兰2号"苜蓿种子60kg，发表科技论文3篇。授权发明专利1项。

二十一、次生盐渍化土壤耐盐苜蓿的筛选与应用

项目编号：1610322014015　　　　　　　**起止年月：**2014.01—2014.12
资助经费：20万元
主 持 人：杨世柱 副研究员
参 加 人：张怀山　李　伟　朱光旭
项目摘要：

利用辐射诱变与分子标记技术，对辐照所产生的突变体进行多代选择与耐盐性鉴定，对筛选出的耐盐苜蓿新品系进行遗传鉴定、核型分析、品比试验、种子繁育、区域试验、生产试验，测定耐盐苜蓿新品种（系）对盐渍化土壤的改良效应。选育出适合甘肃次生盐渍化土地种植的耐盐碱苜蓿新品种（系）1~2个，在同等盐渍化土壤条件下，产草量比当地主栽苜蓿品种提高15%以上，干草粗蛋白含量17%以上。

项目执行情况：

在张掖试验基地建立耐盐苜蓿育种试验地10亩，对M3代苜蓿辐射突变材料进行了

耐盐性田间筛选鉴定。在实验室对苜蓿材料在不同盐浓度处理下的生理生化指标的变化进行了测定，筛选出耐盐性强苜蓿新品系2个。利用分子标记技术，对耐盐苜蓿新品系与亲本品种遗传差异、遗传距离的进行了分析鉴定。并对苜蓿新品系的染色体进行压片制作、核型分析。

创新点及成果：

获得实用新型专利2项；发表科技论文6篇。

二十二、牧草航天诱变新种质创制研究

项目编号：1610322014022　　　　　　　　　　**起止年月：**2014.01—2015.12

资助经费：40万元

主 持 人：杨红善　助理研究员

参 加 人：常根柱　周学辉　路远

项目摘要：

航天育种技术是一种高创新型的育种研究，是近10年来快速发展的农业高科技新领域。本研究的目的是通过航天育种技术开展牧草新种质创制研究。本研究主要内容包括：（1）"航苜1号"品种申报，目前该新品系的品种选育研究已经全部完成，正在组织材料，计划申报甘肃省牧草新品种和申报参加2014年度国家草品种区域试验。（2）开展"航苜2号"新品系选育研究，在"航苜1号"基础上，通过单株选择、混合选择和基因稳定性研究，使复叶多叶率由42.1%提高到50%以上，由以掌状5叶提高为羽状7叶，进一步提高草产量和营养价值。（3）育种新材料选育研究，前期工作共选择出58份变异单株，其中苜蓿29份、燕麦11份、红三叶5份、猫尾草13份，继续进行选择，最后确定3~4个育种新材料。（4）"牧草航天育种资源圃"标准化管理研究，2014年种植搭载于"神舟10号"的3个搭载材料，使入圃种植搭载材料达6类牧草的14个搭载材料，包括8种苜蓿、1种红三叶、1种猫尾草、2种燕麦、1种黄花矶松、1种沙拐枣。项目的实施，为我国牧草航天育种工程构建了重要的科研基础平台，拓展了牧草育种新技术、新领域。

项目执行情况：

完成了航苜1号紫花苜蓿新品种的品种申报，该品种为利用航天诱变育种技术选育而成的牧草育成品种，2014年3月通过甘肃省草品种审定委员会审定，登记为育成品种（登记号：GCS014），成为我国第一个航天诱变多叶型紫花苜蓿新品种，该品种基本特性是优质、丰产，表现为多叶率高、产草量高和营养含量高；2014年4月25日通过国家草品种审定委员会评审，批准参加国家草品种区域试验，分别在在兰州、天水甘谷种植航苜1号紫花苜蓿新品种标准化原种田15亩，定西市陇西通安驿示范种植航苜1号紫花苜蓿新品种100亩，在河西走廊、陇东、陇中地区示范种植航苜1号紫花苜蓿新品种50亩。在"航苜1号"基础上开展"航苜2号"新品系选育研究，通过单株选择、混合选择法，使复叶多叶率由42.1%提高到50%以上，多叶性状以掌状5叶提高为羽状7叶为主，目前已经完成了新品系选研究，并在庆阳、兰州和岷县等三个地区开展了品比试验和区域试验，完成了多叶率、草产量和营养成分的分析检测。在牧草航天育种资源圃内，根据农艺

经济性状，选择出 58 份优质单株育种材料，包括：29 份紫花苜蓿、11 份燕麦、5 份红三叶和 13 份猫尾草，最后确定航苜 2 号紫花苜蓿新品系 1 个，2 个育种目标新材料，包括 1 个高异黄酮含量的红三叶和 1 个分枝强、高种子产量的燕麦。

创新点及成果：

航苜 1 号紫花苜蓿通过甘肃省草品种审定委员会审定，成为我国第一个航天诱变多叶型紫花苜蓿新品种。红三叶航天育种研究与岷县方正草业公司签订合作研究协议并成果转化创收 10.0 万元。出版著作 1 部，在国内核心期刊发表论文 4 篇，授权专利 4 项。

二十三、甘肃野生黄花矶松的驯化栽培

项目编号：1610322014023　　　　　　　　起止年月：2014.01—2015.12
资助经费：30 万元
主 持 人：路　远　助理研究员
参 加 人：常根柱　周学辉　杨红善　张　茜

项目摘要：

黄花矶松是蓝雪科补血草属多年生草本植物，是我国优良的野生地被植物资源。在我国华北、西北及四川等省均有分布。由于其独特的生物学特征，具有很高的开发利用价值，必须重视补血草种质资源的保护，在补血草产业化种植还没有形成之前，对其利用走开发与保护相结合的道路。本研究以黄花矶松为主要研究对象，进一步延伸到其他补血草的种质资源采集、驯化栽培，进行区域试验及品种申报，从而为合理地利用补血草属植物资源提供科学的理论指导。

项目执行情况：

试验地选择在黄土高原半干旱兰州区试验地、陇中南半湿润半干旱区甘谷试验地、北方温带大陆性湿润半湿润区天水试验地等，主试品种为黄花矶松，对照品种为二色补血草、耳叶补血草，试验区采用随机区组排列，试验采用育苗移栽方式，移栽前对试验地进行深翻、耙细，平整地面后漫灌 1 次。移栽定植后浇水一次，以利于移栽苗成活，后以自然降水为主，苗期及时铲除杂草。进行田间观测记载指标与标准、形态特征观测记载指标与标准、性状评价方法与标准等的研究，结果表明，只有黄花矶松在三个生态区的播种当年均能完成生育期，无病虫害发生，且能表现出良好的生态适应性，而对照品种播种当年只能进行营养生长，至第二年完成整个生育周期。耳叶补血草的抗旱、抗寒性较差，轻感蚜虫；三品种的耐热性、抗病性均良好。

创新点及成果：

试验成果通过甘肃省草品种审定，登记为陇中黄花矶松野生栽培种。申报发明专利 1 项，实用新型 7 项。

二十四、国内外优质牧草种质资源圃建立及利用

项目编号：1610322014024　　　　　　　　起止年月：2014.01—2014.12

资助经费： 15 万元

主 持 人： 朱新强 研究实习员

参 加 人： 时永杰 王晓力 王春梅 汪晓斌 杨 晓 张 茜 贺洞杰

项目摘要：

苜蓿的营养价值很高，是全国乃至世界种植最多的牧草品种。本项目拟通过收集国内外优质的牧草品种和具有西部特色的牧草种质 120~150 份，在我国黄土高原典型半干旱生态区—农业部兰州黄土高原生态环境重点野外观测试验站建立"国内外优质牧草种质资源圃"。对资源圃进行严格的种植、管理，并对牧草品种各生育期的生长特性进行观察记录，为选育适合西部地区的优质抗旱牧草打下坚实基础。通过该资源圃的建立，有效保存这些优秀牧草种植的遗传资源，为其进一步开发利用奠定基础。

项目执行情况：

主要从种质的收集，资源圃的种植、管理，牧草生产性状的观察、实验室研究等方面开展工作。共收集到牧草种质 140 余份，品种 60 份，种子资源 80 余份。在大洼山试验基地种植豆科牧草 56 份，每份牧草种植小区面积约为 $18m^2$（3.5m×5m），以锄头开沟的方式进行条播，播种深度约 3~5cm。资源圃以收种为主，故以收种行间距 60cm 进行播种。对种植的品种进行精细管理，并观察出苗期、出苗率等情况。发芽率试验结果显示，大多数品种发芽率达 80% 以上，个别品种发芽率较低。种植的 56 个品种，发芽率在 60%~80%，有 16 个品种；发芽率在 80%~90%，有 19 个品种；发芽率在 90%~100%，有 21 个品种；表明种子品质较好。

创新点及成果：

发表论文 1 篇，参与发表 6 篇。参编著作 1 部。申请发明专利 2 项，实用新型专利 2 项，参与其他专利 10 项。

二十五、抗寒性中兰 1 号紫花苜蓿分子育种的初步研究

项目编号： 1610322015008 　　　　**起止年月：** 2015.01—2015.12

资助经费： 15 万元

主 持 人： 贺洞杰 助理研究员

参 加 人： 田福平 朱新强 张 茜 路 远 胡 宇 杨 晓

项目摘要：

"中兰 2 号"苜蓿是研究所选育的具有抗旱性的紫花苜蓿新品种。但其对温度反应敏感。低温是制约其生长的主要限制因子，如何提高"中兰 2 号"紫花苜蓿抗寒性对提高其生长力具有重要意义。本项目结合国内外对紫花苜蓿的研究，通过前期工作对拟南芥、黄花矶松冷诱导基因和紫花苜蓿基因转化方法的研究，筛选具有较好抗寒调节的冷诱导基因，转入"中兰 2 号"紫花苜蓿，培育具有良好抗寒性"中兰 2 号"苜蓿新品种，为扩大该优良品种在高寒地区的种植范围，改良其逆境适应能力，提高其产量具有重要意义。同时对外源冷诱导基因在"中兰 2 号"中的抗寒机制和信号通路进行初步研究，旨在为紫花苜蓿的抗逆基因工程的进一步研究提供一定的理论支持。

项目执行情况：

筛选拟南芥 AtCBF 家族，克隆全长基因和 CDS 功能区，获取质粒。采用 Gateway 技术构建 AtCBF3 真核和原核表达载体。包括 YFP 荧光载体。采用农杆菌侵染方法转导 AtCBF3 基因于中兰 2 号紫花苜蓿。筛选抗寒性具有明显提高的转基因植株。并采用 Real time PCR 对其在转录水平进行抗寒性分析提取转基因植株的总 RNA，扩增其转导的 AtCBF3 基因，采用 Gateway 技术构建原核表达载体，诱导纯化相应蛋白，从翻译水平进行抗寒性分析。使用 confoncal 荧光显微镜测定转导基因在紫花苜蓿中的定位。

创新点及成果：

"中兰 2 号"苜蓿是具有抗干旱的优良特性，但其抗寒性一般，如果进一步提高其抗寒性，为扩大该优良品种在高寒地区的种植范围，改良其逆境适应能力，提高其产量具有重要意义。授权专利 13 项，发表论文 2 篇。

二十六、基于地面观测站的生态环境监测利用

项目编号： 1610322015015　　　　　　　　**起止年月：** 2015.01—2015.12
资助经费： 50 万元
主　持　人： 李润林　研究实习员
参　加　人： 董鹏程　张小甫　朱新强
项目摘要：

在全球气候变化的大背景下，中国西北干旱区气候在过去 50 年也发生了相应的变化，对该区域的生态环境已经产生了较大程度的影响。本研究以干旱区草地生态环境为研究对象，通过地面观测站监测气象环境因子，分析气象环境因子的变化趋势，探寻影响草地生态系统的敏感气象因子，揭示气象环境变化对草地生态系统的影响机制，为气候变化对草地生态系统的影响研究提供支持。

项目执行情况：

利用农业部兰州黄土高原环境生态重点野外观测试验站观测收集了温度、降水量、日辐射量、无霜期等气象观测数据，分析黄土高原干旱区生态环境气象因子的日变化、旬变化和月变化，发现夏季温度增加迅速，极端高温日天数延长，降水量分布不均匀，冬季温度较高，导致无霜期时间缩短，形成暖冬。极端低温日天数延长，霜冻提前，降雪量天数减小，最大积雪深度（毫米）减小。此项目为研究气候变化对黄土高原干旱区生态环境变化提高参考，为分析黄土高原干旱区生态环境变化气象因子的年际变化特征提供依据。

创新点及成果：

以黄土高原干旱区生态环境为研究对象，利用野外观测站的气象观测数据横向和纵向分析研究区旬变化动态和月变化动态，为研究气候变化对干旱区生态系统的影响机制提供参考。授权专利 5 项，发表论文 1 篇。

第三章　科研绩效分析

第一节　研究所综合发展实力分析

基本科研业务费专项资金项目资助以来，各个项目均按照任务书内容和实施周期顺利实施。研究所在人才培养、学科建设、成果培育、团队建设、平台条件、国家科技项目的孵化、科研项目的执行等方面取得了重要发展，大大提高了研究所的综合科技创新能力。

一、研究所综合科研能力

研究所瞄准建设一流现代农业科研院所目标，始终坚持以研为本、以人为本的理念，坚持根本不动摇，不断推进改革，用改革促进发展。将原来小而分散的近 20 个学科和 12 个研究室重组为畜牧、兽药、兽医、草业四大学科，设置了畜牧、中兽医（兽医）、兽药、草业饲料 4 个研究室，实现了研究所学科间的联合，优化了科技资源。将 7 个管理部门精简为 4 个，规范了部门职责，提高了工作效率。不断加强科研管理、行政管理、人才队伍建设、财务管理和分配制度、考核制度建设，建立有序、高效、充满激励的管理制度、运行机制和较为完善的制度体系。目前，研究所执行的规章制度 69 个，充分发挥了规范运行、提高效率、激发潜力、促进创新的作用，有效推动了研究所各项事业的发展，促进了研究所科技创新能力的提升。"十五"期间，研究所在农业部组织的"全国农业科研机构综合科研能力评估"中位列 69。"十一五"以来，研究所通过全面改革、锐意创新和资源优化等使研究所的各项事业得到了蓬勃发展，2010 年的"全国农业科研机构综合科研能力评估"中跃居 44 位，在中国农业科学院排名 11 位，研究所站在了一个新的起点上。2015 年，研究所综合实力位居全院 17 位，发展速度位列第 5 位，发展实力位列第 6 位。这其中基本科研业务费的稳定资助给予了研究所快速发展的持续动力。

二、研究所科研管理能力

多年来，研究所立足西部，面向全国，坚持以科研为本，紧紧围绕我国畜牧业生产中带有全局性、前瞻性、关键性的重大科学与技术问题，围绕不断提高科技创新能力，积极开展畜牧、兽药、中兽医（兽医）和草业等学科领域的基础、应用基础和开发研究，创新科研管理机制和方式，不断提高自主创新能力。制定了《中国农业科学院兰州畜牧与兽药研究所科研项目管理办法》《中国农业科学院兰州畜牧与兽药研究所奖励办法》《中国农业科学院兰州畜牧与兽药研究所科研人员岗位业绩考核办法》等制度，发挥制度的规范与激励作用。科研管理中实行法人领导下的项目（课题）主持人负责制。科技管理处全面负责科技项目的科研计划、规划的制订，科研立项、计划执行、课题验收、成果鉴定、知识产权保护等科研活动的管理与服务；并建立与之配套的科研项目管理、科研成果管理、财务管理及绩效考核等科研管理制度。研究室是科研计划管理的基层部门，研究室主任对本室的学科建设科研方向负有指导作用。项目实行主持人负责制，课题组在项目主持人的领导下组织实施。研究所学术委员会按照"学术自由和学术民主，维护学术的独立性和纯洁性"的原则，把握全所科研工作方向，负责科研活动、成果推荐、项目论证等的评议和审核工作。实行了科研人员工作业绩定量考核制度，激发科研人员的工作热情和创新潜能。通过管理体制、方式创新，研究所科研工作活力不断增强，科技创新能力得到有效提升，科研立项、科技成果丰硕，在农业科研领域的作用和地位得到进一步体现。

三、研究所科研创新氛围

按照中国农业科学院党组关于开展创新文化建设的意见，坚持以人为本，积极开展研究所创新文化建设，为研究所创新发展营造良好的文化环境。不断制定和完善各项管理制度，并且装订成册，下发各部门，供全体职工遵照执行。确定了"探赜索隐，钩深致远"的所训，并且雕刻展示，使广大职工知晓并指导行为。创作了《兰州畜牧与兽药研究所所歌》，镌刻上墙，每天播放，做到了每个职工都会唱，振奋了职工精神，激发了职工斗志。创作了所徽，使研究所有了自己的标识。在研究所具有历史意义的古建筑中开设了研究所所史陈列室——铭苑，在陈列室前雕塑了著名兽医教育家、科学家、我国第一位畜牧兽医学部委员盛彤笙先生的铜像，使广大职工能时刻铭记历史形成尊重知识、尊重人才的浓厚氛围。制定了研究所《文明处室、文明班组、文明职工考评办法》，开展文明创建和考评工作。每年利用重大节日，开展丰富多彩的文体活动，丰富职工文化生活，加强职工间的交流与沟通，增进感情。通过创新文化建设，丰富了研究所文化建设内容，营造了尊重知识、尊重人才、鼓励创新、宽容失败的文化环境，形成了创新发展的导向，提升了研究所的文明水平，促进了科技创新。近年来，研究所先后被评为中国农科院文明单位、甘肃省文明单位、全国文明建设工作先进单位、全国文明单位。

四、总体成效

自基本科研业务费项目实施以来，在其长期稳定的经费支持下，中国农业科学院兰州畜牧与兽药研究所在科研项目立项数和经费总数方面稳步升高，"十一五"期间，研究所承担科研项目206项，项目总经费1.01亿元，其中2009年项目立项数134项，2010年项目总经费4 795.34万元，达到"十一五"最高。"十二五"以来，研究所承担科研项目

226 项，项目总经费 1.22 亿元，其中 2014 年项目立项数 173 项，2015 年项目总经费 13 425.8 万元，达到"十二五"最高。2006—2015 年，研究所承担重大科研项目的能力也不断提升，"十一五"期间，2010 年主持和参加国家级科研项目 44 项，2009 年主持省部及地市级科研项目 114 项，达到"十一五"最高；"十二五"期间，2014 年主持和参加国家级科研项目 33 项，2015 年主持省部及地市级科研项目 124 项，达到"十二五"最高。

研究所各项科技成果大部分都呈现出逐年增长的趋势。其中发表 SCI 论文和授权国家专利数增长尤为显著。十年间，科技论文年发表篇数呈现减少趋势，而论文质量不断提高。"十一五"期间，SCI 发表年均 2.6 篇，而"十二五"期间已达到年均 23 篇之多，呈现几何式增长。在授权国家专利方面，增加趋势更加明显，增幅转折出现于 2013 年。2013 年之前，授权国家专利年均不足 20 件，2013—2015 年，授权件数每年以超过 200% 的速率增加。出版著作和获奖成果也均呈现增长的趋势（表1）。

表1 2006—2015 年研究所重要科技成果产出数量

年度	论文总数	SCI篇数	SCI IF	院选	著作	获奖总数	省部级	专利总数	发明专利	软件著作权	畜禽品种	牧草品种	兽药证书	国标	行标
2006	106	3	3		6	4	2	3	0				1		
2007	247	2	4		5	4	3	2	1						
2008	195	3	3		5	4	2	2	1						3
2009	181	1	2		5	6	4	2	1						
2010	211	4	8		9		1	6	3				1		
2011	233	11	16.96	2	15	4	2	18	12					3	
2012	142	14	16.97		4	5	2	20	11					1	
2013	115	19	31.49	6	5	10	8	43	8		3	2			1
2014	140	34	57.67	9	21		3	144	15	8			2		
2015	159	37	52.95	11		11		259	21	4			2		3

另外，通过基本科研业务费的持续资助，研究所在兽药研究领域获得了省部重点实验室 3 个、工程研究中心 1 个，2 名团队首席成为国家"百千万"工程人才，1 名团队首席成为"兰州市科技功臣"，1 名团队首席成为国家科技支撑计划首席科学家，1 人获得国务院特殊津贴，科研实力得到了进一步的提升，继续领跑我国兽药创制研究；畜牧学科领域，在牦牛、细毛羊、灌草新品种选育、资源保护和开发应用等方面培养了专业人才，获得了省部级重点实验室 2 个、工程技术研究中心 1 个，风险评估研究中心 1 个，2 名团队首席成为现代农业体系岗位科学家，1 名优秀专家获得国务院特殊津贴，1 名青年科技人才成长为创新团队首席，1 名青年专家获得国家自然基金国际组织（地区）合作交流项目；兽医研究领域不断加强传统中兽医药关键技术和畜禽疾病控制研究，科研团队的研究

和创新能力得到了加强，1 名团队首席成为国家科技基础性工作专项和公益性（农业）行业科研专项项目首席科学家，1 名中青年科技专家成为创新团队首席，获得了 1 个省部级工程技术研究中心，建立了国家奶牛疾病控制功能实验室，建成了传统中兽医药陈列馆。团队内部人才结构进一步得到优化，团队内部青年科技专家迅速成长（图 1、图 2、图 3、图 4、图 5、图 6、图 7、图 8）。

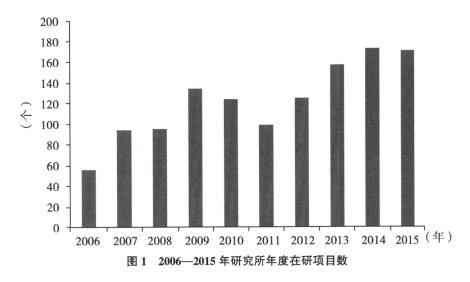

图 1　2006—2015 年研究所年度在研项目数

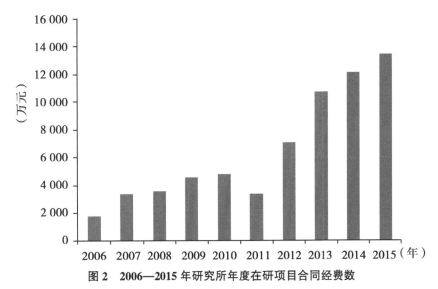

图 2　2006—2015 年研究所年度在研项目合同经费数

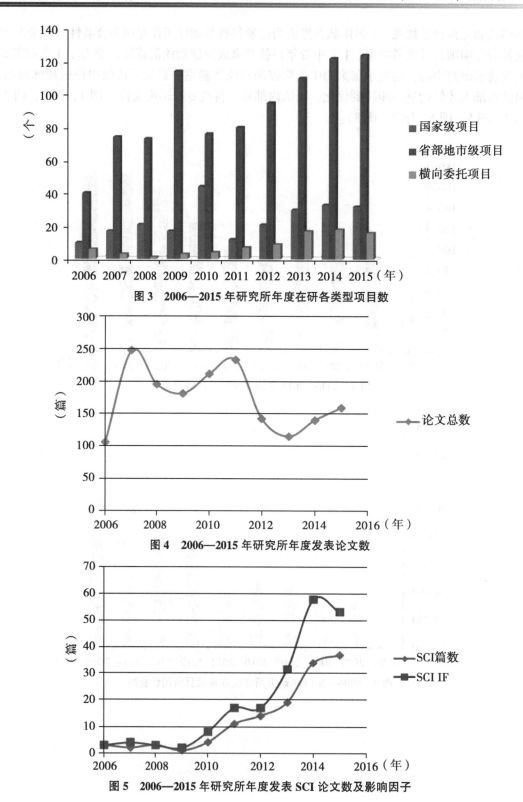

图 3　2006—2015 年研究所年度在研各类型项目数

图 4　2006—2015 年研究所年度发表论文数

图 5　2006—2015 年研究所年度发表 SCI 论文数及影响因子

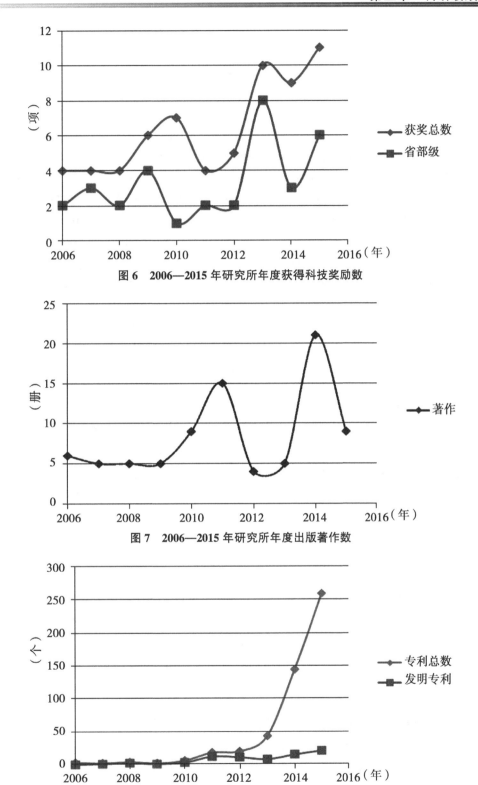

图6　2006—2015年研究所年度获得科技奖励数

图7　2006—2015年研究所年度出版著作数

图8　2006—2015年研究所年度授权专利数

第二节　学科建设

学科建设与发展是研究所立所之本、强所之根，直接体现研究所在国家畜牧业发展中战略定位，是研究所科研综合能力和科技发展的重要标准之一。研究所作为综合性国家级农业科研单位，自成立以来，一直开展动物遗传育种、动物生产、生物技术、草地草坪、分析测试、兽医临床、化学药物、天然药物、兽医基础、动物针灸、畜禽营养代谢、兽医微生物等方面的研究工作，形成了畜牧学科、兽用药物（天然药物、化学药物）学科、兽医（中兽医）学科及草业饲料学科4个互为促进、互相渗透的一级学科，形成了草食家畜种质资源保护与利用、草食动物遗传育种与繁殖、牧草种质资源保护与利用、牧草育种与草地生态学、中兽医临床学、兽医药（毒）理学、兽医药学和中兽药学8个重点学科。

2012年，根据中国农业科学院"学科集群—学科领域—研究方向"三级学科布局要求，进一步凝练、优化、完善学科及学科方向，制定了研究所《学科调整与建设方案》，分别对"草食动物遗传育种与繁殖""草食动物营养""兽用化学药物""兽用天然药物""兽用生物药物""宠物与经济动物""中兽医学""临床兽医学""牧草资源与遗传育种""草地利用与监测"10个优势学科领域和21个研究方向进行分类，确定了"动物资源与遗传育种""动物营养""兽药学""中兽医与临床兽医学"和"牧草资源与育种"5个学科领域，包含"牦牛资源与育种""兽用化学药物""奶牛疾病""兽用天然药物""中兽医理论与临床""细毛羊资源与育种""旱生牧草资源与育种""兽用生物药物"和"草食动物营养"9个重点学科方向，成为研究所畜牧与兽医学科建设和进一步开展科技创新的战略布局和发展规划。

一、畜牧学科

研究所的畜牧学科建立于1954年。几十年来，畜牧学科围绕服务和发展畜牧业生产，几代科学家扎根西部，深入青藏高原牧区和西北地区攻坚克难，勇于攀登，勤于探索。在牛、羊、猪新品种（系）遗传资源挖掘、育种素材创制、繁殖新技术研发和新品种（系）培育等方面取得了一系列重大突破，已形成结构相对合理、人才队伍较为稳定的科技创新团队。畜牧学科针对我国畜牧业生产中亟待解决的科学理论和技术问题，研究内容涉及牦牛、藏羊、细毛羊及肉羊遗传育种、繁殖、生态、健康养殖及产业化等诸多方面，重点开展基础与应用基础研究，解决草食动物生产中的基础性、关键性、方向性重大科技问题。目前，畜牧学科按照现代畜牧科学技术的发展要求，从最初的草食动物资源利用与常规育种，逐步发展为以生物技术与传统育种技术相结合的现代草食动物遗传资源创新利用与品种培育。以基础、应用基础研究为主线，开展牛羊新品种培育，实现畜禽遗传资源创新利用，研究解决草食家畜生产中的关键性、方向性并具有重大经济效益的科技问题，逐步建成科技优势明显、科研队伍一流、科研平台先进和试验基地完善的学科体系。

优势与地位 畜牧学科作为研究所传统优势学科，以基础、应用基础研究为主线，开展牛羊新品种培育，实现畜禽遗传资源创新利用，研究解决草食家畜生产中的关键性、方向性并具有重大经济效益的科技问题，逐步建成科技优势明显、科研队伍一流、科研平台先进和试验基地完善的学科体系。已形成牦牛资源与育种和细毛羊资源与育种两个科技创新团队，在全国率先开展牦牛、细毛羊新品种（系）育种素材创制、繁殖新技术、重要功能基因定位、分子育种技术等方面的研究，目前承担国家肉牛牦牛产业技术体系、绒毛用羊产业技术体系、科技部科技支撑计划、农业部公益性行业（农业）科研专项、"948"计划、甘肃省科技重大专项、国家标准、行业标准等基础、应用研究等方面项目。取得一系列重大成果，获得各类科技奖励 57 项，其中国家科技进步一等奖 2 项，国家科技进步二等奖 3 项，国家科技进步三等奖 1 项，甘肃省科技进步奖 11 项，授权专利 11 项，出版专著 59 部，发表论文 1 450 余篇。成功培育出我国具有自主知识产权的国家级新品种大通牦牛、甘肃高山细毛羊、中国黑白花奶牛、甘肃白猪、甘肃黑猪等，填补了我国牛、羊、猪品种自主培育的空白，为我国特别是西部地区的经济社会发展做出了重大贡献，凸显了我所畜牧学科在牛、羊、猪等家畜新品种培育领域的国内引领作用，确立了在牦牛、细毛羊新品种培育的国际领先地位。目前，已形成了创新能力强的科研团队、仪器设备先进的科研技术平台，拥有"农业部动物毛皮及制品质量监督检验测试中心""农业部畜产品质量安全风险评估实验室""甘肃省牦牛繁育工程重点实验室""国家肉牛牦牛产业技术体系牦牛选育岗位科学家"及"国家绒毛用羊产业技术体系分子育种岗位科学家"等科技创新平台，拥有畜牧学博士后流动站、动物营养硕士点、动物遗传育种与繁殖硕士、博士点，博士生导师 2 人，硕士生导师 9 人，现代农业产业技术体系岗位科学家 2 人，国家畜禽品种资源委员会委员 1 人，国家科技进步奖评审专家 2 人，国家自然科学基金评审专家 2 人，中国博士后基金评审专家 1 人，国际合作计划评价专家 1 人，全国性学术团体副理事长兼秘书长 2 人，牛马驼品种审定委员会委员 1 人，中国牛羊产业协会特聘专家 2 人，甘肃省科技奖励评审专家 3 人，甘肃省领军人才 1 人，甘肃省"555"人才 1 人，甘肃省优秀专家 1 人，甘肃农业大学特聘博士生导师 2 人，中国农科院学位委员会 1 人，中国农业科学院杰出人才 2 人。是中国牦牛育种协作组挂靠单位和中国畜牧兽医学会养羊学分会秘书长单位，编辑出版专业性学术期刊《中国草食动物科学》。

二、兽药学科

研究所兽药学科始建于 20 世纪 50 年代，最早以开展中草药抗菌、抗病毒研究为代表，开创了我国兽用中草药的现代研究。60 年代初，中国农业科学院整合兽药研究力量，在研究所建立兽药学科和研究团队，主要开展兽用化学药物、兽用抗生素的创制、兽医药理学与毒理学等工作。80 年代后期发展为兽用化学药物、兽用抗生素和兽医药理三大研究方向。兽药学科针对规模化养殖中畜禽和宠物、经济动物重要细菌性、寄生虫性、病毒性和炎症等感染性疾病等，利用天然药物基因组学及化学组学、有机合成化学、药物化学、分析化学、计算机辅助设计、现代药物评价等为研究技术和手段，以创制防治动物疾病的高效安全药物为目标，围绕兽药创制，加大药物作用机理、筛选技术、靶标发现等基础研究，加强分子药理学研究及围绕食品安全的药物残留与耐药性机理研究。目前，主要研究兽用中草药的有效成分、结构、药理作用和现代化的生产技术，开展兽用化学药物的合成和兽用抗生素及饲料添加剂的研究，筛选抗菌、支原体、寄生虫、病毒、炎症的有效药物，改进或提供新的兽用药物，已形成了兽用化学药物、兽用天然药物、兽用生物药物、药物代谢动力学、药物残留研究、兽药残留与安全评估等研究方向，长期承担创新兽药的研制与开发以及与之相关的基础研究工作，重点开展动物新药创制基础理论、药物作用机理和安全评价研究。

优势与地位　研究所是新中国成立以来率先开展兽药研究的专业性科研机构，长期从事化学药物、天然药物和抗生素等基础研究和应用研究，学科布局合理，专业优势十分突出，在研究平台、科研力量和创新能力方面，都在国内兽药研究领域处于领军地位。研究涉及新兽药创制、药物筛选评价、生物转化以及药物代谢动力学、药物作用机理、药物残留、药物耐药性等领域。先后承担了国家自然科学基金项目、"863"子课题、国家科技支撑计划、科研院所技术开发专项资金项目、国家现代农业产业技术体系岗位科学家、甘肃省科技重大专项等，在兽用化学药物研制与应用、兽用天然药的研制与应用、生物药物的研究与开发、药物的筛选与评价、药物作用机理、药物耐药性研究等方面取得了一批重要的科技成果。在我国拥有自主知识产权的4个国内一类新兽用化学药物中，其中静松灵、痢菌净和喹烯酮3个一类兽药是本学科的科技专家团队研制成功的。1975年研制成功的动物麻醉新药"静松灵"，成为我国兽医临床首选药物一直沿用至今。1986年研制成功广谱抗菌新药"痢菌净"，目前全国有近10家痢菌净原料药生产企业和近300家痢菌净制剂企业，产生的直接经济效益300多亿元。2003年，研制成功国家一类新药"喹烯酮"，目前有包括中国牧工商（集团）总公司在内的30余家生产企业生产，年产量近1 000吨。此外还研制成功了"AEI化学灭能剂"、六茜素、消睾注射液等10多个新药。先后获得国家科技进步二等奖2项、三等奖1项，省部一等奖6项，获国家一类新兽药证书2个，发明专利21项，发表科技论文1 500余篇，其中SCI论文30余篇。目前兽药学科建设有农业部兽用药物创制重点实验室、甘肃省新兽药工程重点实验室、甘肃省新兽药工程研究中心、中国农业科学院新兽药工程重点实验室、兽药GMP中试生产车间和SPF标准化实验动物房等科技支撑平台；有2个兽药创新团队，现有国务院政府特贴享受者1人、中国青年科技奖获得者1人，农业部新兽药审评专家2人，国家现代农业产业技术体系岗位科学家1人，中国农业科学院研究生院博导3人，宁夏大学、甘肃农业大学、黑龙江八一农垦大学特聘博导2人，中国农业科学院二级杰出人才1名，三级杰出人才1名；拥有兽药学博士后流动站、兽药学和基础兽医学硕士、博士点。

三、中兽医与临床兽医学科

中兽医与临床兽医学科是兽医学科的重要组成部分，一直在我国动物疾病防治、畜禽保健和食品安全方面发挥着独特而重要的作用。我国首位兽医学院士盛彤笙先生早在1946年，提出将中兽医和临床兽医学科列为兽医重点学科。1958年以建所为标志，研究所首个中兽医和临床兽医学科研究团队成立，以"继承和发扬"为思路指导学科建设，建成了我国唯一从事中兽医学、临床兽医学研究的国家级科研机构——中国农业科学院中兽医研究所。55 年来，随着研究所几代中兽医和临床兽医工作者的辛苦耕耘和艰苦努力，中兽医学科得到了不断优化和发展。目前，中兽医学科有中兽医基础理论、中兽医针灸、中兽药方剂、中兽医药理毒理、中兽医资源与利用、中兽药中试和中兽医药现代化 7 个研究方向；临床兽医学科有奶牛疾病、兽医临床检验、动物生理生化、兽医病理、兽医微生物、动物代谢病与中毒病、兽医内科和外科 7 个研究方向。针对我国畜牧业生产中亟待解决的科学理论和技术问题，重点开展兽医针灸、中兽医基础理论、中兽医防病技术研发、奶牛主要疾病发病机理与防治技术、畜禽营养代谢病和中毒病等基础与应用基础研究、中兽医与临床技术发展中存在的共性关键问题等，解决中兽医学和畜禽疾病防治中的基础性、关键性、方向性重大科技问题。

优势与地位　中兽医与临床兽医学科自建立以来，在动物疾病防治与保健方面一直处于国内领先地位。建所以来先后承担了 300 余项国家级、省部级科研项目，获各类科技奖励 76 项，其中国家科学大会奖 1 项，省部奖 23 项，获国家授权专利 30 项，研发产品 43 个，培养学科相关科研骨干和研究生 80 余人，出版专著 50 部，发表科技论文 1 300 余篇，其中 SCI 论文 7 篇，创办了《中兽医医药杂志》。这些技术、成果和人才已在中兽医和动物疾病防治领域发挥着重要的指导、支撑和带头作用。"十一五"期间以来，中兽医与临床兽医学相关研究团队分别是国家科技支撑计划"中兽医药现代化研究与开发"和"奶牛重大疾病防控关键技术研究"、农业部公益性行业（农业）科研专项"中兽医药生产关键技术研究与应用"、国家基础性工作专项"传统中兽医药资源整理和抢救"等重大项目的首席科学家单位，也是国家奶牛产业技术体系疾病控制功能实验室、甘肃省中兽药工程技术研究中心、科技部中兽医药学援外培训基地、中国农业科学院临床兽医学研究中心、中国毒理学会兽医毒理学专业委员会、中国畜牧兽医学会西北病理学分会、中国畜牧兽医学会西北中兽医学分会的挂靠单位。现有国家公益性行业专项首席专家 1 人，农业部兽药评审专家 5 人，国家现代农业产业技术体系岗位科学家 2 人，中国农业科学院杰出人才 1 人，甘肃省第一层次领军人才 1 人，甘肃省"555"人才 1 人，拥有兽医学博士后流动站和临床兽医学硕士点、全国唯一中兽医学硕（博）士点。目前，中兽医学与临床兽医学科相关科研团队承担国家自然科学基金项目、公益性（农业）行业专项、国家科技支撑计划课题、现代农业产业技术体系、"948"计划、农业科技成果转化项目等科研项目，并在中兽医基础理论、中兽药创制、中兽医药现代化、临床兽医诊断技术研发、奶牛乳房炎、子宫内膜炎、肢蹄病等研究方面处于国内领先水平。

四、草业学科

研究所草业学科始建于 20 世纪 50 年代初，是我国从事草业科学研究工作起步较早的专业科研单位。60 年代初，原西北畜牧兽医研究所成立了牧草饲料研究室，以草场合理利用、天然草原改良、提高草原生产力、优良牧草饲料作物引种、栽培、良种选育和提高饲料营养价值为主攻方向。80 年代，研究所在原牧草饲料研究室的基础上设立了牧草饲料研究室、草原研究室和营养研究室。90年代又调整为草地草坪研究室和动物生产研究室，分别开展以农区种草养畜、牧区草地建设、资源保护、绿地工程、水土保持和草食动物饲料配方、营养舔砖及饲料添加剂的研制，建立动物营养调控技术体系为主要方向。在草食家畜营养研究领域处于国内领先水平。2000年以来，草业学科调整重组，成立草业饲料研究室，主要开展抗逆牧草、草坪草新品种的引进和选育、转基因及引种驯化，对青藏高原、黄土高原特色牧草种质资源的收集、鉴定、保护和开发利用，开始建立我国西部旱生超旱生牧草种质资源保种、驯化、繁育基地和种质资源库，进行饲草饲料资源开发利用，探索草畜耦合生态型畜牧业发展模式，同时对黄土高原生态环境监测体系的规范化建设、生态环境演替规律、多样性进行了系统研究。草业学科始终坚持科学研究、人才培养和服务地方经济建设的宗旨，在牧草种质资源调查、草地生态畜牧业建设、草品种选育及草地植物分子生物学研究、牧草种质资源信息共享平台建设、草地资源监测、草食动物营养研究等方面开展工作，在我国草畜产业发展和草原生态环境建设等方面做出了贡献。

优势与地位　研究所是中国草原学会成立的主要发起单位之一。草业学科充分利用地处黄土高原和青藏高原交汇地带的区位优势，以草地农业生态系统理论为指导，在旱生、寒生牧草新品种选育、人工草地建植与利用研究和高寒草地的改良与放牧利用等方面形成了具有明显地域特色的草业学科，获得了丰硕的研究成果。先后完成各类科研项目100余项，自主培育出"中兰一号"抗霜霉病苜蓿和"333/A春箭舌豌豆"新品种，获国家科技进步二、三等奖各1项，省、部级科技进步奖12项。主编出版学术专著和教科书28部，发表学术论文400余篇。拥有一支具有实际经验且年龄结构合理的专业科研队伍，现有甘肃省领军人才1人，甘肃省草品种审定委员会专家1人。建立了研究所草业学科硕士点和博士点，现有牧草栽培、牧草育种、动物营养、牧草种质资源遗传4个实验室，先后承担国家重点基础研究发展计划、农业部公益性行业（农业）科研专项、西藏科技重大专项等。2个总面积超过5 400亩的野外试验基地（其中兰州大洼山综合试验站2 368亩，张掖旱生牧草引进、驯化、繁育基地3 108亩），4个野外观测试验站（农业部兰州黄土高原生态环境重点野外科学观测试验站、中国农业科学院兰州黄土高原生态环境重点野外科学观测试验站、中国农业科学院兰州农业环境野外科学观测试验站、中国农业科学院张掖牧草及生态农业野外科学观测试验站），大中型仪器设备50余（台）件。

第三节　人才与团队建设

一、人才建设

研究所在基本科研业务费专项资金项目设立时，围绕学科和团队建设两个方向给予大力支持，努力打造"学科、人才团队"为一体的科技创新模式，通过连续资助，培养了一批优秀的青年人才，加大了各学科创新团队的力量，一批年轻的科技专家脱颖而出。

2006—2015 年度主持基本科研业务费项目的主持人 207 人（次），其中 40 岁以下的青年科研人员 167 人（次），年龄在 30 岁以下的 53 人（次），30~40 岁 114 人，40 岁以上的为 40 人（次）（图9、图10）。归国留学科研人员 2 人。引进人才 45 人，其中 30 岁以下40 人，31~40 岁 4 人，40 岁以上 1 人。培养人才 87 人，其中博士 31 人，硕士 46，学士10 人（见附件4）。通过基本科研业务费项目的持续资助，先后有 2 名优秀专家入选"国家百千万人才工程"并获得"国家有突出贡献中青年专家"荣誉称号，有 8 名专家成为中国农业科学院科技创新工程创新团队首席专家，"兽药创新与安全评价创新团队"入选第二批农业科研杰出人才及其创新团队，3 名专家入选"甘肃省领军人才"第一、二层次人选，2 人获得国务院政府特殊津贴，1 人荣获"全国优秀科技工作者"，1 人获"甘肃省杰出青年"，1 人获中国农业科学院巾帼文明岗奖励，1 人获"全国牛病青年科技工作者"称号。在此基础上，有 6 名中青年科技专家晋升为研究员，38 名青年科技专家晋升为副研究员，41 人被聘为助理研究员。

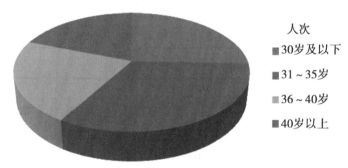

图9 基本业务费主持人年龄结构分布图

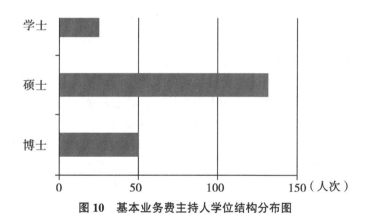

图10 基本业务费主持人学位结构分布图

二、团队建设

遵循"学科引领、资源优化、重点突出、整体带动"的原则，以科技项目为纽带，以凝聚优秀创新人才为主体，通过人才建设，建成一批主攻方向明确，特色鲜明，竞争有力，在国内外具有一定影响的科技创新团队（图11）。"十一五"期间，研究所确定了4个院级重点建设科技创新团队：即兽药研究创新团队、草食动物育种与资源保护利用创新团队、中兽医药现代化研究创新团队、旱生、超旱生牧草品种选育与利用研究创新团队；7个所级科技创新团队：创新兽药的研制与开发创新团队、药物筛选与评价创新团队、中国牦牛种质创新与资源利用创新团队、奶牛疾病诊断和防治创新团队、中兽医药现代化研究创新团队、细毛羊分子育种技术研究创新团队、旱生牧草种质资源与牧草新品种选育创新团队。每年资助研究所7个科技创新团队2~3项基本科研业务费项目，通过基本科研业务费项目的资助，使得团队人才结构更加合理，加强了我所科研队伍建设，提高了团队整体学术水平，大大提升了研究所的科技创新综合能力。

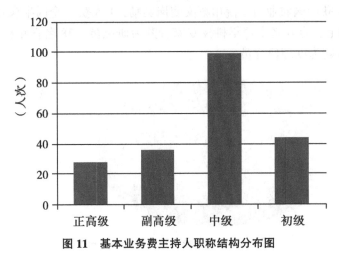

图11　基本业务费主持人职称结构分布图

　　"十二五"期间，研究所在院科技创新工程的引领下，紧紧围绕现代农业科研院所建设行动，解放思想，开拓创新，抢抓机遇夯实基础，确立了牦牛资源与育种、奶牛疾病、中兽医理论与临床、兽药创新与安全评价、兽用化学药物、兽用天然药物、细毛羊资源与育种、寒生旱生灌草新品种选育8个院科技创新工程科研团队，并在基本科研业务费持续资助的基础上依靠院科技创工程经费的大力支持，科技创新能力明显提高，综合发展能力明显增强，全所科研事业呈现出一片欣欣向荣的可喜局面。

　　（1）牦牛资源与育种创新团队　开展牦牛高效繁殖技术、杂交与改良技术研究、重要分子标记辅助基因聚合育种技术研究等，培育新品种（系）。利用现代分子生物学技术挖掘并鉴定牦牛肉牛优良基因资源，如生长发育、肉品质、繁殖性状、抗逆性、高寒低氧适应等相关基因等，开展牦牛肉牛优良基因资源挖掘、功能鉴定和创新利用研究。利用全基因组高通量基因检测平台对具有完整表型记录的个体进行全基因组范围多态性位点检测，挖掘性状形成的功能基因。通过试验示范、以点带面，使牦牛产业实用技术获得跨越式发展，推动牦牛产业升级，优化学科配置与布局，为牛业的快速发展提供强有力的科技支撑。

　　（2）兽用化学药物创新团队　主要开展抗寄生虫、抗菌、抗炎化学原料药与制剂的研制、兽药筛选基础研究、药物耐药性机理与分子药理学研究。团队的目标是通过兽药研究基础理论创新、技术方法创新和产品创新、人才培养和科技平台建设，为药物创制研究奠定坚实基础。加速科技成果转化，形成我所兽药科技产业新的增长点。提升我国兽药产业的创新能力和国际竞争力，为我国畜牧养殖业的健康发展、保障公共卫生安全和食品安全保驾护航，使我国兽药学科跻身于世界前沿，达到国际先进水平。

（3）兽用天然药物创新团队　主要针对规模化养殖中畜禽和宠物、经济动物重要细菌性、病毒性等感染性疾病，利用天然药物基因组学及化学组学、有机合成化学、药物化学、分析化学、计算机辅助设计、生物工程、现代药物评价等为研究技术和手段，围绕国家食品安全与畜牧养殖业可持续健康发展的重大需求，开展兽用天然药物的基础、应用基础和应用研究。开展兽用中草药的有效成分提取分离、结构改造、药物作用机理、新药及药物靶标的发现、以及现代化的生产技术等研究。

（4）奶牛疾病创新团队　围绕国家食品安全与奶牛养殖业可持续发展的重大需求，瞄准国际前沿研究动态，以奶牛繁殖疾病、代谢病、幼畜疾病和奶牛乳房炎等为重点研究方向开展奶牛主要疾病诊断与防治新技术、新方法研究，利用分子生物学、蛋白质组学等现代生物技术，阐明奶牛不孕症、乳房炎等疾病发病机理研究，研制新型高效安全防治药物、疫苗和微量元素营养舔砖，建立奶牛健康养殖配套疾病综合防控关键技术，解决制约我国奶牛养殖业发展的关键技术。

（5）兽药创新与安全评价创新团队　主要开展药物靶标筛选、药物设计与构效关系、天然及次生代谢产物筛选与成药性、药物制备技术与基础理论、药物毒理学药理学、药物安全与风险评估、药物残留检测技术、新型药物制剂材料的开发等方面的研究，建立新药筛选技术方法，筛选先导药物结构和药物候选物，研究药物—动物机体、药物—病原的相互作用机制，为药物创制提供理论支撑，建立食品动物兽药残留与风险评估技术。

（6）中兽医理论与临床创新团队　主要开展中兽医基础理论与方法、中兽医群体辨证施治、中兽医针灸效应物质基础、传统中兽医资源整理与利用、中兽药复方制剂创新、中兽药安全评价体系、中兽医分子生物学、中兽药生物发酵技术、中兽医药现代化与新产品创制、中西兽医结合防治畜禽疾病新技术等研究，解决中兽医发展中存在的共性关键问题，使得学科得到不断优化和发展，继续在我国动物疾病防治、畜禽保健和食品安全等方面发挥独特而重要的作用。

（7）细毛羊资源与育种创新团队　重点开展细毛羊重要基因资源发掘、评价、鉴定、编辑及种质创新，解析细毛羊产品产量、产品品质、抗病性、抗逆性、高原适应性等重要性状形成的分子遗传机理，挖掘一批具有重要应用价值和自主知识产权的功能基因，研究重要性状多基因聚合的分子标记辅助选择技术，突破基因克隆及功能验证、转基因和全基因组选择等关键技术。优化联合育种、开放式核心群育种及 BLUP 等常规育种技术，构建细毛羊常规育种与分子育种相结合的新品种育种技术平台。研究细毛羊标准规模化养殖技术，繁殖调控生物技术，细羊毛标准化生产、质量控制及流通技术，集成细毛羊标准规模化养殖及产业化技术体系。培育出具有自主知识产权的高山美利奴羊新品种。

（8）寒生、旱生灌草新品种选育创新团队　围绕国家草业科技战略目标，瞄准国际草业科技前沿，发挥解决草产业发展全局性、战略性、关键性技术问题的核心作用，重点突出我国西部寒区、旱区灌草新品种培育和资源开发利用，开展西部优势牧草品种选育和抗逆品种引进及驯化，培育优质、高产、抗逆的寒生、旱生灌草植物新品种，并开展寒区、旱区退化草地恢复治理、植被碳储量及生态环境建设研究，兼顾新技术、新品种推广及产业化开发，为我国牧草新品种选育及草地生态保护提供有力的科技支撑。

第四节　平台建设

　　研究所地处甘肃省兰州市区，所部占地面积 95 亩；有 2 个综合性科学试验基地，分别位于兰州市七里河区龚家湾和张掖市甘州区党寨镇，总占地面积 5 476 亩。现有依托研究所建成的各类科技平台 19 个，拥有 10 000 平方米的科研大楼；科研仪器 310 台套，其中 10 万元以上仪器设备 42 多台（件）；图书馆馆藏科技期刊 1.7 万余册，图书 4.8 万余册，馆藏最早西文期刊出版于 1 838 年，中文图书出版于明崇祯年间。中草药标本 2 215 份、中兽医针具 967 件；牧草标本 2 300 份，牧草种子标本 150 份；动物毛、皮标本 380 份（图 12、图 13）。

图 12　科苑西楼

图 13　科苑东楼

　　在基本科研业务费项目的支持下，研究所的平台建设取得了长足的发展，依托于研究所的农业部动物毛皮及制品质量监督检验测试中心通过了双认证复检，完成了农业部兰州黄土高原生态环境重点野外科学观测试验站观测硬件、软件的建设，同时申报并获得了国家农业科技创新与集成示范基地、农业部兽用药物创制重点实验室、农业部畜产品质量安全风险评估实验室（兰州）、中国农业科学院兰州黄土高原生态环境野外科学观测试验站、中国农业科学院兰州农业环境野外科学观测试验站、中国农业科学院张掖牧草及生态农业野外科学观测试验站、中国农业科学院临床兽医学研究中心、中国农业科学院新兽药工程重点开放实验室、中国农业科学院羊育种工程技术研究中心、甘肃省新兽药工程重点实验室、甘肃省牦牛繁育工程重点实验室、甘肃省中兽药工程技术研究中心、甘肃省新兽药工程研究中心的挂牌，争取到国家奶牛产业技术体系疾病控制研究室，科技平台的建设已成为研究所科学研究依赖的基本手段和重要支撑，中兽药 GMP 车间、SPF 标准化实验动物房获得认证，并成为开展科学试验研究和科技成果示范推广的重要平台。

一、科技平台

（1）农业部兽用药物创制重点实验室、甘肃省新兽药工程重点实验室、甘肃省新兽药工程研究中心和中国农业科学院新兽药工程重点开放实验室：农业部兽用药物创制重点实验室建立于 2011 年 10 月，甘肃省新兽药工程重点实验室建立于 2010 年 8 月，甘肃省新兽药工程研究中心建于 2013 年 8 月，中国农业科学院新兽药工程重点开放实验室建立于 2008 年 9 月，主要开展抗菌药物、促生长饲料添加药物、抗寄生虫药物、抗炎药物、麻醉药物、灭能剂、消毒剂等研究开发。拥有高效液相色谱、气相色谱、气质联用、液质联用、傅里叶红外光谱仪等一批重要试验仪器设备，价值 2 000 余万元，现有实验用房 3 000 平方米。已创制 3 个拥有自主知识产权的国家一类新兽药"静松灵""痢菌净""喹烯酮"，承担国家、省部等各级基础、应用基础、应用性科研项目 260 项，获国家科技进步奖 3 项、省部一等奖 6 项、其他奖 30 项，获发明专利 21 项，出版专著 5 部，发表科技论文 1 500 余篇，其中 SCI 论文 30 余篇；培养研究生 50 名。

（2）农业部畜产品质量安全风险评估实验室（兰州）、中国农业科学院兰州畜产品质量安全风险评估研究中心：于 2012 年和 2013 年分别获农业部农产品质量安全监管局和中国农业科学院批准建设，建设期 2 年。已在整合研究所畜牧养殖、疫病防控、饲料营养、兽药残留、质量标准与检测等领域的专家和技术条件基础上，组建了 16 名专家组成的畜产品质量安全风险评估学科团队和 9 名专家组成的学术委员会，建立了专用于畜产品质量安全风险评估的 80 余台（件）仪器设备中心，目前正在开展分工专业领域范围内相应畜产品质量安全的风险评估、科学研究、生产指导、消费引导、风险交流及实验室软硬件建设等工作。

（3）农业部动物毛皮及制品质量监督检验测试中心（兰州）：农业部动物毛皮及制品质量监督检验测试中心（兰州）始建于 1998 年，建筑面积 750m²，具有 JSM-6501A 高真空分析型扫描电镜、高效液相色谱仪、气相色谱仪、激光细度仪、乳成分分析仪、微生物分析仪、单纤维强力仪等测试化验和分析仪器设备 60 余台（件），拥有一支素质过硬的专门团队成员，承担动物毛纤维的常规物理指标、毛纤维显微结构、皮革及制品的理化指标和皮肤生毛结构和机理、裘皮品质评定等检测分析工作，为我国动物毛皮及其制品的生产、加工、毛衣和质量控制进行研究和检测。中心成立以来，先后制定国家标准 9 项，颁布实施 3 项，制定农业部行业标准 7 项，颁布实施 4 项。获国家专利 1 项；出版著作 2 部，发表论文 360 余篇。2010 年中心对北京故宫博物院嘉庆、康熙、雍正、光绪年间 56 件馆藏衣物进行了动物毛皮种类鉴别，为修复昔日的宫廷服饰提供了科学依据。

（4）甘肃省牦牛繁育工程重点实验室：于 2011 年获甘肃省科技厅批准建设。该实验室以牦牛繁育为研究内容，开展中国地方牦牛品种选育及新品种（品系）育种素材创制、牦牛经济性状功能基因的克隆与鉴定、牦牛种质资源创新及利用、牦牛遗传改良及繁育关键技术研究与利用。搭建和完善我国牦牛繁育技术平台，增强研究力量和自主创新能力，挖掘牦牛遗传资源，培植育种新素材，实现种质资源创新利用。实验室自建立以来，优化了原有实验室结构与功能，建立遗传繁育、分子育种、胚胎工程、营养调控 4 个实验室，购置相关仪器设备 20 台（套），建立牦牛繁育科研基地 2 个，共承担国家、省（部）级各类科研项目 10 项，总经费 2 253 万元，制定农业行业标准 1 项，国家标准 2 项。重点实验室设立开放基金项目 10 项。

（5）甘肃省中兽药工程技术研究中心、科技部"中兽医药学技术"国际培训基地：设有中兽医、中兽药、中兽药安全评价、中药新制剂等功能实验室。结合现代临床兽医学的发展方向，运用临床兽医学诊断技术、疾病防治技术、分子生物学技术、药物创新及评价技术、基因组学和蛋白质组学技术、免疫学技术等现代科学技术，开展兽用药物研究、中兽医学研究、临床检验新技术研究、动物福利与行为研究、小动物疾病研究。同时引进临床兽医学方面的先进技术和方法，开展传统兽医药技术培训。自 2005 年以来成功举办 6 期科技部"发展中国家中兽医药学技术国际培训班"，培训国外学员 100 余人，扩大了中兽医药学在国际上的影响。先后承担了国家支撑计划项目、"948"项目、甘肃省重大科技专项等 70 余项科研项目。获得甘肃省科技进步二等奖 1 项、三等奖 1 项，兰州市科技进步二等奖 2 项，中国农业科学院科技进步奖 1 项。获得新兽药证书 1 个，获专利 13 项，发表科技论文 80 余篇，出版著作 2 部。

（6）国家奶牛产业技术体系疾病控制研究室、中国农业科学院临床兽医学研究中心：国家奶牛产业技术体系疾病控制研究室成立于 2007 年 12 月，中国农业科学院临床兽医学研究中心成立于 2010 年 12 月。中心建立了兽医病理毒理学、兽医内科学、兽医产科学、兽医外科学、畜禽营养代谢病、临床诊断技术、分子生物学、兽医微生物等实验室。拥有扫描电子显微镜、Waters 超高效液相色谱仪、全自生化分析仪、多功能酶标仪、血细胞分析仪、兽用 B 超、原子吸收分光光度仪等科研仪器。主要开展兽医临床诊断新技术、兽医内科学、兽医产科学、兽医病理学和兽医毒理研究以及奶牛乳房炎、不孕症、营养代谢病等疾病防控技术与技术培训工作。先后承担了国家支撑计划项目、"948"项目、甘肃省重大科技专项等科研项目 10 余项。获得甘肃省科技进步二等奖 1 项、三等奖 1 项，兰州市科技进步一等奖 1 项、二等奖 2 项，中国农业科学院科技进步二等奖 1 项。获国家专利 6 项，实用新型专利 11 项，获得新兽药证书 2 项，发表科技论文 50 余篇，出版著作 3 部。

（7）农业部兰州黄土高原生态环境重点野外科学观测试验站、中国农业科学院兰州黄土高原生态环境野外科学观测试验站、中国农业科学院兰州农业环境野外科学观测试验站：农业部兰州黄土高原生态环境重点野外科学观测试验站成立于 2005 年，中国农业科学院兰州黄土高原生态环境野外科学观测试验站、中国农业科学院兰州农业环境野外科学观测试验站成立于 2009 年。位于研究所大洼山综合试验基地内，地处我国黄河上游、黄土高原西部半干旱地带，是对我国黄土高原草畜生态系统的结构、功能及其演变过程进行长期综合观测、试验、研究与示范的定位站。建设有气象观测场、水土流失观测场、植被演替观测场、生物观测场 4 个野外观测场，建立了定位观测数据库、试验研究数据库、视频资料数据库、试验站本底资料库 4 个数据库，并对以上 4 个方面的数据、资料实行动态与开放管理，实现资源共享。目前承担科研项目 8 项，总经费 390 万元。自建站以来，出版专著 6 部，公开发表科技论文 115 篇，获中国农业科学院科学技术成果一等奖、甘肃省科技进步二等奖各 2 项。

（8）中国农业科学院张掖牧草及生态农业野外科学观测试验站：中国农业科学院张掖牧草及生态农业野外科学观测试验站成立于 2009 年，位于研究所张掖综合试验基地内，地处甘肃省张掖市甘州区党寨镇，距张掖市 8km，是对我国荒漠草地和荒漠绿州农业区的牧草及生态农业系统的结构、功能及其演变过程进行长期综合观测、试验、研究与示范的定位站。目前承担科研项目 2 项，总经费 90 万元。自建站以来，出版专著 2 部，公开发表科技论文 75 篇，获甘肃省科技进步二等奖、中国农业科学院科学技术成果一等奖各 1 项。

（9）兽药 GMP 中试车间：创建于 1984 年，面积 2 000m^2，是农业部兽用药物创制重点实验室的中试基地，承担科技成果的开发、生产、推广任务。多年来向全国生产和推广科研成果转化产品 30 余项，广泛应用于畜禽疾病预防和治疗的各类兽用药品有 50 多个品种 70 多种规格。2006 年中试车间顺利通过农业部兽药 GMP 验收，内设粉剂、散剂、预混剂、片剂生产线，中药提取车间，固体消毒剂车间。2011 年顺利通过农业部兽药 GMP 复核验收，2012 年添加剂预混合饲料生产车间通过验收。

（10）SPF 级标准化动物实验房：于 2008 年投入使用，用地 3 000m^2，建筑面积 1 200m^2，其中包括 SPF 级实验小鼠与实验大鼠用净化实验室，兔、鸡用实验室和牛、猪、羊等大动物实验室。

二、试验基地

研究所现有综合试验基地 2 个。试验基地基础条件较为完善，水、电设施齐全，道路平整，交通方便，具备开展试验研究所必需的生产生活设施保障条件。作为综合性试验基地为研究所畜牧、兽医、兽药、草业等学科开展品种繁育、药物生产和动物试验提供了优良的基本条件，同时为各学科基础性研究奠定了基础。

兰州大洼山综合试验基地建立于 1984 年，地处兰州市，距离研究所 8km，是集野外科学观测、牧草繁育、中草药种植与繁育、动物实验、中药中试与生产于一体的综合性试验基地。总土地面积 2 368 亩，拥有土地使用权证。各类建筑面积 3 960m^2，拥有 2 016m^2 的人工加代气候温室一座，实验检测、观测仪器设备 46 台套，水、电设施齐全。目前承担科研项目 8 项，总经费 390 万元。自建站以来，出版专著 12 部，公开发表科技论文 305 篇，获省、部级及中国农业科学院科学技术成果奖 3 项。

张掖综合试验基地建立于 2000 年，位于甘肃省张掖市甘州区党寨镇，距张掖市 8km，总面积 3 108 亩，拥有土地使用权证，为国家农业科技创新与集成示范基地和国家旱生超旱生牧草种籽繁殖基地。基地水、电、设施齐备，渠系、林网配套。建设有综合楼、职工宿舍、各类库房等设施，拥有 1 个牧草及农作物种子加工中心，牧草及农作物种子生产、加工、检验和包装的仪器设备 80 余台件（图 14、图 15、图 16、图 17、图 18、图 19、

图20、图21、图22、图23）。

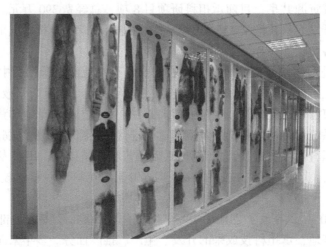

图14　农业部动物毛皮及制品质量监督检验测试中心（兰州）

图15　标准化实验动物场

图16　牧草加代温室

图17　GMP中药车间

图18　野外科学观测试验站

图 19 张掖综合试验基地

图 20 高效液相色谱仪

图 21 质谱联用仪

图 22 中兽医药陈列馆

图 23 牧草标本室

第五节　科研立项

通过基本科研业务费项目的资助，做了大量的科研积累，为国家、省、部级科技项目申请奠定了基础，在基本科研业务费项目研究的基础上，科研人员先后申请并获得16项国家自然基金项目，科技基础性工作专项项目1项，国家科技支撑计划课题2项、子课题8项，948项目4项，863课题1项、子课题1项，现代农业产业技术体系岗位科学家项目4项，农业科技成果转化资金项目5项，973子课题1项，公益性行业科研专项项目1项、课题5项，农业行业标准6项，甘肃省重大科技项目7项，甘肃省科技支撑项目11项，甘肃省国际科技合作计划2项，甘肃省星火计划1项，甘肃省中小企业创新基金1项，甘肃省成果转化项目1项，甘肃省自然科学基金项目11项，甘肃省杰出青年科学基金1项，甘肃省农业科技创新项目8项，甘肃省农业生物技术应用与开发项目13项，甘肃省地方标准2项，兰州市科技发展计划项目15项，横向委托项目28项。项目经费总计12 342.4万元（见附件5）。

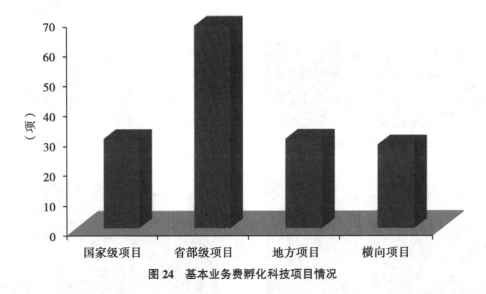

图24　基本业务费孵化科技项目情况

重点孵化项目：

国家自然科学基金项目"乳杆菌FGM9体外转化黄芪多糖的机理研究"：拟在前期已建立的体外发酵黄芪转化多糖的技术体系上，用薄层层析法、柱层析法、高效液相和液质联用技术，检测和分析转化产物中多糖的结构，阐述其生化反应机理；采用分子生物学方法和生化鉴定手段，结合多糖结构分析结果，通过对发酵菌种FGM9功能酶基因组学的分析，明确其转化黄芪多糖的关键作用酶；再利用已建立的体外转化模型，分析功能酶、细菌增殖性能、发酵黄芪转化多糖效应三者间的量效关系，明确FGM9发酵黄芪后多糖增加的直接原因，通过综合分析阐述FGM9发酵黄芪转化多糖的机理。旨在为利用分子诱变技术提高菌种转化黄芪多糖的效率提供科学依据。

国家自然科学基金项目"耐盐牧草野大麦拒 Na⁺ 机制研究"：拟采用放射性 $22Na^+$ 示踪技术，精确测定盐胁迫下 Na^+ 进入野大麦后在各组织间的动态积累过程和 Na^+ 瞬时流动速率大小，通过综合比较 Na^+ 最初的单向内流、根系 Na^+ 单向外排、限制木质部 Na^+ 上运和韧皮部 Na^+ 回流 4 种最可能的拒 Na^+ 途径分别对减少整株 Na^+ 净积累的贡献，明确野大麦整株控制 Na^+ 净积累的模式，从组织水平揭示野大麦关键的拒 Na^+ 机制。研究结果将为野大麦耐盐分子机理研究提供针对性的理论依据，对农作物耐盐性育种、盐碱地生态改良和世界粮食问题均具有重要意义。

国家自然科学基金项目"福氏志贺菌非编码小 RNA 基因的筛选、鉴定与功能研究研究"：项目以福氏志贺菌为研究对象，开展痢疾杆菌 sRNA 的研究，并选择性的研究若干重要 sRNA 基因的结构模式和功能，以此来分析痢疾杆菌致病性的表达调控模式。项目通过确定 sRNA 基因和功能的研究，并构建突变体，根据生化特性变化、细胞和动物侵袭实验以期揭示 sRNAs 与痢疾杆菌致病性之间的关系。研究结果可为痢疾的药物开发提供新的作用靶标，也可为痢疾杆菌疫苗研制提供一个新的思路。

国家自然科学基金项目"黄土高原苜蓿碳储量年际变化及固碳机制的研究"：以生长 1~15 年的苜蓿为研究对象，采用 ACE 土壤碳通量监测系统、Eco-Watch 生态网络监测系统、CL-340 光合测定仪和超便携式调制叶绿素荧光仪 MINI-PAM 等仪器，结合长期连续的试验数据与实验室分析，研究苜蓿生物量碳储量、土壤碳储量（包括土壤微生物量）、土壤呼吸、光合作用及其与环境因子之间的联动过程。以期阐明苜蓿碳储量的年际变化规律和固碳效应，揭示不同生长年限苜蓿的固碳机制，评价不同生长年限苜蓿固碳与环境因子之间的联动关系。研究结果为准确地评估苜蓿草地的碳源/汇及其固碳潜力提供科学依据。

国家自然科学基金项目"牦牛卵泡发育过程中卵泡液差异蛋白质组学研究"：在证实繁殖季节与非繁殖季节牦牛卵母细胞体外发育潜能不同的基础上，利用蛋白质组学手段研究牦牛卵泡发育过程中卵泡液中蛋白质的变化，建立高丰度的双向电泳图谱，探析卵母细胞成熟前后、不同繁殖季节、不同卵泡大小卵泡液组分差异，通过比较蛋白质组学筛查卵泡发育及卵母细胞成熟相关蛋白，对蛋白进行比对及功能分析，揭示牦牛卵泡发育机理及卵泡液对卵母细胞成熟的调控机制。本项目将建立牦牛卵泡液样品的蛋白质组学研究技术体系，构建差异蛋白质数据库，获得牦牛卵泡发育及卵母细胞成熟过程中的相关功能蛋白，从蛋白质水平了解牦牛季节性繁殖规律，为提高牦牛繁殖效率、完善牦牛卵母细胞体外培养体系提供技术参考与理论依据。

国家自然科学基金项目"基于蛋白质组学和血液流变学研究奶牛蹄叶炎的发病机制"：项目在前期初步研究奶牛蹄叶炎发生后血浆蛋白组差异表达的基础上，采用比较蛋白质组学、血液流变学、生物信息学和病理学等多学科交叉策略，通过比较健康奶牛和急性蹄叶炎奶牛不同发展时期的血液流变学、血浆蛋白组学和生理生化指标变化，筛选疾病发生发展过程中生物标志物，揭示其与蹄叶炎发生发展的内在联系，筛选早期诊断或监测指标和潜在的药物靶标，为进一步阐明奶牛蹄叶炎发生发展的分子机制提供科学依据。

国家自然科学基金项目"藏药蓝花侧金盏有效部位杀螨作用机理研究"：项目借助现

代药物研究技术，在对蓝花侧金盏杀螨有效部位研究的基础上，采用生化分析方法测定给药前及给药后不同时期，与兔痒螨代谢相关的酶活性变化（SOD、CAT、POD、CarE、GSTs、MAO、AchE、Ca+-ATP）；利用 2-DE 和 MS 等差异蛋白质组学研究方法研究药物有效部位对兔痒螨差异蛋白的影响；利用 RT-PCR 验证 RNA 水平差异蛋白的表达，采用生物信息学方法对差异蛋白的结构、功能进行分析。探讨蓝花侧金盏杀螨作用机理，为杀螨作用靶点的筛选和新兽药的研制提供理论依据。

国家自然科学基金项目"牦牛乳铁蛋白的构架与抗菌机理研究"：以 LF 蛋白与细菌细胞膜的结合能力和 LF 蛋白酶解产物的抗菌活性差异为切入点，选取奶牛 LF 蛋白为参照，通过膜结合实验测定牦牛与奶牛 LF 蛋白与细菌细胞膜的结合能力差异；比较两种牛 LF 蛋白酶解产物的抗菌活性；并利用蛋白质晶体学方法解析 LF 蛋白的结构差异；最终揭示 LF 蛋白抗菌能力差异的分子结构基础和抗菌行使机理。本项目的成功实施将为研制抗菌能力更强的活性蛋白提供理论依据。

国家自然科学基金项目"基于单细胞测序研究非编码 RNA 调控绵羊次级毛囊发生的分子机制"：拟以甘肃高山细毛羊为研究对象，在应用激光显微捕获技术获得 SF 发生阶段表皮、真皮基板和毛乳头前体的单细胞基础上，采用基于单细胞测序技术的 miRNA、lncRNA 和 mRNA 表达谱联合分析策略预测与靶 mRNA 互作的 miRNA、lncRNA，荧光素酶报告系统验证其作用靶点，利用过表达和 siRNA 干扰验证特定非编码 RNA 的功能，以期阐明非编码 RNA 调控 SF 发生的分子机制，为毛囊发生的分子机制解析提供新思路，羊毛品质改良提供可靠技术参考与理论依据。

国家自然科学基金项目"白虎汤干预下家兔气分证证候相关蛋白互作机制"：拟采用基于串联质谱的 iTRAQ 技术，研究家兔气分证模型和经方白虎汤干预下动物肝组织中蛋白质组的差异表达，并结合生物信息学分析构建家兔气分证模型证候相关的蛋白互作网络数据模型，以及白虎汤干预下证候改善相关的蛋白互作网络模型，解析蛋白互作网络中的关键节点蛋白，并用免疫印迹和 qRT-PCR 进行分子表达验证。通过两组蛋白互作网络模型的比较分析，以方证对应的思路在蛋白水平阐明气分证证候本质和证候形成的分子机制。项目研究成果对深入理解气分证的现代科学内涵具有重要的理论意义。

国家自然科学基金项目"阿司匹林丁香酚酯的降血脂调控机理研究"：拟通过高脂日粮诱导大鼠的高脂血症病理模型，以阿司匹林、丁香酚、阿司匹林+丁香酚（摩尔比为1∶1）等为对照，明确 AEE 的降血脂作用；采用体外胰脂肪酶抑制活性检测和虚拟分子对接，末端限制性酶切片段长度多态性分析，和基于 LC-MS 联用的代谢组学技术等手段，以期从 AEE 对胰脂肪酶的活性抑制，对肠道菌群结构的影响与调节，和对血清内源性代谢物和代谢通路的影响与调节 3 个不同层面，探讨 AEE 的降血脂调控机理及作用位点，并阐明 AEE 与阿司匹林和/或丁香酚作用机理的差异。为将 AEE 开发成动物专用的降血脂药物奠定基础，也为其他药物的作用机理研究提供新思路和新方法。

国家自然科学基金项目"青藏高原牦牛与黄牛瘤胃甲烷排放差异的比较宏基因组学研究"：拟以黄牛为对照，通过生理生态和比较宏基因组学结合的方法从瘤胃甲烷排放、微生物群落结构、基因功能和代谢途径四个层次系统探讨：（1）牦牛瘤胃甲烷生成的生理代谢特征；（2）牦牛瘤胃微生物群落结构、不同微生物与产甲烷菌的协作关系及代谢途径；（3）挖掘甲烷生成及纤维降解过程中的关键基因，分析其结构和功能；（4）利用质子核磁共振，筛选与甲烷生成相关瘤胃代谢小分子物质，建立与差异微生物群落间的关联。以期初步揭示牦牛适应高寒营养胁迫的瘤胃微生物代谢和甲烷生成的微生态学机制，丰富极端环境下反刍动物生理生态和营养适应方面的基础理论，为提高牦牛生产和抑制反刍动物甲烷排放提供技术支撑。

国家自然科学基金项目"发酵黄芪多糖基于树突状细胞 TLR 信号通路的肠黏膜免疫增强作用机制研究"：拟通过体内沙门氏菌感染和体外 LPS 诱导，依据肠黏膜免疫相关组织中 DCs 表面 CD103c+等特征因子，利用原位杂交和流式细胞技术，鉴定易受发酵型黄芪多糖影响的 Toll 样受体蛋白 TLR 类型，比较髓样分化因子 88 和 TRIF 介导的 DCs MAPK 信号通路激活转录因子 AP-1 和 NF-κB 的差异，结合黏膜免疫相关 DCs 的抗原提呈功能分析，阐述发酵型黄芪多糖通过调控 DCsTLR 信号通路对黏膜免疫的增强作用及机理，旨在为中药多糖免疫增强新机制阐述和新型中药免疫增强剂研提供依据。

国家自然科学基金项目"基于 LC/MS、NMR 分析方法的犊牛腹泻中兽医证候本质的代谢组学研究"：拟利用代谢物组学的理论及方法和系统生物学观点，为中兽医证候本质的认识进行方法探索。项目首先明确湿热型犊牛腹泻和虚寒型犊牛腹泻的诊断标准，以临床自然腹泻犊牛病例为受试对象，采集血液和尿液，借助高效液相色谱—质谱联用、核磁共振现代分析技术手段，建立湿热型腹泻、虚寒型腹泻犊牛血清、尿液中内源性小分子代谢物谱，通过代谢组学模式识别分析，确定出特异性地关联湿热型腹泻和虚寒型腹泻犊牛的生物标记物，阐明犊牛腹泻中兽医证候的微观本质。本研究结果将为中兽医证候的诊断客观化和中兽医证候本质的认识进行方法探索。

国家自然科学基金项目"阿司匹林丁香酚酯预防血栓的调控机制研究"：拟以阿司匹林、丁香酚、阿司匹林+丁香酚（摩尔比为1∶1）为对照，进一步明确 AEE 的预防血栓作用；并对其抗血小板聚集作用，对氧化损伤的血管内皮细胞的保护作用进行研究；特别是采用基于全基因组表达谱芯片、iTRAQ 和 LC-MS 技术的转录组学、蛋白质组学和代谢组学等系统生物方法，研究 AEE 干预后，对血栓模型动物 mRNA、蛋白质和内源性代谢物的影响，借助生物信息学的方法，阐明 AEE 对通路的影响。以期从血小板、血管内皮细胞和系统生物学3个层面，探讨 AEE 预防血栓的调控机理，并阐明 AEE 与阿司匹林和/或丁香酚的差异，为将其开发成预防血栓的新药奠定基础。

科技基础性工作专项"传统中兽医药资源抢救和整理"：项目拟通过传统中兽医药古籍文献资源搜索与整理，传统中兽医药技术资源搜集与整理，兽医中药标本、针具和器具的搜集与整理，传统中兽医药资源的数字化处理的研究等，明确我国传统中兽医药历史资源和保存及应用现状，制定出资源抢救与整理技术方案，搜集古籍文献、中药标本、针灸诊疗器具和传统诊疗技术信息，采用资料注解、信息汇编、电子存档、影像处理和网络技术抢救宝贵的中兽医药资源，形成最具权威的传统中兽医药资源基础性数据背景，为传统中兽医药资源利用、技术传承、种质保护、人才培养、产品研发、政策制定和国际交流提供科学依据，从而构建出我国最具权威性的中兽医药资源数据库，大力开展数字化资源的推广与共享，支撑中兽医行业进步。

公益性行业（农业）科研专项"中兽药生产关键技术研究与应用"：项目在中兽医理

论指导下，以影响我国畜禽健康养殖和畜产品的主要常见病为主，利用中兽药研发新技术和评价新方法，以中试工艺建设为关键环节，通过系统化研究，完善中兽药评价体系；通过技术创新，提升产品科技含量，改善机体内生物利用度，使之成为支撑我国中兽药研发关键技术和成熟工艺，获得具有自主知识产权中兽药和新技术，提供需求主要疾病防治新产品。

国家科技支撑计划课题"甘肃甘南草原牧区'生产生态生活'保障技术集成与示范"：通过牦牛藏羊选育改良技术、畜种资源优化配置、健康养殖关键技术集成与示范，使示范区内牦牛藏羊生产性能提高10%，适龄母羊比例达到50%，育肥羔羊当年出栏率达60%以上；通过牧区退化天然草地生态—生产功能提升优化调控技术、草地改良剂高效利用技术、饲草料轮供技术集成与示范，试验示范区害鼠密度减少80%以上，毒害草生物量比例下降30%，人工草地增产20%~40%，实现高寒草地生态畜牧业的永续发展；通过新能源综合利用技术集成与示范、人畜共患病防控、科技信息平台建设等满足牧民科技、文化资源的需求，提升牧民生活质量和水平；探索建立甘肃牧区生产—生态—生活保障技术体系优化模式，为牧区经济发展，生态环境保护和和谐社会提供技术支撑和保证。

国家科技支撑计划课题"奶牛健康养殖重要疾病防控关键技术研究"：通过开展奶牛主要疾病快速检测技术研究与开发、奶牛重要疾病高效疫苗的研究与开发、奶牛主要疾病高效治疗药剂研制与开发、奶牛寄生虫病综合防控技术集成与示范、奶牛主要呼吸道、消化道传染病防治关键技术研究等研制诊断试剂盒或试纸条6个、诊断监测技术5个、疫苗4个、中兽药制剂3~4个；取得新兽药证书3~4个；研制饲料添加剂3~4个；制定防治技术规范及措施4个；为我国奶牛业由数量型向质量型的转变提供有力的技术支撑，显著提高奶牛业的经济效益，促进奶牛业的稳步发展，为社会提供更多的优质安全的乳制品起到有力的保障。

863课题"牦牛肉用性状重要功能基因的标识与鉴定"：集成重要功能基因发掘、新型分子标记运用、目标基因定向操作、QTL分析与定位等技术，通过牦牛肉用性状相关基因多态性检测、寻找候选基因、目标候选基因与肉用性状连锁关系的检验与证实等技术步骤，对牦牛肉用性状重要功能基因进行标识和鉴定，分析、检测牦牛肉用性状相关候选基因，寻找控制目标性状的主效基因，研究主效基因与重要性状的关系及这些基因在不同目标环境群体下的表达及其调控，克隆具有自主知识产权的功能基因，建立牦牛肉用性状功能基因快速检测体系，进行牦牛品种内或品种间个体遗传性状的选择，提高选种效率和加速遗传进展，从分子水平上进行品种改良和提高个体遗传评定的准确性。

甘肃省科技重大专项"甘南牦牛选育与改良研究示范"：项目充分发挥甘肃省甘南牧区草地面积广阔，牦牛数量多的优势，组织有关牦牛研究的科研、教学和推广等单位进行联合攻关，通过基因改良与培育综合技术的研究与应用，挖掘牦牛遗传潜力，改进生产效率，建立适合甘南牧区的牦牛改良的综合配套技术体系，并进行示范推广。

甘肃省科技重大专项"抗动物寄生虫新兽药槟榔碱的研制"：项目针对在我国流行广泛、危害严重、缺乏有效防治药物的人畜共患绦虫病和动物吸虫病开展防治药物创新研究。以寄生虫 M-胆碱受体为靶标，以槟榔碱母体化合物吡啶甲酸甲酯为基础，通过结构改造和衍生化，合成筛选高效抗寄生虫药物，建立产品规模化生产工艺，完成新药的安全评价研究及临床药效试验，并进行新药申报。

甘肃省科技重大专项"防治奶牛繁殖病中药研究与应用"：在前期奶牛繁殖相关性疾病防治技术研究基础上，通过对发病学新机理的阐述，制定诊断标准及综合防控技术规范并推广；对已研制出的具有治疗奶牛产后发情迟滞、促进子宫复旧和治疗胎衣不下的中药新产品，根据临床前期试验结果，进一步优化组方及各组分比例；利用现代制药新技术改进制备工艺，研制成针对性强、临床作用效果显著、用药途径方便、成本低廉的新型制剂，分别进行临床放大推广试验研究；根据新兽药申报要求，开展中药新制剂的质量标准、药理学、毒理学和临床药效学研究，建立中试生产线，并推广应用示范。

甘肃省科技重大专项"甘肃超细毛羊新品种培育及优质羊毛产业化研究与示范"：项目通过常规育种技术与现代生物技术的集成创新，将优质、高产、抗病性状进行聚合，选育出核心群规模 3 000 只，公羊平均体重 90kg，母羊平均体重 36kg；羊毛纤维直径 18.1~19μm；羊毛长度公羊平均 10cm 以上，母羊平均 8.5cm 以上；净毛量公羊平均 5.0kg，母羊平均 2.5kg；纤维强度 5.5~7.0CN；穿衣净毛率 55%~60% 的超细毛羊。建立有效的联合育种体系并进行示范推广，建立甘肃优质细毛羊健康、规模化、标准化生产体系，建立优质羊毛产业化生产基地 3 个。

第六节　科技成果

通过基本科研业务费项目的直接或间接支持，累计发表论文 454 篇，其中 SCI 论文 82 篇，核心期刊 328 篇，出版专著 15 部，获得国家标准 3 项，申报新兽药证书 5 个，获得批准兽药授权证书 3 个，甘肃省科技进步二等奖 4 项，甘肃省科技进步三等奖 2 项，中国农业科学院科技成果二等奖 5 项，兰州市科技进步一等奖 1 项，兰州市技术发明一等奖 1 项，兰州市科技进步二等奖 1 项，申报专利 206 项，授权专利 154 项。

一、"大通牦牛"新品种及培育技术

"大通牦牛"是利用我国独有的本土动物遗传资源培育的第一个国家级牦牛新品种。历经三代畜牧科技人员 25 年的科研攻关，建立了青藏高原特定自然环境和生产系统条件下高寒牧区牦牛培育的方法和理论，在牦牛新品种培育及配套技术研究方面取得了突破性进展。成果主要内容：（1）建立了新品种牦牛系统培育的理论与方法，探索出野牦牛遗传资源用于现代育种培育新品种的机理，确定了主选性状，制定了育种指标和品种标准。（2）建立了牦牛育种繁育体系。以野牦牛为父本、当地家牦牛为母本，应用低代牛横交等育种方法，首次培育出了含 1/2 野牦牛基因的国家级牦牛新品种，理想型成年母牛已达 2 200 头，特一级公牛 150 头。（3）新品种牦牛具有肉用性能好、抗逆性强，体型外貌一致，遗传性稳定等优良特征，产肉量比家牦牛提高 20%，产毛、绒量提高 19%，繁殖率提高 15%~20%。（4）在国内外率先研究和成功利用牦牛野外人工授精、体外受精、胚胎移植技术进行牦牛繁育。（5）建立了牦牛种质资源数据库体系和牦牛遗传资源共享平台，以文字版、光盘版和 Internet 网络形式与全社会共享。

"大通牦牛"新品种的育成及繁育体系和培育技术的创建，填补了世界上牦牛没有培育品种及相关技术体系的空白，创立了利用同种野生近祖培育新品种的方法，提供了家畜育种的成功范例，提升了牦牛行业的科技含量和科学养畜水平，已成为牦牛产区广泛推广应用的新品种和新技术，具有显著的直接效益、间接效益和广阔的推广应用前景（图25）。

图 25 大通牦牛及种公牛站

二、新兽药"喹烯酮"的研制与产业化

"喹烯酮"是研究所历时 20 多年，经三代科技人员的不懈努力研制成功的我国第一个拥有自主知识产权的兽用化学药物饲料添加产品，也是新中国第一个获得国家一类新兽药证书的兽用化学药物。"喹烯酮"的化学结构明确，合成收率高达 85%，稳定性好；促生长效果明显，对猪、鸡、鱼的最佳促生长剂量分别为 50mg/kg、75mg/kg、75mg/kg，增重率分别提高 15%、18% 和 30%，可以使畜禽的腹泻发病率降低 50%~70%；无急性、亚急性、蓄积性、亚慢性、慢性毒性，无致畸、致突变、致癌作用；原形药及其代谢物无环境毒性作用；动物体内吸收少，80% 以上通过肠道排出体外。

"喹烯酮"可完全替代国内广泛使用的毒性较大、残留量较高的动物促生长产品喹乙醇，填补了国内外对高效、无毒、无残留兽用化学药物需求的空白，产品的应用有利于安全性动物源食品生产，增强我国动物性食品的出口创汇能力，促进我国养殖业的健康持续发展，提高了我国兽药自主研发的水平，已成为我国畜牧养殖业中广泛推广使用的兽药新产品（图26）。

图26　喹烯酮

三、"高山美利奴羊"新品种

高山美利奴羊是以澳洲美利奴羊为父本甘肃高山细毛羊为母本，运用现代育种先进技术培育成功的新品种。该品种适应 2 400~4 070m 生态区，具有良好的抗逆性和生态差异化优势，羊毛细度达到 19.1~21.5μm，性能指标和综合品质超过了同类型澳洲美利奴羊，实现了澳洲美利奴羊在我国高海拔、高山寒旱生态区的国产化，丰富了羊品种资源的结构。据预测，每年可推广种公羊 1.6 万只，改良细毛羊 600 万只，新增产值可达 10 亿元。对于促进我国细毛羊产业升级，满足我国毛纺工业特别是高档羊毛的需求，提升国际竞争力，改善广大农牧民的生活生产，具有极其重要的经济价值、生态地位和社会意义。该品种于 2015 年获得国家畜禽新品种证书（图27、图28、图29、图30）。

图27　高山美利奴羊新品种证书　　　**图28　高山美利奴羊成年公羊**

图 29　高山美利奴羊成年母羊

图 30　高山美利奴羊育成母羊群体

四、农牧区动物寄生虫病药物防控技术研究与应用

该成果在 2013 年获甘肃省科技进步一等奖。该成果针对动物抗寄生虫药物规模化生产关键技术和新兽药开展创新研究，并进行新技术和新产品的推广应用，解决了我国抗动物寄生虫药生产技术落后、药物稳定性和长效性差、药物在动物源性食品中的残留和生产成本等关键技术问题，对我国流行广、危害严重、缺乏有效防治药物的人畜共患绦虫病、焦虫病等寄生虫病的防控提供技术支撑。此成果研制了 1 种阿维菌素类兽药微乳载药系统，解决了该类产品的长效性和溶解性，首次实现了伊维菌素水溶性制剂的生产；研制了一种青蒿琥酯微乳载药系统，解决了药物的稳定性；研制了伊维菌素、青蒿琥酯、多拉菌素和塞拉菌素 4 个抗寄生虫新兽药，并开展了新技术和新产品的应用示范；建立了高效抗动物绦虫、吸虫病原料药槟榔碱的化学合成工艺，实现了产品的常温条件生产、规模化制备、原料和溶剂的无毒化。项目通过实施，起草了新药质量控制标准 5 项；申报国家发明专利 11 项，获得 3 项国家发明专利和 1 项实用新型专利；申报 4 个国家新兽药，获得 2 项新兽药证书，1 个产品进入二审程序；建立了 6 个产品示范基地和 2 条中试生产线；取得农业部主推"人畜共患包虫病综合防控技术" 1 项。成果关键技术在省内外 7 家兽药企业进行转化和实施，共生产新产品 100t。新产品在甘肃等 10 个省、区推广应用，用于牛寄生虫病防治 18.4 万头，羊寄生虫病防治 100 万只，犬绦虫病防治 3 万只，取得直接经济效益 5.12 亿元，同时取得了巨大的社会效益。

五、牦牛选育改良及提质增效关键技术研究与示范

该成果 2014 年获甘肃科技进步二等奖。该成果建立甘南牦牛核心群 5 群 1 058 头，选育群 30 群 4 846 头，扩繁群 66 群 9 756 头，推广甘南牦牛种牛 9 100 头，建立了甘南牦牛三级繁育技术体系。利用大通牦牛种牛及其细管冻精改良甘南当地牦牛，建立了甘南牦牛 AI 繁育技术体系，推广大通牦牛种牛 2 405 头，冻精 2.10 万支。改良犊牛比当地犊牛生长速度快，各项产肉指标均提高 10% 以上，产毛绒量提高 11.04%。通过对牦牛肉用性状、生长发育相关的候选基因辅助遗传标记研究，使选种技术实现由表型选择向基因型选

择的跨越，已获得具有自主知识产权的 12 个牦牛基因序列 GenBank 登记号，为牦牛分子遗传改良提供了理论基础。应用实时荧光定量 PCR 及 western blotting 技术，对牦牛和犏牛 Dmrt7 基因分析，检测牦牛和犏牛睾丸 Dmrt7 基因 mRNA 及其蛋白的表达水平，探讨其与犏牛雄性不育的关系，为揭示犏牛雄性不育的分子机理提供理论依据。制定《大通牦牛》《牦牛生产性能测定技术规范》农业行业标准 2 项，可规范牦牛选育和生产，提高牦牛群体质量，进行标准化选育和管理。优化牦牛生产模式，调整畜群结构，暖棚培育和季节性补饲，组装集成牦牛提质增效关键技术 1 套，建成甘南牦牛本品种选育基地 2 个，繁育甘南牦牛 3.14 万头，养殖示范基地 3 个，近三年累计改良牦牛 39.77 万头。

六、奶牛主要产科病防治关键技术研究、集成与应用

该成果 2015 年获甘肃省科技进步二等奖。通过项目实施，建立了乳汁体细胞数—标志酶活性—PCR 细菌定性的奶牛乳房炎联合诊断技术，研发出首个具有国家标准的奶牛隐性乳房炎诊断技术 LMT，创制了一种有效防治隐性乳房炎的新型中兽药，制定了乳房炎致病菌分离鉴定国家标准，组装出以 DHI 监测、LMT 快速诊断、定量计分、细菌定期分析为主的奶牛乳房炎预警技术。制定了奶牛子宫内膜炎的诊断判定标准，完成了我国西北区奶牛子宫内膜炎病原菌流行调查和药分析，首次从该病病牛子宫黏液中分离到致病菌鲍曼不动杆菌，发现了 2 种具有防治子宫内膜炎的植物精油，防治子宫内膜炎新型中兽药"益蒲灌注液"获得了国家新兽药证书。确定了奶牛胎衣不下中兽医学诊断方法，建立了中兽药疗效评价标准，创制出一种有效治疗胎衣不下的新型中兽药复方"宫衣净酊"。利用 CdCl2 诱导技术建立了能中药的不孕症大鼠模型，完成了奶牛不孕症血液相关活性物质分析研究，首次报道了可用于奶牛不孕症风险预测及辅助诊断的 3 个标识蛋白 MMP-1、MMP-2 和 Smad-3，发现了一种能治疗不孕症的中兽药小复"益丹口服液"。建成了"国家奶牛产业技术体系疾病防控技术资源共享数据库"，获国家软件著作权，分别制定了我国奶牛乳房炎、子宫内膜炎和胎衣不下综合防治技术规程。

七、动物纤维显微结构与毛、皮质量评价技术体系研究

该成果 2009 年获甘肃省科技进步三等奖。该成果为解决毛皮及其制品的种类鉴别难题，通过大量调查研究，采集各类毛绒样品 3 500 余份，皮张 100 余张；研制出快速、简便的毛皮及其制品的鉴别方法；采用生物显微镜法进行了毛纤维组织结构研究，构建了60 余种动物毛纤维组织学彩色图库。构建了动物纤维、毛皮产品质量评价体系。提出了我国现行的毛、皮标准存在的问题，并进行了相关方法研究和标准的补充、完善，制定了国家标准 4 个，行业标准 5 个，地方标准 1 个，编写了细毛羊饲养管理及细羊毛分级整理等技术规程 10 余个。制定的《裘皮 蓝狐皮》《动物毛皮检测技术规范》《裘皮 獭兔皮》《甘肃高山细毛羊》等标准填补了我国相关标准的空白。建立了中国动物纤维，毛皮质量评价信息系统，为了解掌握毛皮动物资源、质量评价、检测方法及相关法律法规等提供了一个比较全面的信息网络平台。对我国毛、皮生产、流通领域中潜在的安全风险进行

了深入研究，建立了中国动物纤维、毛皮安全预警体系，为相关部门预测警示产业风险提供依据。

八、新兽药"金石翁芍散"

"金石翁芍散"是运用中兽医扶正祛邪和异病同治的辨证论治理论，结合现代免疫学机理研制而成的中药复方制剂。该药由中药金银花、石膏、白头翁、赤芍、甘草等 11 味药物组成的新型复方制剂，具有清热解毒，除湿止痢，扶正祛邪，活血化瘀等功能，是治疗鸡大肠杆菌病和鸡白痢的有效组方。用法与用量为：鸡（2~3 周龄）1g/d 连用 3~5d。对鸡白痢治愈率为 80.0%，有效率均 90.0%。对鸡大肠杆菌病治愈率为 75%. 有效率为 90.0%。于 2010 年获得国家三类新兽药证书。

七、新兽药"益蒲灌注液"

"益蒲灌注液"在治疗奶牛子宫内膜炎方面的应用，可有效替代和降低抗生素类药物治疗奶牛子宫内膜炎，降低或减少兽药对动物源性食品的污染。经在我国不同地区奶牛场治疗奶牛子宫内膜炎临床推广应用，该制剂疗效好、见效快、疗效稳定、安全、未见不良反应，与同类产品相比其治愈率和总有效率相同，情期受胎率优于抗生素类产品，治愈率达 85%以上，总有效率 95%左右，治愈后 3 个情期受胎率达到 85%以上；对患隐性子宫内膜炎的奶牛，治愈率为 100%。于 2013 年获得国家三类新兽药证书。

十、新兽药"黄白双花口服液"

"黄白双花口服液"针对犊牛湿热型腹泻病的病因、病理、诊断和治疗研究的基础上，在传统中兽医理论指导下，结合现代中药药理研究和临床用药研究，研制的治疗犊牛湿热型腹泻病的纯中药口服液，治疗犊牛湿热型腹泻病临床疗效确实，使用方便，治疗效果与同类产品相比优于或等于，平均治愈率为 85.00%，总有效率为 94.70%。于 2013 年获得国家三类新兽药证书。

十一、新兽药"射干地龙颗粒"

"射干地龙颗粒"是针对鸡传染性喉气管炎，应用中兽医辨证施治理论、采用现代制剂工艺所研制出的新型高效安全纯中药口服颗粒剂。该制剂治疗产蛋鸡呼吸型传染性支气管炎的效果显著；能够对抗组胺、乙酰胆碱所致的气管平滑肌收缩作用，从而起到松弛气管平滑肌和宣肺的功效；同时能明显减少咳嗽的次数，并能增强支气管的分泌作用，表现出镇咳、平喘、祛痰、抗过敏的作用。射干地龙颗粒主要由射干、地龙、北豆根、五味子中药组成，具有清咽利喉、化痰止咳、收敛固涩等功能。于 2015 年获得国家三类新兽药证书。

十二、中兰2号紫花苜蓿

中兰2号紫花苜蓿适用于在黄土高原半干旱半湿润地区旱作栽培，可直接饲喂家畜，调制、加工草产品等，生产性能优越。在饲用品质方面，该苜蓿营养成分高，适口性好。该品种是适于黄土高原半干旱半湿润地区旱作栽培的丰产品种，产草量超过当地农家品种15%以上，超过当地推广的育成品种和国外引进品种10%以上，能解决现有推广品种在降雨较少的生长季或年份产草量大幅下降的问题，在干旱缺水的西部地区，该品种对提高单位草地生产率，推动区域苜蓿产业化的发展具有重要意义。

十三、航苜1号紫花苜蓿

"航苜1号紫花苜蓿"新品种是我国第一个航天诱变多叶型紫花苜蓿新品种。该品种基本特性是优质、丰产，表现为多叶率高、产草量高和营养含量高。叶以5叶为主，多叶率达41.5%，叶量为总量的50.36%；干草产量15 529.9kg/hm²，平均高于对照12.8%；粗蛋白质含量20.08%，平均高于对照2.97%；18种氨基酸总量为12.32%，平均高于对照1.57%；种子千粒重2.39g，牧草干鲜比1∶4.68。该品种适宜于黄土高原半干旱区、半湿润区，河西走廊绿洲区及北方类似地区推广种植，对改善生态环境和提高畜牧业生产效益具有重要意义。

十四、陇中黄花矾松

"陇中黄花矾松"源于极干旱环境，是我国北方荒漠戈壁的广布种。陇中黄花矾松属于观赏草野生驯化栽培品种，该品种的原始材料源于荒漠戈壁植物，为多年生草本。这次培育成的新品种主要用于园林绿化、植物造景、防风固沙、饲用牧草和室内装饰等多种用途，具有抗旱性极强，高度耐盐碱、耐贫瘠，耐粗放管理；株丛较低矮，花朵密度大，花色金黄，观赏性强的显著特点。花期长达200d左右，青绿期210~280d（地域不同），花形花色保持力极强，花干后不脱落、不掉色，是理想的干花、插花材料与配材。能适应我国北方极干旱地区的大部分荒漠化生态条件。

十五、陆地中间偃麦草

禾本科多年生草本，具横走根茎，根系较发达，分蘖多。2002—2004年完成驯化栽培和引种观察试验，2005—2011年完成了引种试验、区域试验和生产试验。该品种具有产草量高、营养丰富、茎叶嫩绿的显著特点，有较高的产草量和种子产量，对土壤要求不严，是优良的多年生禾本科牧草，宜可作为生态草用于退化草地补播。适应区域为黄土高原半干旱区、黄土高原半湿润区、河西走廊荒漠绿洲区及北方类似地区。

十六、海波草地早熟禾

该品种能够自行繁种，可降低建植成本；抗旱性强及缓生性状，可降低养护成本，在生产中具有重要意义；叶片柔软，叶宽适中，颜色深绿有光泽，成坪草层均匀整齐，青绿期长，草坪景观效果好，可用于建植各类草坪。区域试验表明：在黄土高原半干旱区、半湿润区及河西走廊荒漠绿洲区具有良好的生态适应性，表现出抗旱、耐寒、缓生、耐践踏、青绿期长且能正常繁种和降低草坪建植、养护成本的优良性状，在类似地区的草坪生产中可推广应用（图31至图36）。

图 31　射干地龙颗粒

图 32　苍朴口服液

图 33　强力消毒灵

图 34　奶牛隐性乳房炎诊断液（LMT）

图 35　航苜一号紫花苜蓿新品种证书

图 36　中兰 1 号紫花苜蓿

第七节 交流合作

一、科技合作

在基本科研业务费的支持下，研究所依托项目，加强联合，在新兽药创制、动物疾病防控、草食动物遗传繁育、优质牧草新品种选育等方面积极开展协同创新研究。先后与中国农业大学、华中农业大学、南京农业大学、西北农林科技大学、西南大学、甘肃农业大学、解放军军事兽医研究所、兰州兽医研究所、上海兽医研究所、西北民族大学、宁夏大学、西藏自治区农牧科学院、新疆畜牧科学院、青海畜牧兽医科学院、内蒙古农业科学院、甘肃省农业科学院、四川省农业科学院、甘肃省甘南州畜牧兽医科学研究所等高校及科研院所研究所，共同主持或合作承担科研项目，与甘肃省张掖市国家农业示范园区、青海省大通县国家农业示范园区、青海省互助县国家农业示范园区及兰州市秦王川奶牛场、甘肃省荷斯坦奶牛良种繁育中心等企业签订了合作协议，建立了甘肃省皇城绵羊育种试验场、青海省大通种牛场、张掖科技示范基地、天水牧草繁育基地、甘南州玛曲县阿孜试验示范园区、甘南州碌曲县李恰如种畜场、天祝白牦牛繁育场等合作示范基地，向四川巴尔动物药业有限公司、成都中牧生物药业有限公司、浙江海正药业、四川北川大禹羌山畜牧食品科技有限责任公司、北京伟嘉人生物药业有限公司、湖北武当动物药业有限责任公司、北京中农劲腾生物技术有限公司、广东海纳川药业股份有限公司等转让相关兽药产品及研发技术，通过联合攻关，切实解决科研及生产发展中的重大需求与实际问题。

二、科技服务

研究所充分发挥科技资源和人才资源优势，积极选派优秀专家下乡入户。以推广现代农业生产技术和方法为主要内容，按照急用、实用、管用的原则，多渠道、多层次、多形式开展畜牧养殖业的科技培训，努力提高基层技术人员和农牧民的科学素质和技能。先后组织科技人员科技下乡 2 200 余人次，分别在甘肃、青海、新疆维吾尔自治区、西藏自治区、宁夏回族自治区、河北、山东、内蒙古自治区、陕西、四川、湖南、浙江、上海、天津、吉林、重庆等省、自治区、直辖市举办了"细毛羊育种方法""寄生虫病防治知识和养殖生产及饲养管理""包虫病综合防控""肉牛牦牛科学养殖""牦牛科学养殖与生产""现代肉牛牦牛养殖生产技术""甘南牦牛养殖生产""肉牛微量元素疾病综合防治技术""细毛羊种羊鉴定及羊毛标准化生产技术""奶牛健康养殖综合技术""肉牛疾病防治""藏羊选育技术""藏区畜牧养殖培训和藏区医药技术知识""奶牛饲养管理技术"等培训 150 余期，培训基层畜牧兽医技术人员和农牧民 2 万余人，发放技术资料宣传材料 3 万余份（册），真正服务"三农"，赢得了地方政府和养殖企业的高度赞誉。

三、国际交流

研究所除了加强国内的科技合作，也积极开展与国外科研机构和大专院校的合作与交流。研究所先后派出专家赴澳大利亚、新西兰、芬兰、瑞典、美国、英国、加拿大、日本、韩国、泰国、德国、南非、肯尼亚、苏丹等国家执行合作并开展学术交流，与德国、美国、英国、荷兰、澳大利亚、加拿大、泰国等国家的高等院校和科研机构建立了良好的科技合作交流关系，邀请美国、英国、德国、以色列、加拿大、澳大利亚等国家的专家学者到研究所考察访问和学术交流。先后成功举办 6 期科技部主持的"发展中国家中兽医药学技术国际培训班"，共培训国外学员 100 余人，扩大了中兽医药学在国际上的影响，搭建了国际科技合作与学术交流平台。2010 年成功举办了"首届中兽医药学国际学术研讨会"，来自美国、西班牙、荷兰、德国、加拿大、日本、澳大利亚、韩国、泰国及中国香港、中国台湾地区等国内外 200 余名专家参加了会议，为弘扬中华民族科学技术遗产，推动中兽医药学国际化、现代化发展奠定了坚实的基础。

四、专项会议

2011 年 8 月 25~26 日，由农业部科技教育司主办，研究所承办的"十一五"期间农业部基本科研业务费专项总结交流会在甘肃兰州举行。来自中国农业科学院、中国水产科学研究院和中国热带农业科学院主管部门及三院下属 30 个非营利性研究机构，主管基本科研业务费专项的所领导、科技处、财务处负责人共 108 人参加此次会议。各单位参会代表总结汇报了"十一五"期间以来基本科研业务费项目的执行情况、实施管理和所取得成效，就基本科研业务费实施过程中存在的一些问题进行了深入探讨，并提出了建设性的意见和建议。汇报会后，分别开展了基本科研业务费绩效考评指标研讨和农业部基本科研业务费管理信息系统培训。此次会议的召开，进一步加强了农业部基本科研业务费专项的管理，在进一步规范专项的管理、提高专项资金使用效益和建立绩效评价体系等方面发挥积极的作用。

图 37　研究所与成都中牧战略合作

图 38　首届中兽医药学国际学术研讨会

第八节　考核评价

基本科研业务费项目的考核和管理是确保该类科研项目顺利实施的重要保障体系。研究所对正在实施的每个科研项目实行全程跟踪和监督。在"中国农业科学院兰州畜牧与兽药研究所《中央级公益性科研院所基本科研业务费专项资金管理办法（试行）》实施细则"和《中国农业科学院兰州畜牧与兽药研究所科研管理办法》文件的基础上，成立了由所长和主管科研的副所长为组长，科技管理处和条件建设与财务处负责人组成的项目管理领导小组，负责对科研项目的抽查和检查评估等工作。

一、项目的考核安排

（1）实行项目进展季度汇报制度。每个季度末召开各课题组项目负责人参加的项目交流汇报会，由主持人向项目领导小组和研究所学术委员会汇报项目的执行情况进展和存在的问题，专家对项目执行过程中存在的问题提出意见和建议，领导小组对项目的实施进度和执行情况进行监督，对每个项目的执行进行季度考评。

（2）实行项目年终总结汇报制度。年终科研项目的总结是研究所科技管理的主要组成部分，要求每个实施的科技项目组向研究所学术委员会和领导汇报整个项目的实施情况，包括项目计划任务完成总体情况、发表学术论文、科研项目的创新与突破、阶段性成果等内容，项目组必须提供全部的试验数据和资料接受检查。

（3）项目的全程跟踪和抽样检查制度。在项目管理过程中，项目领导小组定期或不定期的深入科研一线，了解项目的田间试验实施情况，为科技工作这提供必要的帮助和支持，保障项目如期高质量完成。

二、项目的绩效评价

基本科研业务费资助项目完成后，撰写项目总结报告，其绩效评价由"中国农业科学院兰州畜牧与兽药研究所基本科研业务费项目学术委员会"负责评价。评价体系分为基础类研究项目和应用类研究项目。基础类研究项目主要考察项目实施的理论创新、科技论文的质量和水平、人才培养和项目团队人才建设的贡献等内容。应用类科研项目的评估主要侧重于经济效益、社会效益、科技成果、产品和专利等内容。根据项目的实施情况和取得的阶段性成果，分条打分，综合评价，确定对项目的继续资助或中止。

通过10年来基本科研业务费项目的支持，研究所在学科建设、人才团队建设、科研基础平台条件和成果培育与转化等方面取得了显著的成效，研究所综合科技创新能力得到了进一步的提高和发展。

三、下一步设想

（1）在《中国农业科学院兰州畜牧与兽药研究所中央级公益性科研院所基本科研业务费专项资金管理办法（试行）实施细则》和研究所"十三五科技发展规划"的指导下，立足研究所畜牧兽医两大学科领域，在原有重点研究方向的基础上加大对新兴交叉学科的支持力度，加强自主创新和原始创新，做好项目出入库工作，继续严格管理，对创新性好、能出大成果以及有进一步申报国家级课题的项目重点资助。

（2）以创新团队为依托，立足长远，对获得立项资助的项目进行长期、稳定的支持，以保持科研工作的延续性，集中力量办大事。同时，继续完善在研项目的监督考核制度，以基础研究和应用研究为参照推行分类评价制度，尽可能科学合理的评价科研人员并实行绩效奖励，对执行好且仍需经费支持的项目持续滚动资助。

（3）人才资源是研究所科技工作的第一资源，在基本业务费专项资金自主培养中青年优秀科技人才的基础上，应以专项资金为依托，进一步引进高层次的人才，并为他们创造宽松的学术氛围，改善科学研究的基本条件。

四、建议

通过中央级公益性科研院所基本科研业务费专项资金资助项目的执行，使研究所各学科科研水平得到了很大的提升，在申报国家大项目和科技成果方面也初见成效，研究所广大青年科技人员得到了锻炼和培养。建议建立持续稳定的长效财政支持，完善绩效考评制度，促进农业科技创新体系的建设，加速我国现代农业科学的大发展。

附件1 中国农业科学院兰州畜牧与兽药研究所2006—2015年度基本科研业务费项目清单

序号	项目名称	项目起始时间	项目完成时间	总预算（万元）	姓名	年龄	职称	实际执行单位名称
1	中国美利奴高山型细毛羊品系选育	2007-1	2009-12	45	郎侠	31	助研	中国农业科学院兰州牧药所
2	羊卵泡抑制素基因疫苗的构建	2007-1	2009-12	44	郭宪	29	助研	中国农业科学院兰州牧药所
3	大通牦牛生长发育性状相关功能基因的分子标记及鉴定	2007-1	2009-12	70	曾玉峰	28	研实	中国农业科学院兰州牧药所
4	动物毛皮种类快速鉴别及质量评价技术研究	2007-1	2009-12	73	李维红	29	研实	中国农业科学院兰州牧药所
5	金丝桃素新制剂抗高致病性蓝耳病的研究	2007-1	2009-12	45	尚若锋	33	助研	中国农业科学院兰州牧药所
6	新型兽用抗感染化学药物丁香酚酯的研制	2007-1	2008-12	40	李剑勇	36	副研	中国农业科学院兰州牧药所
7	抗菌消炎中兽药—消炎醌的研制与应用	2007-1	2009-12	38	罗永江	41	副研	中国农业科学院兰州牧药所
8	奶牛子宫内膜炎治疗药"宫康"的研制	2007-1	2009-12	56	苗小楼	35	助研	中国农业科学院兰州牧药所
9	免疫活性物质"断奶安"对仔猪肠道微生态环境影响研究	2007-1	2007-12	20	郭福存	41	副研	中国农业科学院兰州牧药所
10	益生菌发酵黄芪党参多糖研究	2007-1	2009-12	57	李建喜	36	副研	中国农业科学院兰州牧药所
11	狗经穴靶标通道及其生物学效应的研究	2007-1	2009-12	61	杨锐乐	41	副研	中国农业科学院兰州牧药所
12	美国杂交早熟禾引进驯化及种子繁育技术研究	2007-1	2009-12	44	路远	27	研实	中国农业科学院兰州牧药所

（续表）

序号	项目名称	项目起始时间	项目完成时间	总预算（万元）	姓名	年龄	职称	实际执行单位名称
13	沙拐枣、冰草等旱生超牧草种子繁育与利用技术研究	2007-1	2009-12	170	田福平	31	助研	中国农业科学院兰州牧药所
14	黄土高原耐旱苜蓿新品种培育研究	2007-1	2009-12	60	张怀山	38	助研	中国农业科学院兰州牧药所
15	中兽医经典方剂收集、整理与数据库建立	2006-1	2008-12	30	王华东	28	研实	中国农业科学院兰州牧药所
16	西北地区地方牛、羊品种保护与利用现状调查	2006-1	2008-12	50	肖玉萍	28	研实	中国农业科学院兰州牧药所
17	我国畜禽疾病防治药物应用现状评估及对策研究	2006-1	2008-12	50	王学智	38	副研	中国农业科学院兰州牧药所
18	纯中药复方"禽瘟王"新制剂的研制	2007-1	2009-12	49	李锦宇	34	助研	中国农业科学院兰州牧药所
19	黄土高原生态环境监测指标体系建设	2007-1	2009-12	40	陆金萍	35	助研	中国农业科学院兰州牧药所
20	奶牛乳房炎病乳中大肠杆菌病原生物学特性及其毒力因子研究	2007-1	2007-12	30	徐继英	31	副研	中国农业科学院兰州牧药所
21	天然药物鸭胆子有效部位防治家畜寄生虫病研究	2007-1	2009-12	55	程富胜	36	副研	中国农业科学院兰州牧药所
22	中兽药防治犬腹泻症的研究	2007-1	2007-12	25	陈炅然	39	副研	中国农业科学院兰州牧药所
23	甘肃优质细羊毛质量控制关键技术研究	2007-1	2009-12	40	牛春娥	39	实验师	中国农业科学院兰州牧药所
24	金丝桃素新制剂对人流感病毒的试验研究	2007-1	2007-12	40	王学红	32	助研	中国农业科学院兰州牧药所
25	奶牛子宫内膜天然抗菌肽分离鉴定及其生物学活性的研究	2007-1	2007-12	25	王东升	28	研实	中国农业科学院兰州牧药所
26	西北肉用绵羊新品种高繁、生长发育及肉质性状的分子标记选育	2007-1	2009-12	64	刘建斌	30	助研	中国农业科学院兰州牧药所

（续表）

序号	项目名称	项目起始时间	项目完成时间	总预算（万元）	姓名	年龄	职称	实际执行单位名称
27	基因工程技术生产牦牛乳铁蛋白及其活性鉴定	2007-1	2009-12	45	裴杰	28	研实	中国农业科学院兰州牧药所
28	兽用青蒿素新制剂的研制	2007-1	2009-12	58	周绪正	36	副研	中国农业科学院兰州牧药所
29	绵羊瘤胃保护性赖氨酸饲料添加剂的研制	2007-1	2009-12	51	程胜利	36	助研	中国农业科学院兰州牧药所
30	畜禽铅铬中毒病综合防治技术研究	2007-1	2009-12	57	荔霞	30	助研	中国农业科学院兰州牧药所
31	Asial 型口蹄疫病毒宿主转换及致病毒力分子基础的研究	2007-1	2007-12	39	郑海学	37	副研	中国农业科学院兰州兽医所
32	动物病毒性肝炎病原生物学研究	2007-1	2007-12	39	兰喜	33	助研	中国农业科学院兰州兽医所
33	猪带绦虫突破宿主黏膜屏障关键分子的研究	2007-1	2007-12	39	骆学农	31	助研	中国农业科学院兰州兽医所
34	青藏高原牦牛、藏羊资源分布调查、保护与利用	2007-1	2009-12	35	梁春年	34	副研	中国农业科学院兰州牧药所
35	我国中兽医医药科研、教学、推广体系现状调查与研究	2007-1	2009-12	43	李世宏	33	助研	中国农业科学院兰州牧药所
36	我国宠物疾病发病现状及其防治对策	2007-1	2009-12	74	董鹏程	32	助研	中国农业科学院兰州牧药所
37	动物纤维及毛皮种类的无损鉴别技术研究	2008-1	2010-12	37	郭天芬	34	助研	中国农业科学院兰州牧药所
38	黄花补血草化学成分及药理活性研究	2008-1	2010-12	46	刘宇	27	研实	中国农业科学院兰州牧药所
39	基因工程抗菌肽制剂的研究	2008-1	2010-12	45	吴培星	40	副研	中国农业科学院兰州牧药所
40	奶牛隐性乳房炎诊断液产业化开发研究	2008-1	2010-12	49	罗金印	39	副研	中国农业科学院兰州牧药所
41	犬瘟热病毒（CDV）野毒株与疫苗株的抗原差异研究	2008-1	2010-12	47	王旭荣	28	研实	中国农业科学院兰州牧药所
42	新型高效畜禽消毒剂一元包装反应性 ClO_2 粉剂的研制	2008-1	2010-12	39	陈化琦	32	助研	中国农业科学院兰州牧药所

（续表）

序号	项目名称	项目起始时间	项目完成时间	总预算（万元）	姓名	年龄	职称	实际执行单位名称
43	羊和马梨形虫病检测方法的建立及多头蚴抗原基因的克隆与鉴定	2008-1	2010-12	27	李有全	33	助研	中国农业科学院兰州兽医所
44	猪重要病毒病与细菌病的免疫学研究	2008-1	2010-12	27	卢曾军	37	助研	中国农业科学院兰州兽医所
45	4种重要畜禽传染病快速诊断新技术研究	2008-1	2010-12	36	张强	36	副研	中国农业科学院兰州兽医所
46	口蹄疫病毒分子变异及新型疫苗研究	2008-1	2010-12	27	尚佑军	37	副研	中国农业科学院兰州兽医所
47	研究所大型仪器设备共享与测试基金、研究所科技著作出版基金	2008-1	2010-12	65	周磊	29	研实	中国农业科学院兰州牧药所
48	牦牛主要组织相容复合体基因家族结构基因遗传多样性研究	2009-1	2011-12	40	包鹏甲	29	研实	中国农业科学院兰州牧药所
49	生鲜牛奶质量控制及抗生素残留检测技术的研究	2009-1	2010-12	28	王宏博	32	助研	中国农业科学院兰州牧药所
50	中兽药防治鸡传染性支气管炎的研究	2009-1	2011-12	28	陈炅然	41	副研	中国农业科学院兰州牧药所
51	防治鸡传染性喉气管炎复方中药新制剂的研究	2009-1	2011-12	40	辛蕊华	28	研实	中国农业科学院兰州牧药所
52	奶牛乳房炎重要致病菌分子鉴定技术及病原菌菌种库的构建	2009-1	2011-12	23	王玲	40	助研	中国农业科学院兰州牧药所
53	野生狼尾草引种驯化与新品种选育	2009-1	2011-12	34	张怀山	40	助研	中国农业科学院兰州牧药所
54	ZxVP1基因的遗传转化	2009-1	2011-12	40	王春梅	28	研实	中国农业科学院兰州牧药所
55	喹乙醇残留ELISA快速检测技术研究与应用	2009-1	2011-12	40	张凯	27	研实	中国农业科学院兰州牧药所
56	口蹄疫及副猪嗜血杆菌疫苗的研制	2009-1	2009-12	16	杨彬	37	助研	中国农业科学院兰州兽医所
57	口蹄疫防控技术的研究	2009-1	2009-12	59	冯霞	36	助研	中国农业科学院兰州兽医所

（续表）

序号	项目名称	项目起始时间	项目完成时间	总预算（万元）	姓名	年龄	职称	实际执行单位名称
58	几种寄生虫病重要功能基因的研究	2009-1	2009-12	26	田占成	34	助研	中国农业科学院兰州兽医所
59	重要人畜共患病病原体 PCR 检测技术和宿主 MHC 分子多态性研究	2009-1	2009-12	16	闫鸿斌	35	助研	中国农业科学院兰州兽医所
60	奶牛主要疾病诊断和防治技术研究	2009-1	2010-12	60	杨志强	52	研究员	中国农业科学院兰州牧药所
61	中兽药复方新制剂与经穴生物效应的研究	2009.1	2010.12	60	郑继方	51	研究员	中国农业科学院兰州牧药所
62	中兽药的研究与开发	2009-1	2010-12	60	梁剑平	47	研究员	中国农业科学院兰州牧药所
63	甘南牦牛繁育技术与种质创新利用研究	2009-1	2010-12	60	阎　萍	46	研究员	中国农业科学院兰州牧药所
64	绵羊新品种（系）培育	2009-1	2010-12	60	杨博辉	45	研究员	中国农业科学院兰州牧药所
65	旱生牧草新品种选育	2009-1	2010-12	60	时永杰	48	研究员	中国农业科学院兰州牧药所
66	兽用化学药物的研究与开发	2009-1	2010-12	60	张继瑜	42	研究员	中国农业科学院兰州牧药所
67	动物毛皮产品中偶氮染料的安全评价技术研究	2010-1	2010-12	6	席　斌	29	研实	中国农业科学院兰州牧药所
68	大通牦牛无角品系的选育	2010-1	2010-12	9	梁春年	37	副研	中国农业科学院兰州牧药所
69	旱生牧草沙拐枣优质种源的分子选育和引种驯化	2010-1	2012-12	34	张　茜	30	助研	中国农业科学院兰州牧药所
70	喹胺醇原料药中试生产工艺及质量标准研究	2010-1	2010-12	9	郭文柱	30	研实	中国农业科学院兰州牧药所
71	绵羊 BMPR-IB 和 BMP15 基因 SNP 快速检测技术研究	2010-1	2012-12	31	岳耀敬	30	研实	中国农业科学院兰州牧药所
72	苜蓿航天诱变新品种选育	2010-1	2013-12	44	杨红善	29	研实	中国农业科学院兰州牧药所
73	奶牛蹄叶炎发病机制的蛋白质组学研究	2010-1	2012-12	28	董书伟	30	研实	中国农业科学院兰州牧药所

（续表）

序号	项目名称	项目起始时间	项目完成时间	总预算（万元）	姓名	年龄	职称	实际执行单位名称
74	抑制瘤胃甲烷排放的奶牛中草药饲料添加剂的研制	2010-1	2012-12	32	乔国华	31	助研	中国农业科学院兰州牧药所
75	针刺镇痛对中枢 Fos 与 Jun 蛋白表达的影响	2010-1	2012-12	31	王贵波	28	研实	中国农业科学院兰州牧药所
76	焦虫膜表面药物作用靶点的筛选	2010-1	2012-12	9	魏小娟	34	助研	中国农业科学院兰州牧药所
77	口蹄疫双效疫苗及 MCCP 抗体检测试剂盒的研制	2010-1	2012-12	29	杨彬	36	助研	中国农业科学院兰州兽医所
78	绦虫蚴病、人无形体病和新疆出血热病原学级流行病学研究	2010-1	2012-12	24	刘振勇	34	助研	中国农业科学院兰州兽医所
79	猪重大病毒病防治技术研究	2010-1	2012-12	58	丛国正	32	助研	中国农业科学院兰州兽医所
80	部分人畜共患病病原体分离鉴定及资源平台构建	2010-1	2012-12	39	周继章	36	研实	中国农业科学院兰州兽医所
81	中兽医药发展战略研究	2010-1	2012-12	62	师音	27	研实	中国农业科学院兰州牧药所
82	黄土高原草地生态系统氮循环的研究与利用	2010-1	2012-12	50	张小甫	29	研实	中国农业科学院兰州牧药所
83	黄花矾松驯化栽培及园林绿化开发应用研究	2011-1	2013-12	32	路远	31	助研	中国农业科学院兰州牧药所
84	牦牛早期胚胎发育基因表达的研究	2011-1	2013-12	32	郭宪	33	助研	中国农业科学院兰州牧药所
85	欧拉型藏羊高效选育技术的研究	2011-1	2012-12	22	郎侠	35	助研	中国农业科学院兰州牧药所
86	抗球虫中兽药常山碱的研制	2011-1	2014-12	42	郭志廷	32	助研	中国农业科学院兰州牧药所
87	抗动物焦虫病新制剂青蒿琥酯微乳的研制	2011-1	2012-12	22	李冰	30	研实	中国农业科学院兰州牧药所
88	治疗犊牛泄泻中兽药苍朴口服液的研制	2011-1	2012-12	22	王胜义	30	研实	中国农业科学院兰州牧药所
89	转化黄芪多糖菌种基因组改组方法建立	2011-1	2014-12	40	张景艳	31	研实	中国农业科学院兰州牧药所

（续表）

序号	项目名称	项目起始时间	项目完成时间	总预算（万元）	姓名	年龄	职称	实际执行单位名称
90	动物毛绒超微结构及其种类鉴别方法标准的研究	2011-1	2011-12	12	李维红	33	助研	中国农业科学院兰州牧药所
91	传统藏兽药药方整理、验证与标本制作	2011-1	2013-12	32	尚小飞	25	研实	中国农业科学院兰州牧药所
92	奶牛乳房炎金黄色葡萄球菌 mecA、femA 耐药基因与耐药表型相关性研究	2011-1	2011-12	6	邓海平	28	研实	中国农业科学院兰州牧药所
93	新型氟喹诺酮类药物的合成与筛选	2011-1	2012-12	70	杨志强	54	研究员	中国农业科学院兰州牧药所
94	中兽药制剂新技术及产品开发	2011-1	2011-12	30	郑继方	53	研究员	中国农业科学院兰州牧药所
95	黄土高原草地生态系统气象环境监测与利用	2011-1	2011-12	60	张小甫	30	研实	中国农业科学院兰州牧药所
96	口蹄疫、猪圆环病等动物传染病病毒样颗粒疫苗的研究	2011-1	2011-12	59	孙世琪	40	副研	中国农业科学院兰州兽医所
97	几种重要动物寄生虫 microRNA 的鉴定和特性分析	2011-1	2011-12	25	关贵全	37	副研	中国农业科学院兰州兽医所
98	奶牛主要疾病诊断和防治技术研究	2011-1	2011-12	20	杨志强	54	研究员	中国农业科学院兰州牧药所
99	中兽药新技术与经穴生物学机制研究	2011-1	2011-12	20	郑继方	53	研究员	中国农业科学院兰州牧药所
100	安全环保型中兽药的研究与开发	2011-1	2011-12	20	梁剑平	49	研究员	中国农业科学院兰州牧药所
101	甘南牦牛繁育关键技术创新研究	2011-1	2011-12	20	阎萍	48	研究员	中国农业科学院兰州牧药所
102	控制甘肃高山细毛羊羊毛细度的毛囊发育分子基础	2011-1	2011-12	20	杨博辉	47	研究员	中国农业科学院兰州牧药所
103	氮素对黄土高原常见牧草产量及环境的影响	2011-1	2011-12	20	时永杰	50	研究员	中国农业科学院兰州牧药所
104	抗动物焦虫病药物靶点的筛选与药物开发	2011-1	2011-12	20	张继瑜	44	研究员	中国农业科学院兰州牧药所

（续表）

序号	项目名称	项目起始时间	项目完成时间	总预算（万元）	姓名	年龄	职称	实际执行单位名称
105	苦马豆素抗牛腹泻性病毒作用及药物饲料添加剂的研制	2012-1	2014-12	35	郝宝成	29	研实	中国农业科学院兰州牧药所
106	大通牦牛无角基因多态性检测与基因功能研究	2012-1	2013-12	22	刘文博	30	助研	中国农业科学院兰州牧药所
107	牦牛 LF 蛋白、Lfcin 多肽的分子结构与抗菌谱研究	2012-1	2014-12	32	裴 杰	33	助研	中国农业科学院兰州牧药所
108	抗炎中药高通量筛选细胞模型的构建与应用	2012-1	2012-12	12	张世栋	29	助研	中国农业科学院兰州牧药所
109	防治犊牛肺炎药物新制剂的研制	2012-1	2014-12	37	杨亚军	30	助研	中国农业科学院兰州牧药所
110	利用 mtDNA D-环序列分析藏羊遗传多样性和系统进化	2012-1	2014-12	55	刘建斌	35	助研	中国农业科学院兰州牧药所
111	甘肃高山细毛羊毛囊干细胞系的建立及毛囊发育相关信号通路	2012-1	2012-12	12	郭婷婷	28	研实	中国农业科学院兰州牧药所
112	高寒地区抗逆首蓿新品系培育	2012-1	2012-12	12	杨 晓	27	研实	中国农业科学院兰州牧药所
113	耐旱丰产首蓿新品种选育研究	2012-1	2013-12	22	田福平	36	助研	中国农业科学院兰州牧药所
114	我国羔裘皮品质评价	2012-1	2012-12	12	郭天芬	38	助研	中国农业科学院兰州牧药所
115	青藏高原牦牛 EPAS1 和 EGLN1 基因低氧适应遗传机制的研究	2012-1	2013-12	23	丁学智	33	助研	中国农业科学院兰州牧药所
116	福氏志贺菌非编码小RNA 的筛选和鉴定	2012-1	2013-12	21	魏小娟	36	助研	中国农业科学院兰州牧药所
117	抗菌中兽药的研制及应用	2012-1	2012-12	15	梁剑平	50	研究员	中国农业科学院兰州牧药所
118	控制甘肃高山细毛羊羊毛性状的毛囊发育分子表达调控机制	2012-1	2012-12	15	杨博辉	48	研究员	中国农业科学院兰州牧药所
119	甘南牦牛选育技术研究	2012-1	2012-12	15	阎 萍	49	研究员	中国农业科学院兰州牧药所

（续表）

序号	项目名称	项目起始时间	项目完成时间	总预算（万元）	姓名	年龄	职称	实际执行单位名称
120	奶牛主要疾病诊断与防治技术研究	2012-1	2012-12	15	杨志强	55	研究员	中国农业科学院兰州牧药所
121	中兽医药学继承与创新研究	2012-1	2012-12	15	郑继方	54	研究员	中国农业科学院兰州牧药所
122	新型抗动物焦虫病药物的研究与开发	2012-1	2012-12	15	张继瑜	45	研究员	中国农业科学院兰州牧药所
123	钾素对黄土高原常见牧草产量及环境的影响	2012-1	2012-12	15	时永杰	51	研究员	中国农业科学院兰州牧药所
124	牧草生态系统气象环境监测与研究	2012-1	2012-12	62	胡宇	29	研实	中国农业科学院兰州牧药所
125	牦牛繁殖性状候选基因的克隆鉴定	2012-1	2012-12	20	阎萍	49	研究员	中国农业科学院兰州牧药所
126	猪繁殖与呼吸综合征病毒系列诊断试剂盒的研制	2012-1	2012-12	28.5	田宏	36	助研	中国农业科学院兰州兽医所
127	鸡球虫蛋白酶 ROMs 和 SUBs 的入侵作用机理研究	2012-1	2012-12	11.5	吉艳红	29	助研	中国农业科学院兰州兽医所
128	口蹄疫病毒样颗粒疫苗的研究	2012-1	2012-12	18	孙世琪	41	副研	中国农业科学院兰州兽医所
129	弓形虫蛋白质组学，猪带绦虫和蜱关键基因的功能研究及蜱生物防治技术的建立	2012-1	2012-12	14.5	田占成	35	助研	中国农业科学院兰州兽医所
130	重要人畜共患病原体分离鉴定及其资源平台建立	2012-1	2012-12	10	王艳华	37	助研	中国农业科学院兰州兽医所
131	猪蓝耳病及山羊传染性胸膜肺炎疫苗的研制	2012-1	2012-12	7.5	杨彬	42	副研	中国农业科学院兰州兽医所
132	猪库博病毒的分离及其致病性和免疫原性研究	2012-1	2012-12	10	郑海学	33	助研	中国农业科学院兰州兽医所
133	发酵黄芪多糖对树突状细胞成熟和功能的体外调节作用研究	2013-1	2013-12	10	秦哲	30	研实	中国农业科学院兰州牧药所
134	奶牛乳房炎无乳链球菌比较蛋白组学研究	2013-1	2013-12	10	杨峰	28	研实	中国农业科学院兰州牧药所

（续表）

序号	项目名称	项目起始时间	项目完成时间	总预算（万元）	姓名	年龄	职称	实际执行单位名称
135	祁连山草原土壤—牧草—羊毛微量元素含量的相关性分析及补饲技术研究	2013-1	2015-12	40	王慧	28	研实	中国农业科学院兰州牧药所
136	截短侧耳素衍生物的合成及其抑菌活性研究	2013-1	2014-12	25	郭文柱	33	助研	中国农业科学院兰州牧药所
137	计算机辅助抗寄生虫药物的设计及研究	2013-1	2015-12	40	刘希望	27	研实	中国农业科学院兰州牧药所
138	苦豆子总碱新制剂的研制	2013-1	2013-12	10	刘宇	32	助研	中国农业科学院兰州牧药所
139	牦牛瘤胃微生物宏基因组文库的构建及纤维素酶基因的筛选	2013-1	2014-12	20	王宏博	36	助研	中国农业科学院兰州牧药所
140	牛羊肉质量安全主要风险因子分析研究	2013-1	2015-12	35	李维红	35	助研	中国农业科学院兰州牧药所
141	国内外优质苜蓿种质资源圃建立及利用	2013-1	2013-12	10	朱新强	28	研实	中国农业科学院兰州牧药所
142	CO_2浓度升高对一年生黑麦草光合作用的影响及其氮素调控	2013-1	2014-12	20	胡宇	30	研实	中国农业科学院兰州牧药所
143	耐盐牧草野大麦拒Na^+机制研究	2013-1	2014-12	19	王春梅	32	助研	中国农业科学院兰州牧药所
144	福氏志贺菌小RNA对耐药性的调控机理	2013-1	2013-12	15	张继瑜	46	研究员	中国农业科学院兰州牧药所
145	新型抗炎药物阿司匹林丁香酚酯的研制	2013-1	2013-12	25	李剑勇	42	研究员	中国农业科学院兰州牧药所
146	牦牛卵泡发育相关功能基因的克隆鉴定	2013-1	2013-12	25	包鹏甲	33	助研	中国农业科学院兰州牧药所
147	防治猪气喘病中药可溶性颗粒剂的研究	2013-1	2013-12	20	辛蕊华	32	助研	中国农业科学院兰州牧药所
148	气候变化对甘南牧区草畜平衡的影响机理研究	2013-1	2013-12	30	李润林	31	研实	中国农业科学院兰州牧药所
149	沙拐枣、梭梭等旱生牧草种质资源的保护与利用	2013-1	2013-12	30	杨世柱	51	副研	中国农业科学院兰州牧药所
150	羊肉中重金属污染物风险分析	2013-1	2013-12	10	牛春娥	45	副研	中国农业科学院兰州牧药所

（续表）

序号	项目名称	项目起始时间	项目完成时间	总预算（万元）	姓名	年龄	职称	实际执行单位名称
151	中兽医药资源的搜集、整理与展示	2013-1	2013-12	13.58	李建喜	42	副研	中国农业科学院兰州牧药所
152	甘南州优质高效牧草新品种推广应用研究	2013-1	2013-12	16	张小甫	32	助研	中国农业科学院兰州牧药所
153	动物病毒诊断新技术研究	2013-1	2013-12	21.12	陈豪泰	36	助研	中国农业科学院兰州兽医所
154	动物病毒新型疫苗的研究	2013-1	2013-12	17.6	吕建亮	35	副研	中国农业科学院兰州兽医所
155	钙依赖蛋白激酶样蛋白在弓形虫入侵过程中的作用机制	2013-1	2013-12	18.7	徐民俊	39	副研	中国农业科学院兰州兽医所
156	鸡球虫己糖转运蛋白HXT1 的功能研究	2013-1	2013-12	6	殷昊	31	助研	中国农业科学院兰州兽医所
157	猪蓝耳病及山羊传染性胸膜肺炎疫苗的研制	2013-1	2013-12	11.5	李宝玉	40	助研	中国农业科学院兰州兽医所
158	重要人畜共患病原体的分离鉴定及其资源平台建立	2013-1	2013-12	16.5	李文卉	36	助研	中国农业科学院兰州兽医所
159	奶牛子宫内膜炎相关差异蛋白的筛选研究	2014-1	2014-12	10	张世栋	31	助研	中国农业科学院兰州牧药所
160	大通牦牛无角基因功能研究	2014-1	2015-12	30	褚敏	32	助研	中国农业科学院兰州牧药所
161	基于 Azamulin 结构改造的妙林类衍生物的合成及其生物活性研究	2014-1	2015-12	32	尚若锋	40	副研	中国农业科学院兰州牧药所
162	药用植物精油对子宫内膜炎的作用机理研究	2014-1	2015-12	30	王磊	29	研实	中国农业科学院兰州牧药所
163	防治猪气喘病紫菀百部颗粒的研制	2014-1	2014-12	10	辛蕊华	33	助研	中国农业科学院兰州牧药所
164	利用 LCM 技术研究特异性调控绵羊次级毛囊形态发生的分子机制	2014-1	2014-12	38	岳耀敬	34	助研	中国农业科学院兰州牧药所
165	干旱环境下沙拐枣功能基因的适应性进化	2014-1	2014-12	10	张茜	34	助研	中国农业科学院兰州牧药所

（续表）

序号	项目名称	项目起始时间	项目完成时间	总预算（万元）	姓名	年龄	职称	实际执行单位名称
166	新型高效畜禽消毒剂"消特威"的研制与推广	2014-1	2015-12	15	王瑜	40	助研	中国农业科学院兰州牧药所
167	苜蓿碳储量年际变化及固碳机制的研究	2014-1	2015-12	20	田福平	38	副研	中国农业科学院兰州牧药所
168	基于 iTRAQ 技术的牦牛卵泡液差异蛋白质组学研究	2014-1	2015-12	20	郭宪	36	副研	中国农业科学院兰州牧药所
169	藏药蓝花侧金盏有效部位杀螨作用机理研究	2014-1	2015-12	16	尚小飞	28	助研	中国农业科学院兰州牧药所
170	基于蛋白质组学和血液流变学研究奶牛蹄叶炎的发病机制	2014-1	2015-12	20	董书伟	34	助研	中国农业科学院兰州牧药所
171	牦牛高原低氧适应及群体进化选择	2014-1	2014-12	10	丁学智	35	副研	中国农业科学院兰州牧药所
172	含有碱性基团兽药残留 QuEChERS/液相色谱—串联质谱法检测条件的建立	2014-1	2015-12	31	熊琳	30	助研	中国农业科学院兰州牧药所
173	次生盐渍化土壤耐盐碱苜蓿的筛选与应用	2014-1	2014-12	20	杨世柱	52	副研	中国农业科学院兰州牧药所
174	干旱区草地生态系统气象环境监测与利用	2014-1	2014-12	40	李润林	32	研实	中国农业科学院兰州牧药所
175	甘南州优质草畜新品种推广与应用	2014-1	2014-12	10	张小甫	33	助研	中国农业科学院兰州牧药所
176	不同海拔地区绵羊遗传多样性研究	2014-1	2014-12	29	郭婷婷	30	助研	中国农业科学院兰州牧药所
177	发酵黄芪多糖对病原侵袭树突状细胞的作用机制研究	2014-1	2014-12	16.3	秦哲	31	助研	中国农业科学院兰州牧药所
178	益生菌发酵对黄芪有效成分变化的影响研究	2014-1	2014-12	17	孔晓军	32	研实	中国农业科学院兰州牧药所
179	电针对犬痛阈及中枢强啡肽基因表达水平的研究	2014-1	2014-12	16.7	王贵波	32	助研	中国农业科学院兰州牧药所
180	牧草航天诱变新种质创制研究	2014-1	2015-12	40	杨红善	33	助研	中国农业科学院兰州牧药所

（续表）

序号	项目名称	项目起始时间	项目完成时间	总预算（万元）	姓名	年龄	职称	实际执行单位名称
181	甘肃野生黄花矶松的驯化栽培	2014-1	2015-12	30	路　远	34	助研	中国农业科学院兰州牧药所
182	国内外优质牧草种质资源圃建立及利用	2014-1	2014-12	15	朱新强	29	研实	中国农业科学院兰州牧药所
183	柔嫩艾美耳球虫 2-甲基柠檬酸循环途径药靶的有效性研究	2014-1	2014-12	15	龚振兴	32	助研	中国农业科学院兰州兽医所
184	自然杀伤细胞在口蹄疫病毒持续感染中的作用研究	2014-1	2014-12	30	尹双辉	37	助研	中国农业科学院兰州兽医所
185	多房棘球蚴小 RNA 诱导的基因表达调节网络的研究	2014-1	2014-12	15	郑亚东	37	副研	中国农业科学院兰州兽医所
186	奶牛主要疾病诊断和防治技术研究	2014-1	2014-12	35	严作廷	52	研究员	中国农业科学院兰州牧药所
187	牦牛氧利用和能量代谢通路中关键蛋白的鉴定及差异表达研究	2015-1	2015-12	20	包鹏甲	35	助研	中国农业科学院兰州牧药所
188	藏羊低氧适应 lncRNA 鉴定及创新利用研究	2015-1	2015-12	20	刘建斌	38	助研	中国农业科学院兰州牧药所
189	SIgA 在产后奶牛子宫抗细菌感染免疫中的作用机制研究	2015-1	2015-12	20	王东升	36	助研	中国农业科学院兰州牧药所
190	新型咪唑衍生物的合成及生物活性研究	2015-1	2015-12	20	王娟娟	33	助研	中国农业科学院兰州牧药所
191	重离子诱变甜高粱对绵羊的营养评价	2015-1	2015-12	20	王宏博	38	助研	中国农业科学院兰州牧药所
192	奶牛胎衣不下血瘀证的代谢组学研究	2015-1	2015-12	15	崔东安	34	助研	中国农业科学院兰州牧药所
193	抗氧化介导的牛源金黄色葡萄球菌青霉素敏感性的条件	2015-1	2015-12	15	杨　峰	30	助研	中国农业科学院兰州牧药所
194	抗寒性中兰 2 号紫花苜蓿分子育种的初步研究	2015-1	2015-12	15	贺洞杰	28	助研	中国农业科学院兰州牧药所
195	青藏高原牦牛与黄牛瘤胃甲烷菌多样性研究	2015-1	2015-12	10	丁学智	36	副研	中国农业科学院兰州牧药所

（续表）

序号	项目名称	项目起始时间	项目完成时间	总预算（万元）	姓名	年龄	职称	实际执行单位名称
196	发酵黄芪多糖对小鼠外周血树突状细胞体外诱导影响	2015-1	2015-12	10	李建喜	33	助研	中国农业科学院兰州牧药所
197	牦牛乳铁蛋白的蛋白质构架研究	2015-1	2015-12	10	裴 杰	36	助研	中国农业科学院兰州牧药所
198	基于方证相关理论的气分证家兔肝脏差异蛋白组学研究	2015-1	2015-12	10	张世栋	32	助研	中国农业科学院兰州牧药所
199	阿司匹林丁香酚酯的降血脂调控机理研究	2015-1	2015-12	10	杨亚军	33	助研	中国农业科学院兰州牧药所
200	基于单细胞测序研究非编码 RNA 调控绵羊次级毛囊发生的分子机制	2015-1	2015-12	10	岳耀敬	35	助研	中国农业科学院兰州牧药所
201	基于地面观测站的生态环境监测与利用	2015-1	2015-12	50	李润林	33	助研	中国农业科学院兰州牧药所
202	次生盐渍化土壤耐盐碱苜蓿的筛选与应用	2015-1	2015-12	30	杨世柱	53	副研	中国农业科学院兰州牧药所
203	甘肃省奶牛养殖场面源污染监测	2015-1	2015-12	20	郭天芬	41	副研	中国农业科学院兰州牧药所
204	牧草品种资源的收集与整理	2015-1	2015-12	30	杨 晓	30	助研	中国农业科学院兰州牧药所
205	甘南优质牧草及中草药新品种推广与应用	2015-1	2015-12	10	张小甫	34	助研	中国农业科学院兰州牧药所
206	猪病毒性腹泻分子鉴别诊断方法的建立	2015-1	2015-12	30	刘光亮	40	研究员	中国农业科学院兰州兽医所
207	猪口蹄疫 A 型标记疫苗的研制	2015-1	2015-12	50	李平花	42	助研	中国农业科学院兰州兽医所

附件 2　中国农业科学院兰州畜牧与兽药研究所《中央级公益性科研院所基本科研业务费专项资金实施细则》（试行）

第一章　总　　则

第一条　按照科技部《关于改进和加强中央财政科技经费管理若干意见的通知》（国办发〔2006〕56 号）和财政部《中央级公益性科研院所基本科研业务费专项资金管理办法（试行）》（财教〔2006〕288 号）及有关文件精神，为加强对中央级公益性科研院所基本科研业务费（以下简称基本科研业务费专项）的科学化、规范化管理，促进研究所科技持续创新能力的提升，结合《中国农业科学院兰州畜牧与兽药研究所中长期科技发展规划（2006—2020 年）》和研究所学科优势，特制订本实施细则。

第二章　课题申请

第二条　基本科研业务费专项主要用于支持研究所开展符合公益职能定位，围绕研究所畜牧、兽药、兽医（中兽医）、草业等四大学科，代表学科发展方向，体现前瞻布局的自主选题研究工作。项目研究内容要求学术思想新颖，立项依据充分，设计方案科学合理，技术路线明确，符合研究所学科发展方向，为进一步申报国家级、省部级和院级重大科技项目或为研究所新产品、新技术开发奠定基础。具体包括：

一、项目研究须围绕国民经济和社会发展需求，有重要应用前景或重大公益意义，有望取得重要突破或重大发现的孵化性研究，资助开发前景好，可取得重大经济效益的关键技术，包括新技术、新方法、新工艺以及技术完善、技术改造等研究。通过产品关键技术的研究能显著改善和提高产品的质量，增强市场竞争力，优先资助具有自主知识产权的新兽药、新疫苗、新品种选育等项目研究。

二、项目研究须结合申请者前期研究基础，围绕研究所学科建设与学科发展规划，瞄准世界科技发展前沿，开展具有重要科学意义、学术思想新颖、交叉领域学科新生长点的创新性研究。鼓励具有创新和学科交叉领域项目的申请，重点资助前瞻性与应用潜力较大的基础性研究。优先支持具有一定前期工作基础的研究项目。

三、基本科研业务费支持研究所人才培养、人才团队建设和优秀人才引进。

四、基本科研业务费专项资助出版具有专业性强、学术水平高的科技著作。

第三条 研究所负责课题的指南发布、受理申请、组织评审、批准资助和课题实施管理，由所科技管理处和计划财务处具体负责。研究所根据国家科学技术发展战略，结合本所科技发展方向和学科建设，制订研究所基本科研业务费专项学科申请指南，研究所发布的指南，不排斥科研人员的其他自主选题项目。

第四条 面向全所每年组织一次基本科研业务费专项的遴选和评审。在同一受理期内，每位项目申请者只能申请1项。在研项目未按要求完成或没有结题的不得再次申请新课题。

第五条 申请者应当具备以下条件：

（一）恪守科学道德，学风端正，学术思想活跃，发展潜力较大。

（二）申请课题的主持人年龄须在40周岁及以下，能够组建以青年科技人员为主的稳定研究队伍，申请时没有承担排名前四名的国家科技计划（基金）等课题。

（三）支持引进正在国外学习和工作（含留学回国人员）、年龄在45岁及以下的专家学者。引进人才应当具有博士学位，引进后能明显提升研究所持续创新能力。

（四）申请者应保证有足够的时间和精力从事申请项目的研究。

第六条 申请者要按照要求认真撰写《中央级科研院所基本科研业务费专项资金申请书》（以下简称《申请书》）。

第三章　项目的评审与立项

第七条 研究所成立基本科研业务费专项学术委员会。学术委员会由科技、经济和财务管理等方面的15位专家组成，其中外单位专家6名，所科技管理处和计划财务处负责学术委员会日常工作。学术委员会负责基本科研业务费项目的评审。基本科研业务费专项资金课题申请人和其他有可能影响课题公正评审的人员实行回避制度。项目评审采取形式审查、课题申请人答辩后，经学术委员会2/3以上的专家投票推荐立项。

第八条 法定代表人依据学术委员会的立项意见推荐，审定批准。

第九条 课题负责人在收到课题立项通知书后，严格按照项目申请书的内容编写《课题任务书》并提交研究所科技管理处。《课题任务书》应当包括研究目标、研究内容、时间节点、研究团队（含外协单位）、考核指标、经费预算（含总预算与年度预算）等要素，其内容一般不得变动，如确须变动，须经学术委员审议通过，经科技管理处和计划财务处共同审核后上报研究所法定代表人，由法定代表人批准执行。课题任务书一经签订，经费使用须严格按年度预算开支。

第四章　课题组织与实施

第十条　研究所对资助项目实行动态督促、检查，对项目执行中存在的问题及时协调处理，年度对项目执行情况对照任务书进行考评，考评结果公示并与项目组个人年度考核挂钩。

第十一条　每年 12 月底前，由科技管理处和计划财务处对上年立项课题统一组织相关专家进行评估和结题验收，并不定期对课题实施情况进行检查。项目批准之后，项目负责人应履行"申请者承诺"，全面负责项目的实施，定期向科研处报告项目的执行和进展情况，如实编报项目研究工作总结等。

第十二条　凡涉及项目研究计划、研究队伍、经费使用及修改课题任务、推迟或终止课题研究等重要变动，须经学术委员会审议，报法定代表人批准。如遇有下列情况之一者，提交学术委员会研究讨论，可中止研究课题，并追回研究经费：

（一）无任何原因，不按时上报课题进展材料；

（二）经查实课题负责人有学术不端行为；

（三）不能按年度完成课题任务、达不到预期目标者。

第十三条　课题负责人因特殊原因需要更换的，由课题负责人提出申请，通过学术委员会讨论审核后，报法定代表人批准；如无合适的人选替换，按终止课题办理。

第十四条　有下列情形之一者，基本科研业务费将不予资助。

一、申请者现承担有国家重大科研项目，且科研任务相对饱满。

二、申请者申请的项目与现承担的项目研究内容重复。

三、申请者具有不端科研行为，或曾经承担的项目，没有按时完成研究任务。

四、已获支持尚未结题的不能申请新项目，对以前承担的基本科研业务费项目没有完成，或完成后没有进行验收、鉴定的主持人或主要完成人。

第十五条　课题结题、验收、鉴定和报奖按研究所相关管理办法执行。项目研究形成科技论文、专著、数据库、专利以及其他形式的成果，须注明"中央级公益性科研院所基本科研业务费专项资金（中国农业科学院兰州畜牧与兽药研究所）资助项目"。项目研究中取得的所有基础性数据，研究成果和专利等属研究所所有。

第五章　　经费使用与管理

第十六条　基本科研业务费专项纳入研究所财务统一管理，设立专门账户，专款专用。严格执行财政专项资金的有关规定，严格按课题任务书确定的开支范围和标准由计划财务处管理。

第十七条 基本科研业务费专项课题中各项费用的开支标准应严格按照国家有关科技经费管理的规定的标准执行。基本科研业务费专项主要用于以下开支：材料费、测试化验加工费、差旅费（含出差补助）、市内交通费、会议费、出版/文献/信息传播/知识产权事务费、专家咨询费、在校研究生和课题组临时聘用人员的劳务费。开支范围包括：

一、材料费。是指在项目研究过程中发生的各种原材料、辅助材料的消耗费用。

二、测试化验加工费。是指在项目研究过程中发生的检验、测试、化验及加工等费用。

三、差旅费。是指在项目研究过程中开展科学实验（试验）、科学考察、业务调研、学术交流等所发生的外埠差旅费及（含出差补助）、市内交通费。

四、会议费。是指在项目研究过程中为组织学术研讨、咨询以及协调等活动而发生的会议费用。

五、出版/文献/信息传播/知识产权事务费。是指在项目研究过程中发生的论文论著出版、文献资料检索与购置、专用软件购置、专利申请与保护的费用。

六、专家咨询费。是指在项目研究过程中支付给临时聘请的咨询专家进行学术指导所发生的费用。参考标准：以会议形式组织的咨询，专家咨询费的开支一般参照高级专业技术职称人员 500~800 元/人天、其他专业技术人员 300~500 元/人天的标准执行。会期超过两天的，第三天及以后的咨询费标准参照高级专业技术职称人员 300~400 元/人天、其他专业技术人员 200~300 元/人天执行；以通讯形式组织的咨询，专家咨询费的开支一般参照高级专业技术职称人员 60~100 元/人次、其他专业技术人员 40~80 元/人次。

七、劳务费。是项目研究过程中支付给项目组成员中没有工资性收入的相关人员和项目组临时聘用人员等的劳务性费用。标准：博士后人员按招聘时的有关标准执行；博士研究生人员 800 元/月；硕士研究生人员 600 元/月；其他临时聘用人员参照兰州市相关标准执行。

八、基本科研业务费支出的小型设备购置费及大宗试验材料、试剂等采购由所里统采，由计划财务处负责。

九、基本科研业务费不得开支有工资性收入的人员工资、奖金、津补贴和福利支出，不得购置大型仪器设备，不得分摊研究所公共管理和运行费用（含科研房屋占用费），不得开支罚款、捐赠、赞助、投资等，严禁以任何方式谋取私利。

项目研究过程中发生的除上述费用之外的其他支出，应当在申请时单独列示，单独核定。

十、基本科研业务费支持的项目应当在到期两个月以内，由科技管理处负责组织学术委员会进行验收。项目负责人应当按期提交结题申请、项目总结报告和经费决算等相关材料。

第十八条 项目资助经费的管理和使用接受上级财政部门、国家审计机关的检查与监督。项目负责人应积极配合并提供有关资料。

第十九条 经费按课题计划分年度拨付。

第二十条 课题负责人应在科研和财务管理部门的管理监督下，按计划使用课题经费。于结题后的 2 个月内提交经费使用决算，完成审计。

第二十一条　对撤消或终止的课题，应及时清理账目，按要求返回已划拨的经费。

第六章　奖　惩

第二十二条　课题完成后经验收评估为优秀，在今后课题申请时可优先支持。验收评估未完成任务或不合格，两年内不得申报新课题。

第二十三条　申报成果和发表论文要标注经费来源。获得成果和发表论文的知识产权归研究所所有。

第二十四条　奖励按所相关办法执行。

第七章　附　则

第二十五条　本《实施细则》如与上级有关文件不符时，以上级文件为准。

第二十六条　本《实施细则》由科研管理处和计划财务处负责解释。

第二十七条　本《实施细则》自 2007 年 5 月 11 日所务会通过之日起执行。

附件3 《中国农业科学院兰州畜牧与兽药研究所中央级公益性科研院所基本科研业务费专项资金科技发展规划》

背景 根据国家财政部《中央级公益性科研院所基本科研业务费专项资金管理办法（试行）》（财教〔2006〕288号）文件精神，按照"突出重点、优化机制、建设基地、凝聚人才、推动改革"的指导思想，与国家"973计划""863计划""支撑计划"等科技计划和其他层面科技工作进行有效衔接配合，优化科技资源的配置。紧紧围绕中国农业科学院"三个中心、一个基地"的战略目标，从新阶段农业结构调整需要出发，瞄准国家和地方的重大科技需求，突出特色和创新，优化学科，有效配置科技资源，重点培育优势学科，充分利用研究所综合学科优势条件，加强学科间的交叉渗透，培育新兴的学科。围绕我国畜牧业发展的全局性、方向性、关键性的科技需求，开展基础性、应用基础性和应用开发性科研课题的研究，搞好人才队伍建设，培养一批年富力强、具有创新意识的年轻科技创新人才团队，增强研究所持续科技创新能力，提升研究所农业科学研究水平和对外科技影响力，为我国现代畜牧业的健康可持续发展提供支撑。

目标 立足西部，面向全国，围绕我国畜牧业生产中带有全局性、前瞻性、关键性的重大科学技术问题，提出并承担国家、地方、企业和国际畜牧兽医学科基础研究、应用研究和开发研究项目，加大科技成果转化与推广力度，不断加强人才队伍建设和基础平台条件建设，逐步形成结构合理、特色突出、整体水平较高的学科体系。确立研究所在草食动物遗传育种、繁殖和新型兽药创制在国内的领先地位和优势重点学科，不断推进学科的建设和发展，开辟新兴、交叉学科。建立机制创新、结构合理、能力突出的优秀的青年科技创新人才团队，加强科研创新能力条件建设，为学科建设创造良好的支撑条件。进一步加强青年科技人才的培养，通过科研基本业务费专项资金的长期有效支持，培养一批的"草、畜、病、药"四大学科方面的青年骨干科技创新人才。围绕研究所现有的畜牧学科、兽用药物（天然药物、化学药物、抗生素）学科、兽医（中兽医）学科及草业饲料学科优势，重点在草食家畜和野生动物种质资源收集、保护与利用，草食动物遗传育种与繁殖，牧草种质资源保护与利用，兽医药（毒）理学，兽医药学、中兽药学与药剂学，中兽医学，畜禽疾（疫）病诊断与防治，牧草（草坪草）育种与草地环境生态学等4个一级学科和8个重点学科群范围内着力培养年轻骨干科技人才，开展畜牧业生产的科学研究，为我国现代畜牧业的飞速发展提供人才和科技支撑。

指导思想和原则

指导思想　从新阶段农业结构调整需要出发，瞄准国家和地方的重大科技需求，突出特色和创新，优化学科，有效配置科技资源，重点培育优势学科，加强培育新兴学科和交叉学科，围绕我国畜牧业发展的全局性、方向性、关键性的科技需求，开展基础、应用基础和应用开发研究，搞好人才队伍和科研条件能力建设，提高科研项目的研究水平，提高科技成果的层次和转化率，为我国畜牧业健康和可持续发展提供科技支撑。

原则　以国家科技发展需求制定科技发展规划，以"三农"问题和全面建设小康社会为出发点，紧密结合我院"三个中心、一个基地"的战略目标和我所学科特点，巩固和发展优势学科，开拓新兴学科和交叉学科，制定切实可行的具体实施措施，保障学科发展规划目标的顺利实施。

学科发展方向

畜牧学科

开展草食动物优良品种的选育，研究遗传评定新技术新方法、联合育种技术、草食动物杂交配套体系和分子育种技术基础研究和应用研究。重点研究杂种优势利用新技术、现代繁殖新技术、分子生物学新技术、草食动物健康养殖新技术等。围绕牦牛、羊和其他草食动物，创造育种新材料，培育优质专用新品种，建立优质牛、羊杂交改良、高效繁殖、品种选育创新技术体系，培育牛、羊新品种；利用分子遗传标记技术，标识和鉴定重要性状功能基因，完善多基因聚合技术，构建生物信息数据库，开展标记辅助选择，进行分子改良。草食动物品种优秀基因资源的保护开发利用研究；草食动物转基因及体细胞克隆技术的研究；草食动物高效繁殖技术研究；草食动物产品优异品质形成和调控的生理和分子生物学研究；家养草食动物种群衰退的分子基础，生物强化及健康效应，开展野生动物复壮改良家养动物和培育新型家畜品种的技术体系研究；外来畜禽品种的生物安全评价；数字畜牧业和有机畜牧业关键技术的研究、集聚；动物精液、卵子、胚胎航天搭载等失重状态和大气外层条件下的生理机能及发育功能变化等一系列航天育种技术研究；开展高寒草地放牧条件下草食动物季节性生产性能研究，建立青藏高原草畜耦合综合配套技术体系。

开展草食动物饲料配方、营养舔砖及饲料添加剂的研制，建立动物营养调控技术体系；开展竞技动物和宠物的选育及饲养管理技术的研究。开展畜禽产品质量安全及快速检测技术研究，建立我国动物毛皮快速检测技术体系。

兽药学科　创制安全、高效、低毒、低残留的动物专用化学合成药物、天然药物、抗生素和基因工程药物，包括抗菌、抗病毒和抗寄生虫药；加强以新型兽药创制为中心的基础理论研究；药理毒理学研究；开发动物生长促进剂、天然药物饲料添加剂、生物制剂以及缓释剂、透皮吸收剂、靶向制剂等兽药新剂型和免疫佐剂的研究；开展兽医药理学、毒理学研究；开展兽药安全评价和兽药残留检测技术研究。

兽医（中兽医）学科 研究集约化养殖条件下，畜禽普通病、传染病、寄生虫病病因、流行病学、发病学及其综合防制技术与应用。加强中兽医基础理论与临床应用等方面的研究，重点开展以下几方面的研究工作：奶牛繁殖、代谢疾病研究；中兽医经络、针灸、脉象研究；动物非特异性免疫研究；动物疾病快速诊断技术研究；中兽药防治畜禽疾病研究；宠物、竞技动物和野生动物疾病防治相关技术研究；药理、毒理及动物疾病的病理学研究；新型中兽药、生物制剂、佐剂的开发研究；中兽药安全评价体系研究，动物普通疾病发病、药物防治及其对动物源食品质量安全的影响研究与控制对策研究。

草业饲料学科 采用传统技术和现代生物技术相结合的方法，选育多抗（抗旱、抗寒、抗病虫、抗盐碱等）牧草新品种；引进驯化和繁育节水抗旱、低成本养护草坪草新品种。开展青藏高原和黄土高原栽培牧草和天然草地资源研究，为区域生态环境建设和草畜业发展提供技术支撑。研究草产品及其牧草种子深加工技术。开展牧草种质资源的收集、鉴定、保护和开发利用技术研究。

开展反刍动物营养新方法、新技术的研究，提出西部地区反刍动物牧草营养的盈缺及规模化饲养技术模式。不同品种生态区域的草食动物营养物质消化代谢规律以及草食动物饲草饲料的营养价值评定、草食动物营养研究的新体系新方法的研究，加强草畜结合生态型畜牧业发展模式研究。

开展黄土高原生态环境监测体系的规范化建设研究；黄土高原生态环境演替规律的研究；黄土高原生态环境多样性的研究；黄土高原生态环境系统研究。

附件 4 中国农业科学院兰州畜牧与兽药研究所基本科研业务费 2006—2015 年人员情况统计表

（单位：人）

年龄 （岁）	项目负 责人数	引进人 才人数	培养人 才人数	学位	项目负 责人数	引进人 才人数	培养人 才人数	职称	项目负 责人数	引进人 才人数
合计	207	45	87	—	207	45	87	—	207	45
30 以下	53	40	44	博士	50	9	31	正高级	28	
31~35	68	3	25	硕士	132	36	46	副高级	36	2
36~40	46	1	13	学士	25		10	中级	99	7
41~45	15	1	3					初级及以下	44	36
45 以上	25		2							

注：项目（课题）负责人和引进人才年龄、学位和职称按立项时间统计；培养人才年龄按立项时间统计，学位和职称按 2015 年年底计算。统计如同一个负责人在 2007—2015 年承担两个或两个以上项目，分别按立项时信息统计。

附件5 科技孵化项目清单

序号	项目名称	项目类别	立项年份	主持人	经费（万元）
1	沙拐枣属遗传结构和 DNA 亲缘关系的研究	国家自然科学基金	2009	张　茜	18
2	乳杆菌 FGM9 体外转化黄芪多糖的机理研究	国家自然科学基金	2010	李建喜	32
3	青藏高原牦牛 EPAS1 和 EGLN1 基因低氧适应遗传机制的研究	国家自然科学基金	2011	丁学智	23
4	福氏志贺菌非编码小 RNA 基因的筛选、鉴定与功能研究	国家自然科学基金	2011	魏小娟	21
5	耐盐牧草野大麦拒 Na^+ 机制研究	国家自然科学基金	2012	王春梅	24
6	福氏志贺菌小 RNA 对耐药性的调控机理	国家自然科学基金	2012	张继瑜	15
7	黄土高原苜蓿碳储量年际变化及固碳机制的研究	国家自然科学基金	2013	田福平	82
8	牦牛卵泡发育过程中卵泡液差异蛋白质组学研究	国家自然科学基金	2013	郭　宪	23
9	藏药蓝花侧金盏有效部位杀螨作用机理研究	国家自然科学基金	2013	尚小飞	23
10	基于蛋白质组学和血液流变学研究奶牛蹄叶炎的发病机制	国家自然科学基金	2013	董书伟	20
11	牦牛乳铁蛋白的构架与抗菌机理研究	国家自然科学基金	2014	裴　杰	24
12	基于单细胞测序研究非编码 RNA 调控绵羊次级毛囊发生的分子机制	国家自然科学基金	2014	岳耀敬	25
13	白虎汤干预下家兔气分证证候相关蛋白互作机制	国家自然科学基金	2014	张世栋	25
14	阿司匹林丁香酚酯的降血脂调控机理研究	国家自然科学基金	2014	杨亚军	25

（续表）

序号	项目名称	项目类别	立项年份	主持人	经费（万元）
15	发酵黄芪多糖基于树突状细胞TLR信号通路的肠黏膜免疫增强作用机制研究	国家自然科学基金	2014	李建喜	85
16	青藏高原牦牛与黄牛瘤胃甲烷排放差异的比较宏基因组学研究	国家自然科学基金	2014	丁学智	200
17	基于LC/MS、NMR分析方法的犊牛腹泻中兽医证候本质的代谢组学研究	国家自然科学基金	2015	王胜义	24
18	阿司匹林丁香酚酯预防血栓的调控机制研究	国家自然科学基金	2015	李剑勇	76.8
19	优质牧草繁育研究与示范	国家科技支撑计划子课题	2008	田福平	35
20	抗寄生虫药药效评价规范	国家科技支撑计划子课题	2008	周绪正	25
21	生物转化型与有机矿物元素复合型中兽药饲料添加剂研制发	国家科技支撑计划子课题	2008	李建喜	128
22	中兽药穴位注射给药技术研究	国家科技支撑计划子课题	2008	李剑勇	72
23	青藏高原生态高效奶牛、牦牛产业化关键技术集成示范	国家科技支撑计划子课题	2008	刘永明	65
24	防治畜禽病原混合感染型疾病的中兽药研制	国家科技支撑计划子课题	2011	郑继方	200
25	超细型细毛羊新品种（系）选育与关键技术研究	国家科技支撑计划子课题	2011	郭　健	39
26	甘肃甘南草原牧区"生产生态生活"保障技术集成与示范	国家科技支撑计划	2012	阎　萍	909
27	奶牛健康养殖重要疾病防控关键技术研究	国家科技支撑计划	2012	严作廷	728
28	甘南高寒草原牧区"生产生态生活"保障技术及适应性管理研究	国家科技支撑计划子课题	2012	时永杰	25
29	新型动物药剂创制与产业化关键技术研究	国家科技支撑计划	2015	张继瑜	2 088
30	传统中兽医药资源抢救和整理	科技基础性工作专项	2013	杨志强	1 034
31	新型中兽药射干地龙颗粒的研制与开发	科研院所技术开发研究专项资金	2013	罗超应	85

（续表）

序号	项目名称	项目类别	立项年份	主持人	经费（万元）
32	牦牛肉用性状重要功能基因的标识与鉴定	863课题	2008	阎　萍	50
33	生物兽药新产品研究和创制	863子课题	2011	梁剑平	21.5
34	新型无毒饲料添加药物"喹烯酮"的中试与示范	农业科技成果转化资金项目	2008	李剑勇	70
35	新型高效牛羊营养缓释剂的示范与推广	农业科技成果转化资金项目	2010	刘永明	50
36	畜禽呼吸道疾病防治新兽药"菌毒清"的中试及产业化开发	农业科技成果转化资金项目	2011	张继瑜	60
37	抗禽感染疾病中兽药复方新药"金石翁芍散"的推广应用	农业科技成果转化资金项目	2012	李锦宇	60
38	抗病毒中兽药"贯叶金丝桃散"中试生产及其推广应用研究	农业科技成果转化资金项目	2014	梁剑平	60
39	气候变化对西北春小麦单季玉米区粮食生产资源要素的影响机理研究	973子课题	2010	时永杰	50
40	第四期中兽医国际培训班	科技部国际合作项目	2008	杨志强	27.7847
41	第五期中兽医国际培训班	科技部国际合作项目	2009	杨志强	39.0398
42	第六期中兽医国际培训班	科技部国际合作项目	2011	杨志强	39.0398
43	奶牛产业技术体系——疾病控制研究室	农业部现代农业体系项目	2008	杨志强	560
44	肉牛牦牛产业技术体系——牦牛选育	农业部现代农业体系项目	2009	阎　萍	490
45	绒毛用羊产业技术体系——分子育种	农业部现代农业体系项目	2009	杨博辉	490
46	肉牛牦牛产业技术体系——药物与临床用药	农业部现代农业体系项目	2011	张继瑜	350
47	青藏高原牦牛藏羊生态高效草原牧养技术模式研究与示范	公益性行业科研专项	2010	阎　萍	305
48	青藏高原社区草—畜高效转化关键技术甘南社区示范	公益性行业科研专项	2012	阎　萍	382
49	墨竹工卡社区天然草地保护与合理利用技术研究与示范	公益性行业科研专项	2012	时永杰	243
50	中兽药生产关键技术研究与应用	公益性行业科研专项	2013	杨志强	2 130

（续表）

序号	项目名称	项目类别	立项年份	主持人	经费（万元）
51	微生态制剂断奶安、青蒿琥酯微乳注射剂、氟苯尼考复方注射剂的研制	公益性行业科研专项	2013	蒲万霞	136
52	牛重大瘟病辨证施治关键技术研究与示范	公益性行业科研专项	2014	郑继方	159
53	奶牛乳房炎"三联"诊断及综合防治技术引进与应用研究	948 计划	2010	杨志强	50
54	六氟化硫 SF6 示踪法检测牦牛、藏羊甲烷排放技术的引进研究与示范	948 计划	2012	刘永明	50
55	牦牛新型单外流瘤胃体外连续培养技术（Rusitec）的引进与应用	948 计划	2013	阎 萍	60
56	奶牛乳房炎病原菌高通量检测技术与三联疫苗引进和应用	948 计划	2014	李建喜	80
57	动物毛皮种类鉴别方法—显微镜法	行业标准	2011	高雅琴	7
58	牦牛生产性能测定技术规范	行业标准	2012	阎 萍	7
59	奶牛隐性乳房炎临床诊断技术	行业标准	2012	李新圃	7
60	建立饲料中二甲氧苄氨嘧啶、三甲氧苄氨嘧啶和二甲氧甲基苄氨嘧啶的测定（液相色谱—串联质谱法）标准方法	行业标准	2013	李剑勇	6
61	甘南牦牛品种标准研制验证	行业标准	2014	梁春年	3.5
62	制定《奶牛乳房炎中金黄色葡萄球菌、凝固酶阴性葡萄球菌、无乳链球菌分离鉴定方法》标准	行业标准	2014	王旭荣	8
63	河曲马	行业标准	2015	梁春年	8
64	牦牛资源与育种创新团队	院科技创新工程	2014	阎 萍	420
65	兽用化学药物创新团队	院科技创新工程	2014	李剑勇	280
66	奶牛疾病创新团队	院科技创新工程	2014	杨志强	423
67	兽用天然药物创新团队	院科技创新工程	2014	梁剑平	350
68	兽药创新与安全评价创新团队	院科技创新工程	2015	张继瑜	190
69	中兽医与临床创新团队	院科技创新工程	2015	李建喜	270
70	细毛羊资源与育种创新团队	院科技创新工程	2015	杨博辉	200

（续表）

序号	项目名称	项目类别	立项年份	主持人	经费（万元）
71	寒生、旱生灌草新品种选育创新团队	院科技创新工程	2015	田福平	240
72	奶牛乳房炎金黄色葡萄球菌mecA基因研究	中国农业科学院科技经费	2011	邓海平	8
73	高寒地区抗逆苜蓿新品系培育	中国农业科学院科技经费	2012	李锦华	10
74	非营利性畜牧类研究所科研制度管理研究	中国农业科学院科技经费	2013	王学智	5
75	中兽药研究联合实验室	农业国际交流与合作项目	2013	王学智	5
76	奶业技术服务和新技术集成推广研究	海峡两岸农业合作项目	2014	王学智	5
77	防治奶牛乳房炎中兽药研究与应用	基本科研业务费增量项目	2012	李建喜	60
78	新兽药"阿司匹林丁香酚酯"的代谢转化与动力学研究	基本科研业务费增量项目	2012	李剑勇	40
79	牧草航天诱变品种（系）选育	基本科研业务费增量项目	2013	常根柱	30
80	奶牛子宫内膜炎相关差异蛋白的筛选研究	基本科研业务费增量项目	2014	张世栋	30
81	紫花苜蓿航天诱变新品种选育及生产示范	基本科研业务费增量项目	2015	常根柱	30
82	羊增产增效技术集成与综合生产模式研究示范	基本科研业务费增量项目	2015	杨博辉	30
83	甘南牦牛选育与改良研究示范	甘肃省科技重大专项	2008	阎　萍	100
84	抗动物寄生虫新兽药槟榔碱的研制	甘肃省科技重大专项	2009	张继瑜	100
85	河西肉牛良种繁育体系的研究与示范	甘肃省科技重大专项	2010	杨志强	80
86	甘南牦牛藏羊良种繁育基地建设及健康养殖技术集成示范	甘肃省科技重大专项	2011	阎　萍	300
87	防治奶牛繁殖病中药研究与应用	甘肃省科技重大专项	2011	王学智	80
88	甘肃超细毛羊新品种培育及优质羊毛产业化研究与示范	甘肃省科技重大专项	2012	郭　健	100
89	新型高效安全兽用药物"呼康"的研究与示范	甘肃省科技重大专项	2013	李剑勇	140

（续表）

序号	项目名称	项目类别	立项年份	主持人	经费（万元）
90	甘肃省中兽药工程技术研究中心	甘肃省工程技术研究中心建设经费	2010	郑继方	30
91	甘肃省新兽药工程重点实验室	甘肃省重点实验室建设经费	2010	杨志强	100
92	甘肃省牦牛繁育工程重点开放实验室	甘肃省重点实验室建设经费	2011	阎　萍	100
93	甘肃省中兽药工程技术研究中心评估运行经费	甘肃省工程技术研究中心建设经费	2014	李建喜	20
94	中国美利奴高山型细毛羊配套品系选育技术研究	甘肃省科技支撑计划项目	2007	郭　健	15
95	新型高效兽用抗感染药物"炎毒热清"的研制	甘肃省科技支撑计划项目	2008	李剑勇	10
96	细胞色素 P450 基因多态性与抗氧化中药生物转化关系研究	甘肃省科技支撑计划项目	2008	王学智	10
97	新型益生菌微生态饲料添加剂的研制与应用	甘肃省科技支撑计划项目	2009	董鹏程	10
98	ELISA 技术在喹乙醇残留检测中的应用研究	甘肃省科技支撑计划项目	2010	李建喜	10
99	防治猪病毒性腹泻中药复方新制剂的研制	甘肃省科技支撑计划项目	2011	李锦宇	12
100	肉用绵羊高效饲养技术研究	甘肃省科技支撑计划项目	2011	孙晓萍	12
101	樗白皮活性成分水针防治仔猪腹泻研究与应用	甘肃省科技支撑计划项目	2012	程富胜	7
102	牧草航天诱变品种（系）选育	甘肃省科技支撑计划项目	2012	常根柱	7
103	防治猪气喘病中药颗粒剂的研究	甘肃省科技支撑计划项目	2013	辛蕊华	7
104	藏羊奶牛健康养殖与多联苗的研制及应用	甘肃省科技支撑计划项目	2014	郎　侠　李宏胜	18
105	家畜主要疾病防治及健康养殖技术研究与应用	甘肃省科技支撑计划项目	2015	郭　宪　严作廷　王东升　丁学智	30
106	奶牛子宫内膜炎病原检测及诊断一体化技术研究	甘肃省国际科技合作计划	2012	陈炅然	8
107	乳源耐甲氧西林金黄色葡萄球菌分子流行病学研究及对公共健康的影响	甘肃省国际科技合作计划	2013	蒲万霞	10

（续表）

序号	项目名称	项目类别	立项年份	主持人	经费（万元）
108	牦牛瘤胃纤维降解相关微生物的宏转录组研究	甘肃省国际科技合作计划	2015	丁学智	15
109	中国西部特色牛种—牦牛奶功能性活性物质研究与开发	甘肃省星火计划	2009	席 斌	6
110	益生菌转化兽用中药技术熟化与应用	甘肃省中小企业创新基金	2013	王 瑜	20
111	防治奶牛卵巢疾病中药"催情助孕液"示范与推广	甘肃省成果转化项目	2013	陈化琦	15
112	黄花补血草的化学成分及抗菌活性研究	甘肃省自然科学基金项目	2010	刘 宇	3
113	益生菌 FGM9 转化中药多糖的分子机理及应用研究	甘肃省自然科学基金项目	2010	李建喜	5
114	牛源耐甲氧西林金色葡萄球菌检测及 SCCmec 耐药基因分型研究	甘肃省自然科学基金项目	2013	李新圃	3
115	牛羊肉中 4 种雌激素残留检测技术的研究	甘肃省自然科学基金项目	2014	李维红	3
116	青藏高原藏羊 EPAS1 基因低氧适应性遗传机理研究	甘肃省自然科学基金项目	2014	刘建斌	3
117	高寒低氧胁迫下牦牛 HIF-1α 对 microRNA 的表达调控机制研究	甘肃省杰出青年科学基金	2013	丁学智	20
118	干旱环境下沙拐枣功能基因的适应性进化	甘肃省青年基金	2012	张 茜	2
119	非繁殖季节 GnIH 基因免疫对藏羊卵泡发育的影响	甘肃省青年基金	2013	岳耀敬	2
120	N-乙酰半胱氨酸对奶牛乳房炎无乳链球菌红霉素敏感性的调节作用	甘肃省青年基金	2014	杨 峰	2
121	黄花矾松抗逆基因的筛选及功能的初步研究	甘肃省青年基金	2014	贺泂杰	2
122	针刺镇痛对犬脑内 Jun 蛋白表达的影响研究	甘肃省青年基金	2014	王贵波	2
123	紫花苜蓿航天诱变材料遗传变异研究	甘肃省青年基金	2014	杨红善	2
124	丁香酚杀螨作用机理研究及衍生物的合成与优化	甘肃省青年基金	2015	尚小飞	2
125	奶牛蹄叶炎发生发展过程的血液蛋白标志物筛选	甘肃省青年基金	2015	董书伟	2

（续表）

序号	项目名称	项目类别	立项年份	主持人	经费（万元）
126	抗炎中药体外高通量筛选技术的构建与应用	甘肃省青年基金	2015	张世栋	2
127	牦牛氧利用和 ATP 合成通路中关键蛋白的筛选及鉴定	甘肃省青年基金	2015	包鹏甲	2
128	阿司匹林丁香酚酯降血脂调控机理研究	甘肃省青年基金	2015	杨亚军	2
129	关键差异表达 miRNAs 在大通牦牛角组织分化中的作用机制研究	甘肃省青年基金	2015	褚　敏	2
130	断奶仔猪腹泻综合防控技术集成与试验示范	甘肃省农业科技创新项目	2010	蒲万霞	10
131	盐酸沃尼妙林工业化生产路线的优化及应用	甘肃省农业科技创新项目	2011	梁剑平	10
132	奶牛子宫内膜炎治疗药"宫康"的产业化及示范推广	甘肃省农业科技创新项目	2012	王　瑜	7
133	辐射诱变与分子标记选育耐盐苜蓿新品种	甘肃省农业科技创新项目	2013	张怀山	8
134	奶牛乳房炎综合防控关键技术的示范与推广	甘肃省农业科技创新项目	2013	李宏胜	8
135	畜禽呼吸道疾病防治新兽药"菌毒清"的中试及产业化	甘肃省农业科技创新项目	2013	陈化琦	8
136	藏系绵羊社区高效养殖关键技术集成与示范	甘肃省农业科技创新项目	2014	王宏博	10
137	"金英散"研制与示范应用	甘肃省农业科技创新项目	2014	苗小楼	10
138	肠道有益菌发酵中药多糖研究	甘肃省农业生物技术研究与应用开发	2007	李建喜	8
139	奶牛乳房炎荚膜多糖—蛋白结合疫苗的研制及产业化开发研究	甘肃省农业生物技术研究与应用开发	2008	李宏胜	17
140	奶牛子宫内膜炎灭活多联苗的研制及应用	甘肃省农业生物技术研究与应用开发	2009	苗小楼	12
141	抗动物焦虫病靶向生物药物的研制	甘肃省农业生物技术研究与应用开发	2010	张继瑜	15
142	生物微量元素多糖复合型益生素的研究与应用	甘肃省农业生物技术研究与应用开发	2010	程富胜	12
143	防治家禽免疫抑制病微囊化微生态制剂的研制	甘肃省农业生物技术研究与应用开发	2011	陈炅然	12

（续表）

序号	项目名称	项目类别	立项年份	主持人	经费（万元）
144	新型微生态饲料酸化剂的研究与应用	甘肃省农业生物技术研究与应用开发	2012	程富胜	10
145	奶牛乳房炎无乳链球菌快诊断试剂盒的研制及应用	甘肃省农业生物技术研究与应用开发	2013	王旭荣	8
146	抗奶牛乳房炎耐药性菌复合卵黄抗体纳米脂质体制剂的研发	甘肃省农业生物技术研究与应用开发	2013	王 玲	8
147	抗寒紫花苜蓿新品种的基因工程育种及应用	甘肃省农业生物技术研究与应用开发	2014	贺泂杰	10
148	分子标记在多叶型紫花苜蓿研究中的应用	甘肃省农业生物技术研究与应用开发	2014	杨红善	10
149	甘肃省隐藏性耐甲氧西林金黄色葡萄球菌分子流行病学研究	甘肃省农业生物技术研究与应用开发	2014	蒲万霞	10
150	藏羊低氧适应 microRNA 鉴定及相关靶点创新利用研究	甘肃省农业生物技术研究与应用开发	2014	刘建斌	10
151	牦牛繁殖性能相关候选基因的挖掘及应用研究	甘肃省农业生物技术研究与应用开发	2015	褚 敏	10
152	陇东黑山羊	甘肃省地方标准	2014	王宏博	1
153	动物源性食品中 4 种新型 β -受体激动剂药物残留的测定 液相色谱—串联质谱法	甘肃省地方标准	2014	熊 琳	1
154	高效畜禽消毒剂二氧化氯粉剂的研究及产业化	兰州市项目	2010	陈化琦	15
155	苦楝皮有效成分穴位注射治疗仔猪腹泻研究	兰州市项目	2010	程富胜	10
156	中药制剂"清宫助孕液"的产业化示范与推广	兰州市项目	2010	严作廷	8
157	奶牛隐性乳房炎快速诊断技术 LMT 的产业化开发	兰州市项目	2010	李新圃	5
158	新型中兽药"产复康"的产业化示范与推广	兰州市项目	2011	荔 霞	15
159	预防奶牛子宫内膜炎的灭活疫苗的研制及应用	兰州市项目	2011	李宏胜	10
160	中型狼尾草在盐渍土区生长特性及其应用研究	兰州市项目	2011	张怀山	5
161	新型中草药饲料添加剂用于改善猪肉品质及风味的研究	兰州市项目	2011	蒲万霞	10

（续表）

序号	项目名称	项目类别	立项年份	主持人	经费 （万元）
162	新型中兽药"苦豆子总碱"的提取及制剂的研究应用	兰州市项目	2011	梁剑平	10
163	新型高效抗温热病中药注射剂"银翘蓝芩"的研制	兰州市项目	2012	李剑勇	10
164	抗奶牛乳房炎耐药菌特异性复合IgY及其组合制剂的研制	兰州市项目	2012	王　玲	10
165	黄土高原半干旱荒漠地区盐碱地优良牧草适应性研究及推广	兰州市项目	2013	路　远	10
166	防治家禽免疫抑制病多糖复合微生态免疫增强剂的研制与应用	兰州市项目	2013	陈炅然	10
167	新兽药"益蒲灌注液"的产业化和应用推广	兰州市项目	2014	苗小楼	10
168	畜禽呼吸道疾病防治新兽药"板黄口服液"的中试及产业化	兰州市项目	2014	陈化琦	5
169	防治仔猪腹泻纯中药"止泻散"的研制与应用	兰州市项目	2015	潘　虎	30
170	丹参酮灌注液的新兽药报批及产业化	兰州市项目	2015	梁剑平	30
171	西藏"一江两河"地区草田轮作关键技术研究	横向委托	2011	田福平	10
172	提高奶牛乳蛋白质产量技术研究	横向委托	2011	乔国华	8
173	利用蛋白质组学技术研究纳米铜的肝毒性作用机理	横向委托	2011	荔　霞	5
174	牦牛高效繁殖与快速育肥出栏技术示范合作项目	横向委托	2011	梁春年	40
175	银黄可溶性粉临床试验研究	横向委托	2011	李建喜	5
176	马尾藻颗粒对鸡大肠杆菌病的防治试验	横向委托	2012	陈炅然	5
177	"银翘双解颗粒/饮"与"灵丹草饮"临床疗效验证委托试验	横向委托	2012	王贵波	10
178	奶牛及犊牛饲养中生态环保益生物质应用技术的集成与示范	横向委托	2012	潘　虎	10
179	毛、皮质量评价及控制技术	横向委托	2013	牛春娥	10.2
180	西藏主要优良饲草种子生产技术研究和示范	横向委托	2012	李锦华	10

（续表）

序号	项目名称	项目类别	立项年份	主持人	经费（万元）
181	猪肺炎药物新制剂（肺康）合作开发	横向委托	2013	李剑勇	50
182	抗霜霉病苜蓿品种的示范与推广	横向委托	2013	杨 晓	20
183	伊维菌素纳米注射液的研制与开发	横向委托	2013	周绪正	60
184	牦牛高效育肥技术集成示范	横向委托	2013	梁春年	20
185	"催情促孕灌注液"中药制剂的研制与开发	横向委托	2013	严作廷	40
186	中兽药（复方）乳房灌注液的报批实验	横向委托	2013	梁剑平	30
187	抗病毒新兽药"金丝桃素"	横向委托	2013	梁剑平	40
188	明微矿硒中 DL-蛋氨酸硒的鉴定试验	横向委托	2013	李新圃	5
189	新兽药鹤参粉长期毒性试验和靶动物安全性试验	横向委托	2013	严作廷	3.2
190	基于 SSR 分子标记的蒙古韭居群遗传结构研究	横向委托	2013	张 茜	5
191	奶牛乳房炎灭活疫苗的研究与开发	横向委托	2013	李宏胜	450
192	替米考星肠溶颗粒委托试验	横向委托	2014	张继瑜	54
193	西藏主要栽培豆科牧草繁育研究与示范	横向委托	2013	李锦华	25
194	动物疯草中毒解毒新制剂中试生产研发	横向委托	2014	梁剑平	30
195	青蒿甘草颗粒	横向委托	2014	严作廷	6
196	新兽药"鹿蹄素"成果转让与服务	横向委托	2014	梁剑平	10
197	牦牛微量元素添砖配方研制	横向委托	2014	梁春年	10
198	复方鱼腥草口服液药效学和临床试验研究	横向委托	2014	严作廷	17
199	新兽药"常山碱"成果转让与服务	横向委托	2015	郭志廷	40
200	苜蓿引种繁育研究与示范	横向委托	2015	李锦华	50
201	青蒿提取物药理学实验和临床实验	横向委托	2015	郭文柱	20

（续表）

序号	项目名称	项目类别	立项年份	主持人	经费（万元）
202	新兽药"土霉素季铵盐"的研究开发	横向委托	2015	郝宝成	35
203	Startvac®奶牛乳房炎疫苗临床有效性试验	国际合作项目	2015	李建喜	100

图 12 科苑西楼

图 13 科苑东楼

图 14 农业部动物毛皮及制品质量监督检验测试
中心（兰州）

图 15 标准化实验动物场

图 16　牧草加代温室

图 17　GMP 中药车间

图 18　野外科学观测试验站

图 19　张掖综合试验基地

图 20　高效液相色谱仪

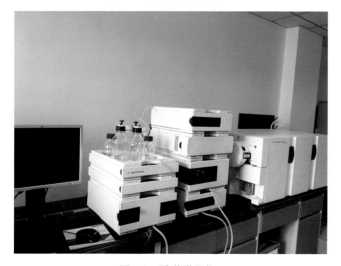

图 21　质谱联用仪

图 22　中兽医药陈列馆

图 23　牧草标本室

图 25　大通牦牛及种公牛站

图 26　喹烯酮

图27　高山美利奴羊新品种证书

图28　高山美利奴羊成年公羊

图29　高山美利奴羊成年母羊

图30　高山美利奴羊育成母羊群体

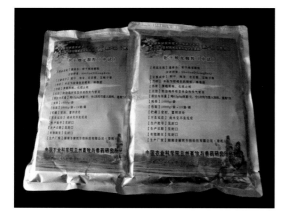

图 31　射干地龙颗粒

图 32　苍朴口服液

图 33　强力消毒灵

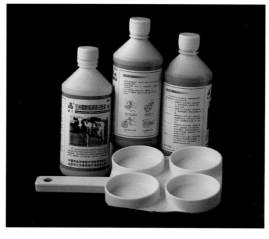

图 34　奶牛隐性乳房炎诊断液（ＬＭＴ）

图 35　航苜一号紫花苜蓿新品种证书

图 36　中兰 1 号紫花苜蓿

图 37　研究所与成都中牧战略合作

图 38　首届中兽医药学国际学术研讨会